バイオ活用による汚染・廃水の新処理法

New Applications & Developments of Biotechnology for Industrial Pollutant-remediations and Wastewater-treatments

《普及版／Popular Edition》

監修 倉根隆一郎

シーエムシー出版

はじめに

私たちが社会活動や産業活動を行うと必然的に汚水・産業廃水を排出する。これらの汚水や産業廃水の処理法の中，最も使われている処理法は雑多な複合微生物系など集合体であるところの，いわゆる汚泥（活性汚泥，メタン発酵汚泥，屎尿汚泥，下水汚泥など）と呼ばれているものである。例えば，活性汚泥法はわが国の全体の処理法の中，約８割を占めていると言われている。しかしながら，活性汚泥法などでは曝気エネルギーの使用量は極めて大きくエネルギー多消費型である。さらに，分解処理の主役たる汚泥に目を向けるとブラックボックスとして扱われており，これまでは日米欧全ての国々においてエンジニアリング的アプローチによりなされてきたのが現状である。

省エネルギーを基本とした21世紀型低炭素型社会・産業を迎えている今日において，従来型の延長線上からのアプローチを行っても，ほとんど天井に張り付いたように限界状態であると言っても過言ではない。したがって，分解処理の主役たる汚泥そのものにバイオ的（微生物的・分子遺伝的）に切り込まない限り，これ以上の高効率化・高機能化は達成困難である。

このような認識のもと，最近になりバイオの視点から，好気的バイオ新廃水処理法の開発と実用化，ならびに嫌気的バイオ新廃水処理法の開発と実用化が報告され始めている。

また，様々な有用資源を大量に用いて，大量生産と便利さを求めた大量消費と大量廃棄という一方通行型（ワン・ウェイ型）のつけを，私たちの青い素晴らしい惑星に押し付けてきた結果が，汚染土壌・汚染地下水になった。このような地下水汚染・土壌汚染・海洋汚染の浄化を負の遺産として子孫に残さないように，微生物などを利用した新バイオ処理法（バイオレメディエーション）を用いることによりコストパフォーマンス・安全性・効果の３大要素をクリヤーした新バイオ処理法の開発と実用化例が報告されてきた。

本書の想定される読者層は，環境や水処理関連企業から様々な製造企業，さらに建築・土木関連企業また地方自治体の関連担当や研究者の方々など多方面にわたります。バイオに視点を置いた書籍を㈱シーエムシー出版と共に企画しました。本書は３編構成よりなりますが，それぞれの最先端の事業をされておられる企業また大学などの先生方にご執筆をお願い致しました。様々な読者の方々にとって，バイオに視点を置いた本書が有用な情報を提供し，恰好の道標や地図の役割を果たすことを切望しております。

2012年３月

中部大学
倉根隆一郎

普及版の刊行にあたって

本書は2012年に『バイオ活用による汚染・廃水の新処理法』として刊行されました。普及版の刊行にあたり，内容は当時のままであり加筆・訂正などの手は加えておりませんので，ご了承ください。

2018年10月

シーエムシー出版　編集部

執筆者一覧（執筆順）

倉根隆一郎	中部大学　応用生物学部　応用生物化学科　教授
小山　修	日鉄環境エンジニアリング㈱　技術本部　技術研究室　室長
東　友子	日鉄環境エンジニアリング㈱　技術本部　技術企画部 技術研究室　環境技術グループ
蔵田信也	日鉄環境エンジニアリング㈱　技術本部　技術研究室 環境バイオグループ　グループリーダー
黒住　悟	積水アクアシステム㈱　エンバイロメント事業部　開発部 開発担当係長
上田明弘	積水アクアシステム㈱　エンバイロメント事業部　開発部 開発部長
堀井安雄	クボタ環境サービス㈱　水処理事業部　技監，KS部門長
松本明人	信州大学　工学部　土木工学科　准教授
廣田隆一	広島大学　大学院先端物質科学研究科　分子生命機能科学専攻 助教
黒田章夫	広島大学　大学院先端物質科学研究科　分子生命機能科学専攻 教授
大竹久夫	大阪大学　大学院工学研究科　生命先端工学専攻　教授
西村総介	栗田工業㈱　プラント事業本部　技術一部　技術一課　課長
多川　正	香川高等専門学校　建設環境工学科　准教授
原田秀樹	東北大学　大学院工学研究科　土木工学専攻　教授
片岡直明	水ing㈱　技術開発統括　技術開発室　第二グループ　副参事
白石皓二	㈱関電エネルギーソリューション　技術開発部　担当部長 （元　富士化水工業㈱）
後藤雅史	鹿島建設㈱　技術研究所　主席研究員
多田羅昌浩	鹿島建設㈱　技術研究所　地球環境・バイオグループ　主任研究員

吉村敏機	㈱エイブル　代表取締役社長
西尾尚道	広島大学　大学院先端物質科学研究科　分子生命機能科学専攻 特任教授
中島田　豊	広島大学　大学院先端物質科学研究科　分子生命機能科学専攻 准教授
珠坪一晃	㈱国立環境研究所　地域環境研究センター　主任研究員
木田建次	熊本大学　大学院自然科学研究科　産業創造工学専攻 物質生命化学講座　教授
帆秋利洋	大成建設㈱　環境本部　環境開発部　新エネルギー開発室　室長
徳富孝明	栗田工業㈱　開発本部　装置開発第二グループ　第一チーム 主任研究員
矢木修身	日本大学　生産工学部研究所　教授
中村寛治	東北学院大学　工学部　環境建設工学科　教授
石田浩昭	栗田工業㈱　プラント事業本部　課長
佐々木　健	広島国際学院大学　工学部　バイオ・リサイクル専攻　教授, 工学部長
森川博代	広島国際学院大学　工学部　バイオ・リサイクル専攻 非常勤助手
原田敏彦	アール・シー・オー㈱　取締役
大田雅博	大田鋼管㈱　代表取締役　社長
岡村和夫	清水建設㈱　技術研究所　環境バイオグループ　上席研究員
田崎雅晴	清水建設㈱　技術研究所　環境バイオグループ　グループ長
寺本真紀	高知大学　総合科学系　複合領域科学部門　特任講師
原山重明	中央大学　理工学部　生命科学科　教授

執筆者の所属表記は，2012年当時のものを使用しております。

目　　次

〔第１編　好気的バイオ新廃水処理法・浄化システムの開発と実用化例〕

第１章　総論　倉根隆一郎……　1

第２章　省コスト・省エネルギー高効率活性汚泥法と実用例　小山　修

1　はじめに……　5
2　高効率BOD処理リアクター「バイオアタック」システム……　5
3　バイオアタックシステムの実用例……　7
4　高効率・省エネルギー曝気装置（TRITON）……　11
5　省エネ効果試算例……　12
6　おわりに……　13

第３章　水性塗料に含有される難分解性化合物の生物処理法の検討　倉根隆一郎，東　友子，蔵田信也

1　はじめに……　14
2　ノニオン界面活性剤分解微生物の探索……　15
2.1　ノニオン界面活性剤分解微生物の分離……　15
2.2　分離微生物株のノニオン界面活性剤資化性および発泡抑制機能の評価……　16
2.3　発泡性および泡の安定性の評価法……　18
3　分離菌株の同定および定量系の構築……　19
3.1　分離菌株の同定……　19
3.2　QP-PCR法による微生物定量系の構築……　19
4　微生物製剤化法の検討……　20
5　小規模模擬塗装ブースを用いた発泡抑制機能の確認……　21
5.1　模擬塗装ブース中での添加菌体の消長の把握……　21
5.2　模擬ブースにおける発泡抑制機能の評価……　22
6　おわりに……　23

第４章　架橋ポリオレフィン発泡担体と微生物製剤の併用による高効率生物処理法と実用化例　黒住　悟，上田明弘

1　はじめに……………………………………… 24
2　流動担体を用いた生物処理方法………… 24
2.1　流動担体の要求性能…………………… 25
2.2　架橋ポリオレフィン発泡担体の微生物保持性能と通水性……………… 25
2.3　架橋ポリオレフィン発泡担体の耐摩耗性………………………………… 25
3　流動担体と微生物製剤を併用した高効率生物処理法………………………… 26
3.1　微生物製剤の開発……………………… 27
3.2　排水処理における生物汚泥の菌相解析……………………………………… 28
3.3　処理現場での油脂分解性能評価… 28
3.4　外来微生物の生残性と処理水質… 29
4　導入事例………………………………………… 30
4.1　実物件への導入事例…………………… 30
4.2　採用物件での発現効果………………… 31
5　おわりに………………………………………… 31

第５章　廃棄物汚染現場での高度水処理技術の実用化　堀井安雄

1　はじめに……………………………………… 33
2　不法投棄サイトＡの特徴と高度排水処理施設………………………………………… 33
2.1　汚染の特徴……………………………… 33
2.2　環境保全のための措置……………… 33
2.3　高度排水処理施設について………… 34
2.4　ダイオキシン類の処理について…… 36
2.5　高度排水処理施設の性能…………… 37
3　不法投棄サイトＢの特徴と原位置フラッシング…………………………………… 39
3.1　サイトの特徴…………………………… 39
3.2　汚染拡散防止…………………………… 39
3.3　原位置フラッシング…………………… 40
3.4　水処理施設の性能と浄化の実績… 41
4　不法投棄現場の課題と展望…………… 43
4.1　不法投棄現場の水処理の課題…… 43
4.2　難分解性物質の分解………………… 44
5　水処理技術の展望………………………… 45
6　おわりに……………………………………… 46

第６章　汚泥の効率的な好気的消化　松本明人

1　はじめに……………………………………… 47
2　好気性消化とは…………………………… 47
3　好気性消化の効率化……………………… 48
4　嫌気性消化汚泥の好気性消化実験…… 49
4.1　実験の目的……………………………… 49
4.2　実験方法………………………………… 49
4.3　実験結果………………………………… 50
4.4　結論……………………………………… 54

5　おわりに………………………………………… 55

第7章　蛍光消光現象を利用した複合微生物系解析技術　蔵田信也

1　研究の背景………………………………………… 56
2　蛍光消光プローブを用いた遺伝子検出定量法（QP法）について………………… 56
3　QP法の応用技術開発と複合微生物系解析への応用……………………………… 57
3.1　QP法のリアルタイムPCR法への応用……………………………………… 57
3.2　ABC-PCR法について………………… 60
3.3　ユニバーサルQP-PCR法の開発… 62
4　おわりに………………………………………… 64

第8章　廃水からのリン資源の回収—基礎—微生物によるリン資源の効率的回収に関わる遺伝子　廣田隆一，黒田章夫

1　はじめに………………………………………… 66
2　バクテリアのリン酸代謝機構…………… 67
2.1　バクテリアのリン酸輸送体………… 67
2.2　ポリリン酸とポリリン酸の合成機構…………………………………………… 68
2.3　リン酸排出によって細胞内リン酸恒常性を維持する遺伝子*yjbB*…… 69
3　PAOにおけるリン代謝メカニズム研究の新展開…………………………………… 70
3.1　EBPRにおける優占種の同定…… 70
3.2　網羅的解析手法によってせまる*A. phosphatis*の分子生物学……… 71
4　遺伝子機能に基づいた人工的なリン蓄積菌の創成…………………………………… 71
5　未利用リン資源のバイオ活用の可能性…………………………………………………… 72
5.1　還元型リン酸の工業利用と環境における分布……………………………… 72
5.2　還元型リン酸の酸化に関わる遺伝子とその利用…………………………… 73
6　おわりに………………………………………… 74

第9章　リン資源の回収と再利用—実用化への展開—　大竹久夫

1　はじめに………………………………………… 76
2　実用化におけるコスト上の制約………… 77
3　リン資源の回収と再利用の全体像…… 79
4　下水からのリン資源回収と再利用…… 81
5　実用化の課題………………………………… 82
6　おわりに………………………………………… 83

第10章　好気的汚泥減量プロセス　西村総介

1　汚泥減量のニーズ……………………………84
2　汚泥の分解・消滅技術の原理と活用する微生物……………………………85
2.1　食物連鎖法……………………………85
2.2　汚泥消化法……………………………86
2.3　可溶化返送法……………………………87
3　適用事例……………………………88
3.1　メタノール脱窒工程から発生する余剰汚泥の減量事例（オゾン法）…88
3.2　食品加工工場から発生する余剰汚泥の減量事例（オゾン高温消化法）……………………………89
4　将来展望……………………………91

〔第2編 嫌気的バイオ新廃水等処理法の開発と実用化例〕

第11章　総論　多川　正，原田秀樹

1　嫌気性微生物を利用した環境保全技術……………………………93
2　嫌気性処理方式と処理対象廃水種……94
3　嫌気性処理技術の今後（おわりに）……97

第12章　廃棄物系メタン発酵技術の基礎と開発事例　片岡直明

1　はじめに……………………………99
2　廃棄物系メタン発酵技術の基礎………99
2.1　メタン発酵処理の特徴……………99
2.2　有機物の嫌気分解経路……………100
2.3　バイオガス発生……………………100
2.4　バイオマス活用に向けたメタン発酵処理技術……………………………101
3　生ごみ系メタン発酵技術の開発事例…102
3.1　システムフロー……………………102
3.2　生ごみバイオガス化設備運転結果……………………………103
3.3　生ごみ中温メタン発酵性能の評価（室内実験）……………………………103
4　おわりに……………………………106

第13章　UASBメタン発酵処理法と実用化例　白石皓二

1　はじめに……………………………107
2　嫌気性生物処理の歴史………………107
3　UASB装置の実用化…………………107
4　嫌気性生物処理の特長………………108
5　UASBの特長…………………………108
6　リアクター基本構造…………………109

7　グラニュール汚泥の生成…………………… 109
8　食品系廃水への適用………………………… 110
8.1　サトウキビの製糖工場への適用例
…………………………………………………… 110
8.2　ランニングコストの削減に効果… 111
8.3　高負荷処理の可能性………………… 112
8.4　種々の製造業への適用……………… 112
9　グラニュール汚泥のトラブル…………… 113
10　おわりに………………………………………… 114

第14章　固形物含有廃棄物の高効率メタン発酵法と実用化例

後藤雅史，多田羅昌浩

1　はじめに……………………………………… 115
2　高温下降流型固定床式メタン発酵プロセス………………………………………… 115
3　下降流型固定床式リアクタの特長と課題……………………………………………… 117
4　多様な廃棄物への対応…………………… 117
4.1　未分別可燃ごみ対応メタン発酵プロセス…………………………………… 117
4.2　下水汚泥と生ごみの混合消化…… 118
4.3　下水汚泥の高度減量化……………… 119
5　おわりに……………………………………… 120

第15章　高負荷メタン発酵排水処理装置「UASB-TLP」　**吉村敏機**

1　はじめに……………………………………… 122
2　高負荷型嫌気性排水処理システム「UASB-TLP」…………………………… 123
2.1　乱流（Turbulent）と層流（Laminar）の組み合わせによる処理水質の向上……………………… 124
2.2　脈動流（Pulsation）による撹拌… 124
2.3　小粒径グラニュール………………… 124
3　メタン発酵処理の適用範囲……………… 125
3.1　処理性の検討方法…………………… 125
3.2　個別排水に対する知見……………… 126
3.3　運転上のトラブルに対する耐性… 128
4　「UASB-TLP」の実施例………………… 129
4.1　廃シロップ排水での実施例………… 129
4.2　アルコール排水での実施例………… 130
5　今後の展開…………………………………… 131

第16章　乾式アンモニア・メタン発酵法　**西尾尚道，中島田　豊**

1　はじめに……………………………………… 132
2　乾式メタン発酵とは………………………… 132
3　余剰汚泥の二槽式乾式アンモニア・メタン発酵プロセスの開発……………… 133
3.1　汚泥中アンモニア濃度の制御方策…………………………………………… 134

3.2　乾式メタン発酵に及ぼす脱水汚泥からの遊離アンモニア除去の効果……135
3.3　脱水汚泥のアンモニア発酵……137
3.4　脱アンモニア汚泥の連続乾式メタン発酵試験……137
3.5　乾式アンモニア・メタン二段発酵ベンチリアクター試験……138
4　鶏糞の単槽式乾式アンモニア・メタン発酵プロセス……139
4.1　無加水鶏糞からの二段発酵法によるメタン生成……140
4.2　単槽式乾式アンモニア・メタン発酵の基本コンセプト……140
4.3　単槽式乾式アンモニア・メタン発酵試験……140
5　まとめ……141

第17章　低濃度有機性廃水の無加温メタン発酵処理システム　**珠坪一晃**

1　はじめに……143
2　グラニュール汚泥床法の原理と特徴…144
3　グラニュール汚泥床法による低濃度廃水の低温処理に関する研究動向……145
3.1　EGSB法の低濃度・低温廃水処理への適用……145
3.2　廃水の水温低下が処理性能に及ぼす影響……146
3.3　廃水の有機物濃度低下が処理性能に及ぼす影響……147
4　低温廃水処理グラニュール汚泥の微生物学的特性……148
5　まとめとグラニュール汚泥床法の今後の展望……151

第18章　焼酎蒸留廃液などの高濃度廃水・廃棄物の処理法と実用化例

木田建次

1　はじめに……153
2　固形分を除去した蒸留廃液のメタン発酵と窒素除去……153
2.1　ウィスキー蒸留廃液の処理……153
2.2　焼酎蒸留廃液の処理……154
3　固形分を除去しない蒸留廃液のメタン発酵処理……155
3.1　機械撹拌型リアクターによる泡盛蒸留廃液のサーマルリサイクル…155
3.2　固定床型リアクターによる芋焼酎蒸留廃液のメタン発酵……155
3.3　膜型リアクターによる芋焼酎蒸留廃液のメタン発酵処理……156
4　高濃度のタンパク質を含む蒸留廃液のメタン発酵処理……156
4.1　膜型リアクターによる常圧蒸留麦焼酎廃液のメタン発酵処理……156
4.2　膜型リアクターによる麦焼酎蒸留

廃液のメタン発酵処理……………… 157
4.3 漁業系廃棄物を含む事業系食品廃棄物の無加水メタン発酵…………… 157
5 生ごみを主体とする食品系廃棄物のメタン発酵…………………………………… 158
5.1 食品系廃棄物の湿式メタン発酵… 158
5.2 厨芥類，草本系，食品残渣および一般廃棄物の乾式メタン発酵…… 158
5.3 焼却ごみ中のメタン発酵適物の乾式メタン発酵………………………… 159
6 家畜糞尿および糞尿搾汁液のメタン発酵…………………………………………… 160
7 バイオマスタウン構築のための汚泥や家畜糞尿などを含む生ごみのメタン発酵…………………………………………… 161
7.1 おおき循環センター「くるるん」…………………………………… 161
7.2 山鹿市バイオセンター…………… 162
7.3 日田バイオマス利活用施設………… 162
8 おわりに……………………………………… 162

第19章　家畜排泄物のメタン発酵の実用化例　帆秋利洋

1 はじめに……………………………………… 164
2 牛排泄物の特性から見た施設計画時の留意点…………………………………………… 164
2.1 原料の流動性………………………… 165
2.2 藁の混入……………………………… 166
2.3 アンモニアの影響とその対策…… 166
2.4 硫酸イオンの影響とその対策…… 166
3 メタン発酵槽立上げ時に供する植種源…………………………………………… 167
3.1 空気暴露によるメタン生成活性の低下…………………………………… 167
3.2 植種源としてのラグーン汚泥の検討…………………………………… 168
4 施設導入と運転管理の留意点…………… 169
4.1 原料受入槽の温度設定……………… 170
4.2 発酵温度の選定……………………… 170
4.3 バイオガス発生量…………………… 170
4.4 発酵制御……………………………… 170
4.5 副産物の適正利用…………………… 171
5 消化液の殺菌特性…………………………… 171
6 メタン発酵普及の課題……………………… 173

第20章　ANAMMOX反応を利用した窒素除去技術　徳富孝明

1 はじめに……………………………………… 175
2 ANAMMOX反応とは…………………… 175
3 硝化脱窒との比較…………………………… 176
4 プロセスの構成……………………………… 177
4.1 亜硝酸型硝化………………………… 177
4.2 ANAMMOX………………………… 178
4.3 一槽型ANAMMOX………………… 178
5 適用検討例，実用化例……………………… 179
6 実用化の進展状況…………………………… 182
7 今後の展望…………………………………… 183

〔第3編 地下水・土壌汚染の新バイオ浄化法の開発と実用化例〕

第21章　総論　矢木修身

1　はじめに………………………………… 185
2　バイオレメディエーション技術の現状 ………………………………………… 186
3　微生物によるバイオレメディエーション利用指針（ガイドライン）……………… 189
4　今後の展望………………………………… 190

第22章　嫌気性塩素呼吸細菌による難分解性有機塩素化合物浄化

倉根隆一郎，鈴木伸和，江崎　聡，上中哲也，塚越範彦，坂井斉之

1　はじめに………………………………… 192
2　どのような技術開発戦略をたてるか?… 193
3　どのような手法で，どのような成果を得たか？………………………………… 194
3.1　PCE脱塩素化細菌の単離…………… 194
3.2　PCE脱塩素化細菌の同定と特性解析……………………………………… 195
3.3　PCE脱塩素化細菌 *Desulfitobacterium* sp. KBC1株の基本特性……………… 195
3.4　短期間かつ安全な処理プロセスを開発……………………………………… 196
3.5　新規なデハロゲナーゼ遺伝子を取得，特定…………………………………… 197
3.6　PCE汚染土壌を対象としたバイオオーグメンテーション処理プロセスの開発…………………………………… 198
3.7　ガイドラインに向けてのKBC1株の安全性評価と遺伝子モニタリングによる環境影響評価……………… 200
4　「微生物によるバイオレメディエーション利用指針」適合確認……………………… 205
5　まとめ…………………………………… 206

第23章　塩素化エチレン汚染土壌の浄化と分解細菌の検出

中村寛治，石田浩昭

1　はじめに………………………………… 207
2　実験方法および材料…………………… 208
2.1　DNAの抽出法………………………… 208
2.2　*vcrA*･*bvcA*遺伝子の取得・解析… 209
2.3　*Dehalococcoides*属細菌保有遺伝子の定量検出………………………………… 210
3　実験結果………………………………… 211
3.1　*vcrA*･*bvcA*遺伝子の取得および系統解析………………………………… 211
3.2　浄化現場での各分解遺伝子の存在割合……………………………………… 212
4　考察……………………………………… 213

第24章　バイオ技術を活用した，光合成細菌による放射性物質の除去と回収　**佐々木　健，森川博代，原田敏彦，大田雅博**

1　はじめに…… 216
2　光合成細菌の種類と応用…… 217
3　回収型セラミック固定化光合成細菌による放射性核種の除去…… 218
4　回収型セラミック固定化光合成細菌による放射性核種の同時除去と水質浄化能力…… 219
5　廃棄ガラスセラミック固定化光合成細菌による，Cs，Srの同時除去…… 220
6　光合成細菌による放射性物質の除去メカニズム…… 221
7　CsおよびSr除去におけるカリウムの影響…… 221
8　屋外実証実験，1トンタンクによるCs，Srの同時除去…… 222
9　福島市中での放射能除去実証実験…… 223
10　おわりに…… 224

第25章　バイオオーグメンテーションによるTCE汚染土壌の原位置浄化　**岡村和夫**

1　はじめに…… 226
2　汚染サイトの状況…… 226
　2.1　水理地質学的特性…… 226
　2.2　表層ガス調査…… 227
3　微生物学的検討…… 227
　3.1　分解菌のTCE分解特性…… 227
　3.2　帯水層を模擬した浄化効果予測…… 228
4　安全性評価…… 229
5　実証試験概要…… 229
　5.1　試験装置の概要…… 229
　5.2　利用微生物の大量培養…… 231
　5.3　利用微生物の調整方法…… 231
6　実証試験結果…… 231
　6.1　注入試験によるTCE分解効果…… 231
　6.2　生態系への影響調査結果…… 233
7　まとめ…… 233

第26章　油汚染土壌のバイオレメディエーション　**田﨑雅晴**

1　はじめに…… 235
2　油汚染とその汚染油種…… 236
3　油汚染と生物分解…… 237
4　生物浄化のトリタビリティーテスト…… 238
5　油汚染土壌のバイオレメディエーション…… 239
　5.1　ランドファーミング…… 239
　5.2　その他の技術…… 241
　5.3　多環芳香族油分のバイオレメディエーション…… 242

5.4　油汚染土壌のファイトレメディエーション……244
6　おわりに……246

第27章　海洋原油汚染とバイオレメディエーション　寺本真紀，原山重明

1　はじめに……248
2　原油の組成……248
2.1　飽和炭化水素……248
2.2　芳香族炭化水素……249
2.3　レジン・アスファルテン……249
3　海洋性炭化水素資化細菌……250
3.1　温帯海域で重要な炭化水素資化細菌……251
3.2　温帯海域以外で重要な炭化水素資化細菌……251
3.3　2010年メキシコ湾原油流出事故で検出された炭化水素資化細菌……251
4　バイオ・サーファクタント……252
5　原油汚染事故とバイオレメディエーション……253
5.1　バイオレメディエーション……253
5.2　エクソン・バルディーズ号原油流出事故……254
6　おわりに……256

第１章　総論

倉根隆一郎*

汚水（屎尿，下水，産業排水）処理を実用の視点からみるとその処理方式は物理化学的処理法と生物学的処理法に大別できる。

物理化学的処理法は沈降分離法，浮上分離法（重力を利用した浮上法，加圧による浮上法），凝集沈殿法，中和・酸化・還元による処理法，ろ過法などが挙げられる。また，生物学的処理法には活性汚泥法，生物膜法，メタン発酵法が挙げられる。これらの処理法は対象とする汚水の種類，水質によりそれぞれ適した処理法が実際には実施されている。さらに，上乗せ排水基準などにより高度処理法を適用することが求められることもある。高度処理法には活性炭吸着法，イオン交換法，逆浸透膜法，生物学的脱窒法，生物学的脱リン法がある。

これらの処理法の中，屎尿処理・下水処理・産業排水処理において，最も汎用されている処理技術は複合系微生物などの集合体である活性汚泥法であり，我が国では全体の処理法の中，約８割近くを占めると言われている。この活性汚泥法では好気的微生物による分解処理を基本としており，そのための酸素を供給するために曝気を行うことが必要であり，その曝気エネルギーの使用量は極めてエネルギー多消費型である。さらに，これまでに適用実施されてきた活性汚泥法の中心的存在である活性汚泥に目を向けると，活性汚泥の主役を担うべき微生物群は自然発生したものである。そのように自然発生した複合微生物系を汚泥と称し，その中身はブラックボックスとしてこれまでは扱われてきたのが現状である。日本，米国，欧州など全地球的のすべての国々において，これまでは通気システムやpHや処理槽の形式など外的要因を操作管理することによるエンジニアリング的アプローチにより一定程度の効率化が図られてきたことも事実であり，そのコストパフォーマンスを含めて汎用されてきた。

しかしながら，従来型の活性汚泥法では，①分解対象物質の適用濃度は低く低負荷処理であり，②分解処理速度は低く低速処理であり，③曝気に使用される消費エネルギーは大であり，④余剰汚泥の発生量も大であると言う問題点を内在してきたのが現状である。

前述の如く，自然発生した複合微生物系の集合体である活性汚泥は，中身である主役たる微生物などの視点からみると最適構成ではない。従来実施されてきた活性汚泥の潜在的パフォーマンスは十分に発揮されていないのが現状である。すなわち，従来型のエンジニアリング的側面からのアプローチを行っても，ほとんど天井に近く限界状態であると言える。したがって，分解処理

---

*　Ryuichiro Kurane　中部大学　応用生物学部　応用生物化学科　教授

の主役であり従来はブラックボックスとして扱われてきた活性汚泥の中身に切り込まないかぎり，これ以上の高効率化・高機能化は達成困難である。低炭素型社会である21世紀型排水処理法は従来のブラックボックスである活性汚泥法を大幅に凌駕する新たな視点からのアプローチがなければならない。

最近になり，従来型の活性汚泥法をブレークスルーするために，微生物学的・分子遺伝学的などアプローチによるいくつかの例が報告され，また実用化がされ始めている。第１章では「好気的バイオ新廃水処理法・浄化システムの開発と実用化例」として，それぞれの社会的・産業的・技術的背景などを主にして，新たな有効なアプローチがこれからの排水処理にとって極めて重要であるかをいくつかの例示を示して記述する。

複合微生物系の雑多な微生物などの集合体である活性汚泥をエンジニアリング的アプローチではなく，微生物的にコントロールし，最適な状況下にて適用することにより，前述の活性汚泥が内在している問題点の中，主として②と③に正面から対処することに，様々な実排水に実施し，省エネルギー型でかつ高効率型の活性汚泥を完成した実用化例は21世紀型の低炭素型産業に貢献すると期待されている。②分解速度を高速処理に，③省エネルギー型に中身である活性汚泥に切り込むことにより，結果として④余剰汚泥の発生量を小さくできることに繋がる。(例：第２章)

健康被害を及ぼすオゾン層破壊，浮遊粒子状物質などによる大気汚染状況は深刻度合いを増しており，これらに緊急に対応することが求められている。オゾン層破壊などの原因物質の１つが，揮発性有機化合物（VOC）であることがこれまでの研究などにより明らかにされてきた。オゾン層破壊という状況を踏まえて，2004年５月26日に改正大気汚染防止法が施行され，主なVOC排出事業所への排出規制が行われることになった（潜在的VOC年間排出量が約50トン以上の事業所に適用)。 ４年間の猶予期間を経て，平成22年４月より完全実施されることが法律的に決まっている。本規制への対応が全業種に求められている。

このうち，工業塗装で排出されるVOCは，国内のVOC全排出量の約56％を占めており，我が国では工業塗装が最大のVOC発生源となっていた。この対応をするために，自動車業界などでの工業塗装は，VOCを含む有機性油性塗料から，VOCをほとんど含まない水性塗料への変換が急速に進んでいる。

有機性油性塗料の場合には，顔料が溶剤である有機性油性物質であるVOCに溶け込んでいるため，溶剤であるVOCは空中に揮発し，循環水・廃水に入ることはないが，水性塗料の場合には溶剤が水溶性であるため循環水・廃水に溶け込み様々なトラブル要因を引き起こしている。特に，塗装顔料を分散させるために添加されているノニオン界面活性剤が問題となる。問題点として，①循環ピット内における異常発泡が挙げられる。異常発泡が発生すると作業効率が大幅に低下する。②ノニオン界面活性剤は通常のこれまでの活性汚泥では分解処理できないため，多量の活性炭を使用して吸着処理が必要であるため，水性塗料をVOC対策として採用すると新たなコスト増になり，有機性油性塗料時代に比べて廃水処理コストは約２倍になると言われている。このような新たな水性塗料への転換は中小企業にとりより深刻さを増している。

このような状況において，難分解性物質であるノニオン界面活性剤を強力に分解する（または発泡を抑える）高効率微生物を新たに探索し，これまでにない高効率・低コスト型の水性塗料向けの新バイオ廃水処理システムの構築が切望されており，新たな微生物的アプローチにより高効率・低コストが可能なバイオ処理法が期待できる。すなわち新たな高効率微生物を活用することにより，これまでは活性汚泥が適用外であった産業排水への適用の扉が開かれると期待されている。(例：第3章)

さらに，活性汚泥法は前述の問題点④に記したように余剰汚泥が大であるとの問題を内在している。余剰汚泥は産業廃棄物として廃棄されているが，我が国における産業廃棄物の残余処理能力（これからどの位の年月にわたり，産業廃棄物として受け入れ可能なのか）は国土の狭い我が国にとって大問題であり，その廃棄物として捨てる産廃処理費は年々値上がりしているのが現状である。また，最近では我が国の産廃受け入れ処理年数は数年（多くの場合にはあと5～6年）と言われている。産廃処理場の新たな増設は，近隣住民にとって迷惑施設であることからなかなか新規産廃処理場は困難であることから，現行の産廃処理場をできるだけ長期にわたり使用することが求められている。産廃処理という視点から生物膜法の1つである担体流動法により，発生する余剰汚泥をできるだけ最小限にすることとコンパクトな立地条件もクリヤーにすることはこれからの流れとなると期待されている。(例：第4章)

また，一度発生した余剰汚泥を効率的に消化することにより産廃処理場に運び込む余剰汚泥量を少なくする試みも，現行の産廃処理場の長期使用を可能にするものとして期待されている。(例：第6章および第10章)

さらに，産業廃棄物の不法投棄の事例も後を絶たず新聞，テレビなどで毎年のように取り上げられており，大きな社会問題化している。不法投棄される汚染物質には，ダイオキシンに代表されるように直接に地域住民の健康被害を起こす事例が数多く報道されている。現在の住民の方々は勿論のこと，子供や孫達にこのような負の遺産を残すのではなく，現在に生きている我々がダイオキシンのような物質を浄化する環境修復事業も極めて重要な項目であることは異存がないところである。我が国最大とも言える不法投棄サイトにおける環境修復事業と廃棄物系排水のバイオ・膜処理技術は不法投棄サイトを浄化・修復するための大きな一里塚である。(例：第5章)

以上に述べたような活性汚泥など複合微生物系の中身に切り込みその動態解析を行い，かつそれらの能力を最大限に引き出し活用することが，これからの排水処理技術に求められている。21世紀型排水処理はシンプルなエンジニアリング的アプローチに留まらず，より省エネルギーで，より効率的で，より高機能的で，より余剰汚泥発生量抑制（あるいは減容量）であるかを微生物的・遺伝子的アプローチすることにより初めて成し遂げられる。このためには，複合微生物系解析技術が必要不可欠となり，その大きなツールが遺伝子を基礎にした解析技術である。遺伝子解析技術は欧米により特許を含めて圧倒的に支配されてきた。本書では欧米にない発想により我が国独自の遺伝子定量法として確立され，かつ複合微生物系に適用された事例を紹介する。(例：第7章)

ところで，都市下水や産業排水を処理すべきやっかいものとしてではなく，資源枯渇に悩まされる我が国はじめ先進諸国さらに全地球的にみて，新たな資源が眠っているお宝の山とみる視点も21世紀の社会・産業では極めて大切な視点になる。すなわち，屎尿や都市下水や産業排水を都市鉱山そのものと捉える柔軟な発想が極めて重要である。再資源化という視点を踏まえて，地球上から最初になくなる資源は，我々の身の周りの製品から肥料そして様々な産業分野に汎用されている極めて重要な物質であるリンである。屎尿，都市下水，産業排水処理においては，リンは富栄養化の主たる原因物質（窒素と共に）であることから，上乗せ条例や総量規制や湖沼法などの規制対象物質となりこれまでは処理に目が向けられていた。このリンを単なる処理対象ではなく，処理をした後の汚泥からリンを新たな発想により回収し，肥料などに再使用しようというリンのリサイクル化のバイオ活用法に代表されるように，これからの資源枯渇時代へと向かう社会・産業において様々な有用な元素，金属，物質を都市鉱山から回収しリサイクル化を行う事例をふやすことは大きな重要項目と期待されている。（例：第８章および第９章）

以上述べてきたように，21世紀型の汚水（屎尿，下水，産業排水）処理は，①中身である活性汚泥などをブラックボックスとした従来型のエンジニアリング的アプローチのみではなく，それらの処理の主役たる活性汚泥など複合微生物系に新たな微生物学的・分子遺伝学的な発想を持ちながら切り込み解析を行い，その得られた新たなデータをエンジニアリングサイドと相談・協調しながら従来型の処理方式を凌駕する新たなシステムを構築すること，②処理対象のみの視点だけではなく，処理プラス有用資源物質回収を図ることが21世紀低炭素型産業・社会に向けて求められており，その結果として新たな大きいビジネスチャンスが訪れると確信している。

第2章　省コスト・省エネルギー高効率活性汚泥法と実用例

小山　修*

1　はじめに

活性汚泥法は，有機性廃水の処理方式として1930年代に名古屋の下水処理場で導入されて以来，日本国内で最も普及している処理方法である。活性汚泥法は，曝気槽内の活性汚泥（微生物）が曝気（酸素供給化）により廃水中の有機物を酸化分解することで水と二酸化炭素に分解する。さらに，活性汚泥は，沈殿槽により固液分離されることで廃水を浄化する方法である。活性汚泥中には，細菌・原生動物・後生動物など多様な生物種が互いに共生・捕食関係にあると考えられている。活性汚泥法は，非常に単純なプロセスであるため，上記のように日本全国に普及しているものの，次の3つの問題点があると認識している。①処理速度が遅く広大な敷地面積を必要とする，②廃棄物として大量の余剰汚泥が発生する，③曝気に必要な酸素供給用のためのブロワ電力が嵩む，などである。これらの問題点を解決するため，筆者らは2つのアプローチを考えた。1つ目は①②の問題点を解決するために活性汚泥法に代わる新しい処理システムを考案した。さらに，新システムに酸素溶解効率の極めて高い溶解装置を導入することで③の問題解決を試みた。本章ではこれらのことについて紹介する。

2　高効率BOD処理リアクター「バイオアタック」システム

本システムの基本原理について説明する。本システムは，旧通産省工業技術院微生物工業技術研究所（現：㈱産業技術総合研究所）にて開発された[1,2]「二相処理法」を実用化したものである。この「バイオアタック」システムは，廃水中のBOD成分を高効率に処理することができるシステムである[3,4]。

原理を簡単に説明する。一般的に，活性汚泥法の汚泥日齢（SRT：活性汚泥微生物の曝気槽滞留時間に相当）は，下水処理で10日程度，産業排水の場合は15～40日である。汚泥日齢は処理装置内に滞留する汚泥量を1日当たりの排泥量で割ることにより求められるため，この逆数は活性汚泥微生物の比増殖速度とほぼ同じ値として取り扱うことができる。すなわち，活性汚泥構成菌群の比増殖速度は0.1～0.03/日程度と考えられる。

一方，活性汚泥から分離される*Pseudomonas*，*Flavobacterium*，*Bacillus*などの細菌の多くは，最大比増殖速度が24/日あるいはそれ以上である。このことから活性汚泥設備内の微生物の増殖

---

*　Osamu Koyama　日鉄環境エンジニアリング㈱　技術本部　技術研究室　室長

速度は極めて低いレベルに抑えられていると考えられる。

また，活性汚泥による廃水処理は，①細菌による有機物の酸化分解資化反応過程，②凝集性・沈降性のよい汚泥の生成過程という2つの過程からなり，②が律速になっている。バイオアタックはこれらの概念を利用している。活性汚泥の沈降性を考慮しないで有機物の除去のみを考慮し，比増殖速度の速い細菌を優占化させたバイオアタック槽と，そこで生成した微生物の捕食と残存有機物を処理し汚泥沈降性を考慮した原生動物相（レシーブ槽）で処理することを基本原理としている。

図1のフローに示すように，排水中のBOD成分を分散性細菌により高速で分解するアタック槽とアタック槽で生成した微生物を捕食するレシーブ槽の2槽から成り立っている。廃水はまずアタック槽に入る。ここでBOD容積負荷5～20 kg/m^3/日程度の条件で，BOD成分を効率よく除去する。次に，レシーブ槽（活性汚泥槽）では排水をさらに高度処理するとともに，アタック槽から流入する微生物の自己消化と原生動物による捕食が活発に行われ，汚泥の発生量が削減される特徴がある。また，アタック槽では，バルキングの原因微生物である糸状性細菌よりも増殖速度の速い分散性細菌による処理を行うため，糸状性細菌の生育を抑制すると同時にレシーブ槽に固着性の原生動物が多く生育するため，沈降性のよいフロックができ，バルキングを防止できるという特徴がある。

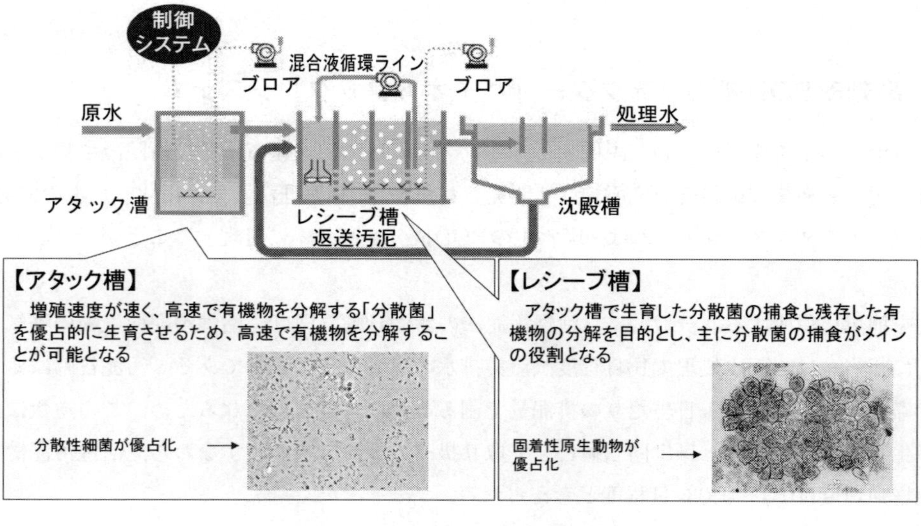

図1　バイオアタックシステムのしくみ
バイオアタックは「アタック槽」と「レシーブ槽」の2つのパートから構成される。

3　バイオアタックシステムの実用例

食肉（ブロイラー）加工工場の既存廃水処理設備にバイオアタックを導入した事例を紹介する[5)]。

既存排水処理設備のフローを図2に示す。食肉（ブロイラー）加工工場では廃水に含まれる油分（n-Hex抽出物質）が高いため，そのまま活性汚泥処理を行うと処理水質の悪化および曝気槽でのスカム発生などの問題がある。そのため，油分は油水分離槽で分離回収していた。油水分離後の排水経路は，スクリーン→調整槽→曝気槽→沈殿槽→放流（公共用水域）の順である。また，バイオアタック導入前の原水（調整槽出口）は，BOD：N：P比が100：12：1で窒素の割合が高く，n-Hex抽出物質は220 mg/L含まれていた。工場ではブロイラー処理羽数の増強を機に，新たに導入する排水処理プラントについていくつかの候補を検討し，負荷増への対応，余剰汚泥削減，油脂を含んだ排水も処理可能，ランニングコストが安い，オペレーションが簡単となるなどの効果のあるバイオアタックを導入することとなった。

導入したシステムのフローを図3に示す。バイオアタック導入により，油水分離槽を休止すると同時に，沈殿槽におけるトラブル（脱窒による汚泥浮上）の回避と公共用水域への窒素負荷低減を実現するため，既存設備で非常用に設置されていた予備水槽を脱窒槽へ改造した。また，バ

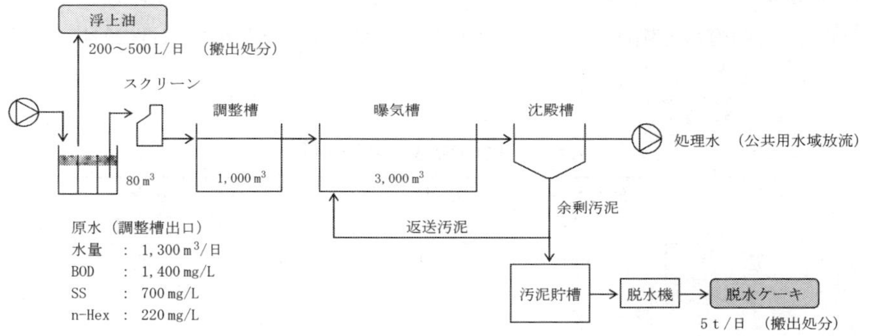

図2　既設排水処理設備フロー（改造前）

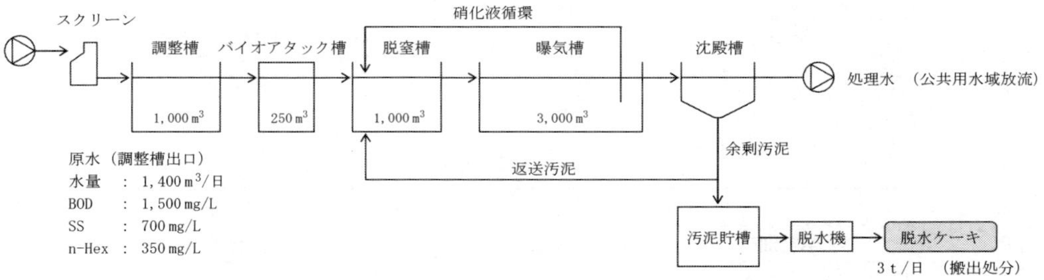

図3　バイオアタック導入後の排水処理設備フロー（改造後）

イオアタックの立上げにあたっては，油脂分解能を有するシーディング用微生物製剤「サーブワン」を使用した。

導入後の代表的な原水の水量および水質を表1に示した。バイオアタックによるn-Hex抽出物質の除去性能を表2に示した。バイオアタック処理水は，滞留時間4.3時間，BOD容積負荷8.4 kg/m^3/日の運転条件において，トータルBODの除去率で50%の値が得られ，溶解性BODは84%と高い除去性能が確認された。n-Hex抽出物質についてもバイオアタック槽への油負荷2.0 kg/m^3/日の条件において60%の除去性能が得られることが確認された。

油水分離槽を休止したにもかかわらず，放流水水質は従来と同等以上であり，目標水質（BOD＜25 mg/L，SS＜30 mg/L，n-Hex抽出物質＜10 mg/L）を十分に満足した。窒素については導入前に比べて80%の負荷低減を実現した。

浮上油ならびに脱水ケーキの削減効果を表3に示した。バイオアタックの導入により廃水処理設備から搬出処分される浮上油の発生はなくなり，脱水ケーキを40%削減することが可能となった。

以上の結果より，油脂前処理設備（油水分離槽や加圧浮上装置など）の代替としてバイオアタックの適用が可能であり，さらに発生する脱水ケーキを大幅に削減できるなどの効果が確認された。

次に焼酎工場にバイオアタックシステムを導入した事例を示す（図4）。導入前は回分式活性汚泥法にて500 m^3/日の廃水を処理していた。工場の増設に伴い，2倍の排水量に対応する設備増設

表1　原水の水量および水質

	流入水量 [m^3/日]	BOD [mg/L]	SS [mg/L]	n-Hex [mg/L]
原水	1,400	1,500	700	350

表2　バイオアタックによるn-Hex抽出物質の除去性能

n-Hex抽出物質 [mg/L]		除去率 [%]
原水	バイオアタック処理水	
350	140	60

表3　汚泥発生量の削減効果

	導入前	導入後	削減率
浮上油*	200～500 L/日	なし	100%
脱水ケーキ（含水率84%）	5 t/日	3 t/日	40%

＊　浮上油には水分，羽なども含まれる。

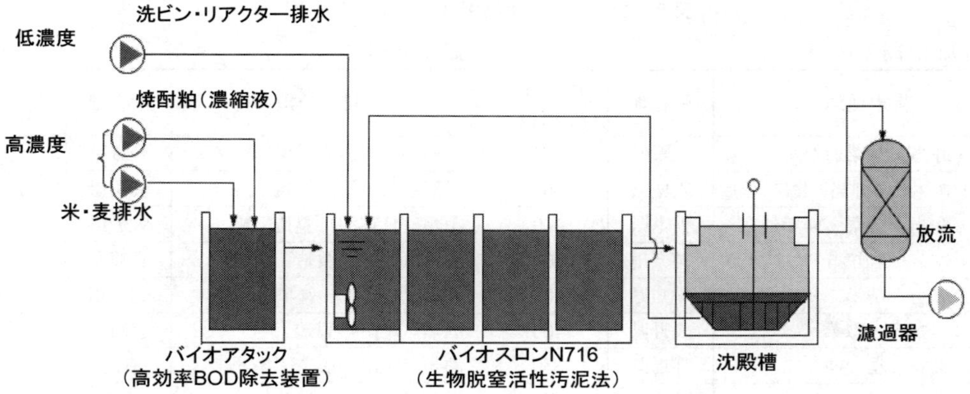

図４　バイオアタック導入例（焼酎工場）

表４　バイオアタック導入実績（焼酎工場）

		導入前	H.15（２期）
処理方式		回分式	バイオアタック（72 m^3） バイオスロンN716
処理水量（m^3/日）		500	1,000
BOD負荷量（kgBOD/日）		415	850
汚泥発生量（kgSS/日）		200	170
主要動力 （ブロア）		15 kw ×5台×18 Hr/日 =1350 kwH/日	7.5 kw ×2台×18.5 kw =804 kwH/日
処理性能	pH	5.8～8.6	
	BOD	10以下	
	SS	10以下	

の必要があった。既設曝気槽（1,000 m^3）を連続式の活性汚泥槽に改造し，さらに曝気槽の一部をバイオアタック槽に改造した（50 m^3）。その結果を表４に示した。これにより水量とBOD負荷量がおよそ２倍に増加したのに対して，既設曝気槽の改造を行うことで導入前と同等の処理水質が得られている。さらに驚くべきことに，余剰汚泥の発生量は若干減少していることから，汚泥の生成率は1/2以下に低減したことが示唆された。

これらの設備の他に，2002年の１号機建設以来，バイオアタック納入実績例に示すように，多くの実績があり，同様の処理効果が得られている（表５）。

表5　最近の納入実績例（バイオアタック）

■食品加工排水

排水種類	所在地	処理水量 (m^3/日)
米飯・弁当・惣菜おかず	大阪府	400
惣菜・コンビニ弁当・おにぎり	茨城県	600
米飯・弁当・惣菜・ゆで麺	栃木県	400
惣菜・コンビニ弁当・おにぎり	神奈川	600
惣菜・弁当・洗米	愛知県	600
コンビニ弁当・惣菜	長野県	400
醤油・タレ・麺つゆ	群馬県	350
醤油・もろみ・麺つゆ	兵庫県	650
醤油・調味料	千葉県	720
豆腐・豆乳・油揚げ	大分県	200
豆腐・豆乳・油揚げ	岐阜県	700
アイスクリーム・コーン	京都府	50
でんぷん・コーンスターチ	千葉県	220
塩昆布・煮豆・佃煮	兵庫県	200
チーズ・バター・乳製品	北海道	2,500
醸造酢・ポン酢	愛知県	250
味噌醸造	長野県	650
ブロイラー処理	鹿児島	1,000
豆腐・豆乳・油揚げ	栃木県	750
水産加工品製造	岩手県	500
パン・洋菓子製造	長崎県	45
惣菜加工	東京都	500
乳製品	愛知県	250
洋菓子	長崎県	45
チーズ・バター・乳製品	北海道	1,600
チーズ・バター・乳製品	北海道	1,000
チョコレート・菓子	静岡県	430
米飯・弁当・惣菜	東京都	900
チーズ・バター・乳製品	北海道	3,000
チーズ・バター・乳製品	北海道	4,500

■飲料製造排水

排水種類	所在地	処理水量 (m^3/日)
コーヒー・お茶・ジュース	長野県	4,000
炭酸飲料・清涼飲料	福岡県	4,000
酒類（日本酒）製造工場	大分県	40
酒類（焼酎）製造工場	宮崎県	500
酒類（ワイン・洋酒）製造	神奈川	650
酒類（焼酎）製造工場	宮崎県	1,000
酒類（焼酎）製造工場	宮崎県	100
酒類（焼酎）製造工場	宮崎県	100
焼酎・酒類製造工場	京都府	3,000
焼酎・酒類製造工場	千葉県	6,000
焼酎粕処理排水	鹿児島県	450
焼酎粕処理排水	宮崎県	360
酒類（焼酎）製造工場	宮崎県	100

■畜産・ふん尿排水

排水種類	所在地	処理水量 (m^3/日)
と場・食肉・ハム・ソーセージ	香川県	1,100
豚舎ふん尿排水	大分県	16
畜舎ふん尿排水	大分県	50
畜産・ふん尿排水	大分県	67

■化学・製薬・製紙・塗装排水

排水種類	所在地	処理水量 (m^3/日)
化粧品・薬品・界面活性剤	神奈川	500
化粧品・薬品製造工場	静岡県	1,000
製紙工場（古紙再生）	愛媛県	1,500
エアゾール製品製造	茨城県	240
自動車水性塗料排水	福岡県	120
医薬・アミノ酸・核酸製品	三重県	5,000
廃液中間処理工場	福岡県	100
医薬品中間体・化学品	三重県	1,980
医薬品	福島県	900
医薬品	富山県	1,680
医薬品中間体・化学品	兵庫県	1,000
製紙工場（古紙再生）	福岡県	15,000
化成品製造	熊本県	1,500

4　高効率・省エネルギー曝気装置（TRITON）

高効率・省エネルギー曝気装置トリトンについて紹介する[6]。トリトンはマイクロエアーの発生と強力な攪拌力による，省エネ型の散気装置である。通常のディスクディフューザーの酸素溶解効率が４～８％であるのに対して，トリトンの溶解効率は20～25％と高い。また，動力効率も高いため，省エネ型の曝気装置である（写真１～３）。本装置は散気管や空気配管が不要なため，設置経費も安く，既設の設備増強にも手軽に適用可能である。また，図５に示したように好気工

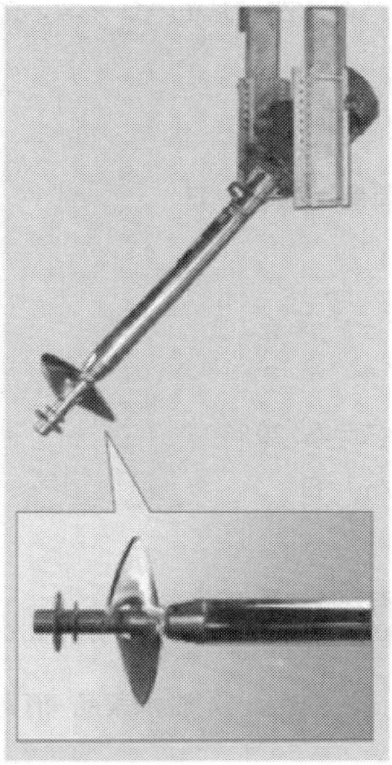

写真１　トリトン取り付け状況（懸垂型）

写真２　トリトン取り付け状況（フロート型）

写真３　トリトン取り付け状況（固定型）

図５　好気工程・嫌気工程の運転状況

程・嫌気工程の両方に使用が可能であり，生物学的な窒素処理システムにも使用が可能である。世界92カ国で6万台の実績がある。

5　省エネ効果試算例

標準活性汚泥法の問題解決法として，高効率BOD処理リアクター「バイオアタック」システムと高効率・省エネルギー曝気装置（TRITON）について述べてきたが，本システムの導入によりどの程度の省エネ効果があるかを試算した。

食品工場排水を想定して，前提条件に示した条件にて，標準活性汚泥法のランニングコストを

モデル設計の前提

- 原水条件　Q＝300 m^3/日，BOD＝1,000 mg/L，BOD負荷量＝300 kg/日
- 270日操業，95日休日
- 酸素溶解効率　従来ディフューザー　6%（水深4 m）
トリトン　20%（水深4 m）
- BOD汚泥転換率　標準活性汚泥法 40%
二相式活性汚泥法（バイオアタックシステム）20 %
- 曝気槽　MLSS 4,000 mg/L，BOD容積負荷 0.7 kg-BOD/m^3/日
- バイオアタック槽　BOD容積負荷 10 kg-BOD/m^3/日

・脱水高分子凝集剤添加量 1.8%対DS，　殺菌剤 使用量5 mg/L(有効塩素量70%)
・電力 13円/kWh，　脱水高分子凝集剤　1,000円/kg，　滅菌剤 750円/kg，　脱水ケーキ処分費 15,000円/t

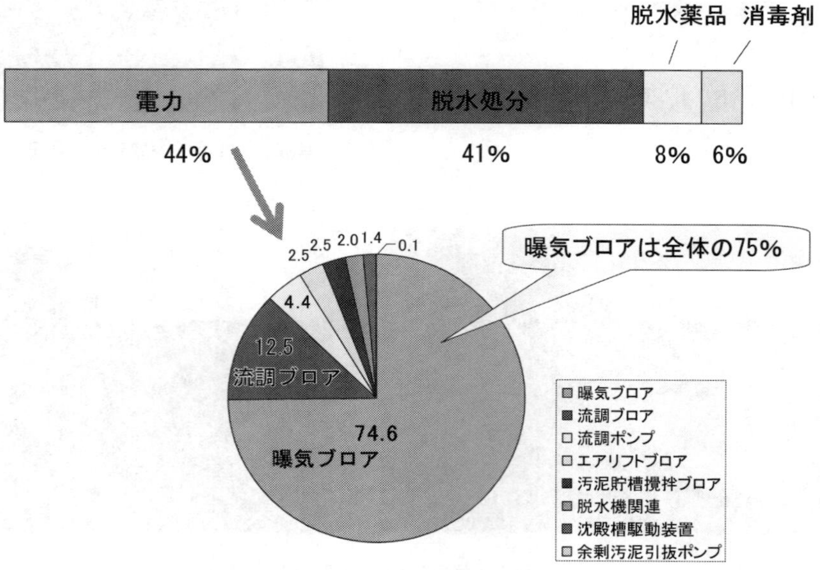

図6　標準活性汚泥法ランニングコスト内訳

試算し，図6にまとめた。

これより，今回の前提条件では消費電力の占める割合が44%，余剰汚泥の処分費（脱水ケーキ）が41%であり，ランニングコストの85%を占める結果であった。また，消費電力の内訳を見ると消費電力の75%が曝気ブロアであることが分かる。これらのことから，省コスト・省エネルギー型の処理設備を目指すには曝気装置の省エネルギー化と余剰汚泥の削減を行う必要がある。

そこで，case1：標準活性汚泥法，case2：曝気ブロア代の削減を目的に標準活性汚泥法にトリトンを適用した場合，case3：曝気ブロア代の削減および余剰汚泥の削減を目的にバイオアタックシステムにトリトンを適用した場合について，ランニングコストを試算した。

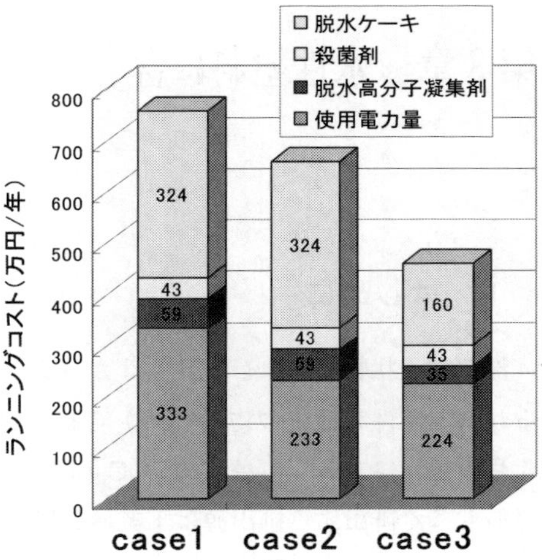

図7　ランニングコスト比較

試算結果を図7にまとめた。これより，標準活性汚泥法では年間760万円のランニングコストがかかっていることが分かる。これに対してcase2：曝気ブロア代の削減を目的に標準活性汚泥法にトリトンを適用した場合で年間660万円となり100万円のコスト削減になることが分かった。さらに，case3：曝気ブロア代の削減および余剰汚泥の削減を目的にバイオアタックシステムにトリトンを適用した場合は年間300万円，およそ40%のコスト削減に繋がることが分かった。

6　おわりに

活性汚泥法に代わる新しい廃水処理システムであるバイオアタックシステムと高効率・省エネルギー曝気装置トリトンを併用することにより，敷地面積・余剰汚泥の発生量をおよそ50%削減することが可能となり，さらに，ランニングコストも40%削減することが試算された。

文　献

1）中村和憲，微生物生態，学会出版センター，**15**, 71（1987）
2）中村和憲，環境と微生物，産業図書，56（1998）
3）小山修，産業機械，**572**, 9（1998）
4）平田正一ほか，加工技術，**144**(1), 82（2009）
5）渡辺一郎ほか，環境浄化技術，**10**(1), 18（2011）
6）山本一郎ほか，化学装置，**58**(8), 54（2011）

第3章　水性塗料に含有される難分解性化合物の生物処理法の検討

倉根隆一郎[*1]，東　友子[*2]，蔵田信也[*3]

1　はじめに

浮遊粒子状物質および光化学オキシダントによる大気汚染を引き起こす原因の1つとして挙げられる揮発性有機化合物（VOC）の排出規制が，改正大気汚染防止法（2004年5月執行，2010年4月実施）によって，潜在的VOC年間排出量が約50t以上の施設を対象として定められた。VOCを最も多く排出する排出源は工業塗装であるとされ，国内VOC排出量の56%を占め（2007年）ている[1]ことから，工業塗装に深く関係する自動車産業では，VOCを多量に含む油性塗料からVOCをほとんど含まない水性塗料への転換が進んでいる。しかし，この油性塗料から水性塗料への転換によっていくつかの問題が起こっており，その1つが，水性塗料中に含有されるノニオン界面活性剤に起因する発泡問題である。

自動車の塗装ブースにおける循環水処理の概略を図1に示す。自動車車体に吹き付けられた塗

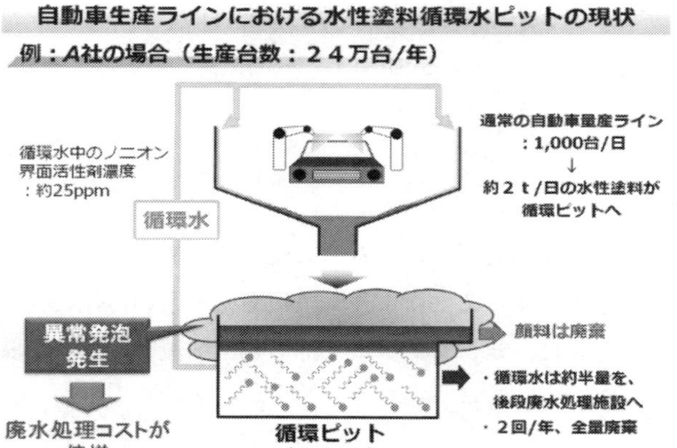

図1　塗装ブースにおける循環水処理概略

＊1　Ryuichiro Kurane　中部大学　応用生物学部　応用生物化学科　教授
＊2　Tomoko Azuma　日鉄環境エンジニアリング㈱　技術本部　技術企画部　技術研究室　環境技術グループ
＊3　Shinya Kurata　日鉄環境エンジニアリング㈱　技術本部　技術研究室　環境バイオグループ　グループリーダー

料のうち，40%程度は車体に付着することなく，ブース壁面を流れる洗浄水とともに，循環ピットに流入する。循環ピットでは，凝集剤の添加による塗料成分の不溶化・凝集処理が行われ，これらが分離除去された水は洗浄水として循環利用される。油性塗料の場合には，含まれる大部分の成分と水との親和性が低いため塗料成分が循環水から容易に分離される一方，水性塗料の場合には，塗料成分と水との親和性が高いため，凝集剤により不溶化・凝集されない一部の成分が循環水中に残留し，循環を繰り返すことで，循環水中に蓄積する。特に樹脂の分散のために添加されるノニオン系界面活性剤は，一般的に凝集剤の添加によって不溶化されず，循環水中に蓄積することが多い。

循環水中に蓄積したノニオン界面活性剤は，循環ピットでの高度な発泡を引き起こすため，施設管理上の大きな問題となっている。この発泡問題への対処として，ふつう消泡剤の添加が行われるが，より安価かつ効率的な発泡問題解決技術が求められている。本章ではこの発泡問題を解決し得る技術として，ノニオン界面活性剤分解微生物を用いた生物処理技術に関する筆者らの研究例を紹介する。

2　ノニオン界面活性剤分解微生物の探索

筆者らはこれまでに，異常発泡が起こっている循環ピットに対して，市販の栄養剤や微生物製剤を添加することによる生物処理を試みたが，十分な効果を得ることはできなかった。これは，発泡要因であるノニオン界面活性剤が難生分解性であることに起因すると考えられ，ノニオン界面活性剤を効率的に分解する微生物を取得することが発泡問題解決のための重要課題であると言える。

2.1　ノニオン界面活性剤分解微生物の分離

ノニオン界面活性剤分解微生物の取得の第1段階として，ノニオン界面活性剤を唯一炭素源とする培地上で生育する細菌の分離を行った。使用した界面活性剤は，表1に示す通り，実際に水

表1　使用したノニオン界面活性剤

略称	名称
X	添加剤X（水性塗料含有）
Z	添加剤Z（水性塗料含有）
A	ヒドロキシエチルセルロース
B	n-オクチル-β-D-グルコピラノシド
C	ポリオキシエチレン(10)ノニルフェニルエーテル
D	ポリオキシエチレン(10)オレイルエーテル
E	ポリオキシエチレン(20)オレイルエーテル
F	ポリオキシエチレン(50)オレイルエーテル
G	ポリオキシエチレンソルビタンモノオレエート
H	ポリオキシエチレン-*p*-イソオクチルフェノール
I	ポリオキシエチレングリコールモノオレエート
J	エチレングリコール-モノ-*n*-ブチルエーテル

表２　菌の探索に用いた分離源

土壌試料	沖縄県　久米島・西表島・石垣島
	東京都　小笠原諸島（父島）
汚泥試料	化学系・製紙・エレクトロニクスなどの工業排水処理設備
	都市下水
現場試料	塗装工場の循環ピットから採取した循環水・塗料滓

表３　培地における栄養塩組成

・リン酸二水素カリウム	1.0 g
・リン酸水素二カリウム	1.0 g
・硫酸アンモニウム	1.0 g
・硫酸マグネシウム（七水和物）	0.2 g
・塩化ナトリウム	0.1 g
・硫酸鉄（七水和物）	0.01 g
・塩化カルシウム（二水和物）	0.02 g
純水　total	1 L

性塗料に含有されているノニオン界面活性剤２種類と，標準試薬として市販されているノニオン界面活性剤など10種類である。微生物の分離源としては，塗装工場循環ピットから採取した循環水に加え，多様かつ固有の生物を含有すると言われる離島の土壌試料や，特殊な成分を含む可能性の高い化学系工場などの排水処理汚泥を用いた（表２）。

分離培養の手順を以下に示す。まず，表３の栄養塩培地にノニオン界面活性剤を唯一の炭素源として添加した液体培地で３回の集積培養を行い，培養液を得た。得られた培養液の上澄水を，滅菌生理食塩水で適宜希釈し，炭素源にノニオン界面活性剤，固化剤にゲランガムを用いた固体培地に展開してコロニーを形成させた。出現したコロニーを回収して新たな固体培地に塗布する作業を繰り返し，ノニオン界面活性剤分解微生物を分離した。培養温度は30℃である。ここで，３回の集積培養の目的は，分離源に含有される有機物や不純物の濃度を下げると同時に，ノニオン界面活性剤資化微生物の菌体濃度を高めることである。

以上の手順により，12種類のノニオン界面活性剤のいずれかを資化すると考えられる，785のノニオン界面活性剤分解微生物株（未同定，重複の可能性あり）を分離した。この際，形態から明らかにカビと判断される株については，増殖速度の遅さから工業的価値が低いと判断し，除外した。

2.2　分離微生物株のノニオン界面活性剤資化性および発泡抑制機能の評価

高いノニオン界面活性剤資化性および発泡抑制機能を持つ微生物を選抜することを目的として，４段階のスクリーニングを行った。

(1)　第１段階

各種ノニオン界面活性剤を唯一炭素源とする培地における増殖能によるスクリーニングを行っ

た。500または1,000 ppmのノニオン界面活性剤を唯一炭素源として含有する滅菌液体培地に，単離した候補菌株を接種し，数日間の恒温振とう培養を行った後，培養液の濁度（OD_{660}）を測定した。ここでは，培養後の培養液の濁度が高かった系について，ノニオン界面活性剤分解性の高い菌株であると判断し，単離した785候補菌株から，133菌株を選出した。

⑵　第２段階

第１段階で選出された133菌株について，ノニオン界面活性剤含有培地における発泡抑制効果に基づくスクリーニング試験を行った。500 mL容バッフル付き三角フラスコに液体培地，100 ppmの各種ノニオン界面活性剤を入れ高温高圧滅菌に処し，単離菌株を接種した後，恒温振とう培養した。培養開始から７日間，各フラスコの様子を観察し，発泡性が軽減した試験系もしくは泡が消えやすくなった（図２）試験系について，ノニオン界面活性剤による発泡の抑制効果があると判断し，133菌株から47菌株を選出した。

⑶　第３段階

第２段階で選出された47菌株について，閉鎖系模擬塗装廃液培地の発泡抑制効果によるスクリーニングを行った。塗料には水溶性溶剤など，ノニオン界面活性剤以外の有機物成分が豊富に含まれるため，接種した有用菌がノニオン界面活性剤以外の有機物を資化して生育し，ノニオン界面活性剤が資化・分解されない可能性がある。そこで，模擬塗装廃液における発泡抑制効果を評価した。ただし，試験は外界からの菌の混入のない閉鎖系で実施した。模擬塗装廃液は，水道水に水性塗料を混合し，３種類の凝集剤で顔料などを除去して調製した。塗料，凝集剤の種類や添加量などは実際の現場に準じて設定した。調製した模擬塗装廃液に栄養塩を添加し高温高圧滅菌に処した後，単離菌株を接種して恒温振とう培養を行った。培養開始から７日間，第２段階と同様に各フラスコの様子を観察した。発泡性が軽減もしくは泡が消え易くなった試験系について，塗装廃液に対して発泡抑制機能を持つ微生物であると判断し，19菌株を選出した。

⑷　第４段階

第３段階で選出された19菌株について，開放系模擬塗装廃液培地の発泡性抑制効果によるスクリーニングを行った。第３段階までのスクリーニングでは，それぞれ外界から菌が混入しない条件下（閉鎖系）で試験を実施したが，実際の塗装ブース循環ピットは様々な微生物が外界から混入す

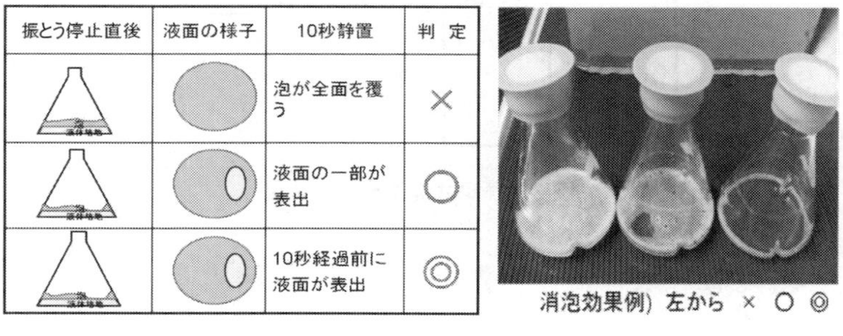

図２　発泡抑制および泡安定性低減試験の評価基準

る環境（開放系）であり，また，循環水中には水溶性溶剤などのノニオン界面活性剤以外の有機物成分が豊富に含まれる。そのため，様々な微生物が循環ピット内で増殖し，目的とする有用菌が十分に生育できない可能性がある。そこで，開放系模擬塗装廃液においても発泡抑制効果を示す微生物を選抜した。まず，5L容の蓋のない広口容器に2Lの模擬塗装廃液および栄養塩を添加した後，初期菌体濃度が10^7cell/mL程度となるように前培養した候補株を接種した。その後，室内にて曝気による好気培養を行い，2.3項に記す方法で，発泡性および泡の安定性を評価した。この段階では，開放系においても模擬塗装廃液に対して発泡抑制機能を示す3菌株が選抜された。

以上，4段階のスクリーニングにより，塗装ブース循環ピットにおいて発泡抑制機能を示す可能性のある3つの菌株が選抜された。

2.3　発泡性および泡の安定性の評価法

発泡性および泡の安定性の定量的評価には図3のような還流分析装置を用いた。まず，ノニオン界面活性剤を含有する培養液（検水）を採水し，分析装置に一定量入れて装置内を循環させる。検水は一定の流量で水面に叩きつけられ，このとき，検水の循環開始から10秒毎に泡の高さを測定する。開始から1分間（6測定分）の測定値の和を，泡の立ち易さを意味する「発泡性」とし，その後，検水循環停止から10分間の測定値6測定分を，泡の消え難さを意味する「泡の安定性」として評価した。また，本研究では，「塗装廃液の発泡性」を，「発泡性（泡の立ち易さ）」だけでなく，「泡の安定性（泡の消え難さ）」も加えて評価することとした。それは循環水が循環ピットに滞留する時間は5～7分間あり，たとえ発泡性が高くとも，泡の安定性を下げることができれば，発生した泡は速やかに消失し，循環ピットにおける発泡問題は解決できるからである。

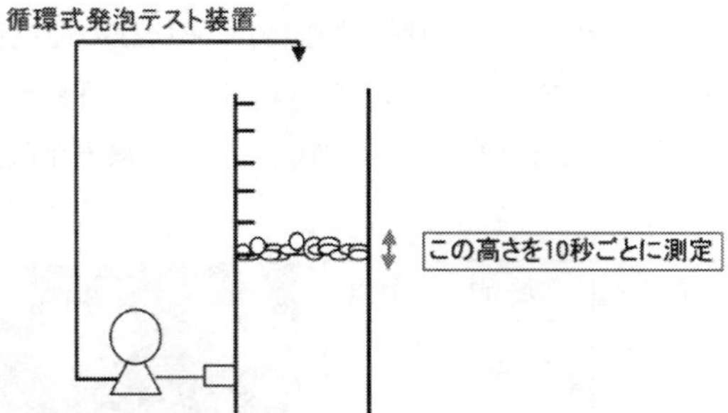

図3　循環式発泡テスト装置

3　分離菌株の同定および定量系の構築

3.1　分離菌株の同定

上記のスクリーニングで最終的に選抜された３分離菌株について，16S rRNA遺伝子配列に基づく最近縁株の同定を行った。結果を表４に示す。３菌株中の１菌株（表４におけるZ-01-ae②株）については，最近縁株である*Burkholderia cenocepacia* HI 2424の嚢胞性線維症患者への日和見病原性に関する報告（JGI:「*Burkholderia cenocepacia* HI 2424」があったため，今後の試験対象から除外した。最終的に選抜した候補菌株は，X-03-002株（*Phyllobacterium myrsinacearum*）およびX-03-005株（*Acidovorax Delafieldii*）である。なお，両菌株ともに，沖縄県西表島の土壌試料から分離された菌株である。

3.2　QP-PCR法による微生物定量系の構築

本研究では，実際に循環ピットに添加したノニオン界面活性剤分解微生物が循環水中でどのような消長を示すかを評価するために，分解微生物を特異的に定量するための定量系の構築を行った。定量系には，ダイナミックレンジが広く，かつ低濃度での測定も可能な，QP法[2)]（蛍光消光現象に基づくDNA定量法）とリアルタイムPCR法を組み合わせたQP-PCR法を採用した。

定量対象とするDNA配列には，菌株間での配列の差異の大きい16S-23S rRNA遺伝子intergenic transcribed sequence（ITS）を選択した。使用したPCRプライマーおよび蛍光検出プローブの配列を表５に示す。定量可能範囲を検討した結果，定量可能範囲は，少なくとも$10^{3.6}$～$10^{8.6}$cell/mL

表４　候補株の16S rRNA遺伝子配列のデータベース検索結果

分離菌株	最近縁株	最近縁株の16S rRNA遺伝子配列の accession #
X-03-002	*Phyllobacterium myrsinacearum* STM 948	FJ178785
X-03-005	*Acidovorax delafieldii* PCWCS4	GQ284437
Z-01-ae②	*Burkholderia cenocepacia* HI2424	CP000458

表５　作成したプライマーセットおよび蛍光検出プローブ

	PCRプライマー		塩基配列
X-03-002株	f	X03-002 ITS_F3	GATACCAATGGACAACCAAAC
	r	X03-002 ITS_R3	CAGCTTGTGAGGCTTTGA
X-03-005株	f	X03-005 ITS_F3	CATCATCTTCAAGGACTTGTC
	r	X03-005 ITS_R3	AATGAGCAAACGTGATTACGA

	蛍光検出プローブ	塩基配列（3′末端を蛍光標識）
X-03-002株	X03-002 ITS_QP1r3′G	CCCTTGCAGAGGATTGGCCGC
X-03-005株	X03-005 ITS_QP2r3′G	GCATAACGCGTCAGGTGAAAGACC

と，排水試料中の菌体濃度を測定するために実用上十分な範囲であることが確認された。

4　微生物製剤化法の検討

得られたノニオン界面活性剤分解菌を実際の現場で使用するためには，菌株を製剤化し，安定的に市場に供給する必要がある。ここでは，製剤化に向けて，効率的かつ資化特性を失わない培地の選択および，活性をできるだけ維持した製剤化法を検討した。

培地の検討では数種類の栄養培地で増殖速度の比較試験を行ったが，X-03-002，X-03-005の両菌株ともに細菌用ペプトン，グルコース，リン酸二水素カリウムを53：40：7の比率で混合した人工下水培地において，高い増殖速度を示した（X-03-002：0.55～0.66 hr^{-1}，X-03-005：0.83～1.1 hr^{-1}）。また，栄養培地にノニオン界面活性剤を添加した場合としない場合とで，培養菌体の発泡抑制効果を評価したところ，ノニオン界面活性剤を添加して培養した場合のみ，高い発泡抑制効果が得られた。これから，製剤化の際の培地成分は，人工下水（7.5 g/L）にノニオン界面活性剤Xを100 ppm添加したものとした。

製剤化の方法については，X-03-002，X-03-005両菌株ともに胞子形成を行わない細菌であったため，凍結乾燥による製剤化を採用した。凍結乾燥によって分離菌を製剤化するにあたり，凍結乾燥時に用いる分散媒の検討を行った。比較した分散媒および，保管期間と生存率との関係を表6に示す。なお，この試験では，筆者らが以前に取得していたノニオン界面活性剤分解菌である *Achromobacter* sp.を用いて試験を実施した。培養液を遠心分離して得た湿菌体を4種類の分散媒にそれぞれ分散させ，凍結乾燥処理を行い，得られた微生物製剤を40℃で保管した（6倍の加速試験：40℃で2ヶ月間の保存が，室温で1年間の保存に相当）。適宜微生物製剤を取り出し，滅菌生理食塩水で希釈した後NA培地に塗布し，コロニー計数法にて生残率を求めた。その結果，条件4の「12％ スキムミルク＋7％ トレハロース＋5％ グルタミン酸ナトリウム」を分散媒とした場合に最も高い生存率が得られたことから，これを凍結乾燥製剤化法における分散媒として選択した。

表6　製剤化菌体の生存率

分散媒		直後	5日後（30日相当）	15日後（90日相当）
条件1	12％ スキムミルク	1.9E+11 (100%)	1.4E+09 (0.74%)	3.9E+08 (0.21%)
条件2	12％ スキムミルク +7％ トレハロース	1.2E+11 (100%)	2.6E+09 (2.17%)	1.1E+09 (0.92%)
条件3	12％ スキムミルク +20％ トレハロース	1.9E+11 (100%)	1.6E+09 (0.84%)	7.9E+08 (0.42%)
条件4	12％ スキムミルク +7％ トレハロース +5％ グルタミン酸Na	1.5E+11 (100%)	9.7E+09 (6.47%)	2.7E+09 (1.8%)

CFU/g（内は生存率）

以上の条件でX-03-002，X-03-005両菌株を製剤化し，製剤化直後の両菌株の生菌密度を測定したところ，X-03-002株は1.3×10^{12}CFU/g，X-03-005株は2.5×10^{9}CFU/gであった。

5　小規模模擬塗装ブースを用いた発泡抑制機能の確認

上記で得られたノニオン界面活性剤分解微生物が，実際の循環ピットにおいて発泡抑制機能を発現することを確認する目的で，100Ｌの循環ピット容量を持つ小規模模擬塗装ブース（図４）を用いて，X-03-002およびX-03-005の両菌株の添加試験を実施した。実際の塗装ブース循環水ピットにおいては，凝集剤を添加して循環水中の塗料成分を凝集処理し，不溶性の塗料スラッジとして継続的に系外に排出する操作が行われている。したがって，循環水中で添加菌が増殖しても，その一部は塗料スラッジとともに系外へ排出されてしまう。そこで，塗料の流入および凝集剤の添加に関してできるだけ実際に即した試験条件となるように，試験を実施した。模擬プラントは塗装ブースおよび循環ピットからなり，塗料の吹き付けは３g/分で１回あたり100分間連続で行う。凝集剤は塗料吹き付けに合わせ連続で行い，凝集処理された塗料スラッジは，手作業で回収した。試験期間は７日間，土日曜日は水の循環のみを行った。循環水には栄養塩（トーヨーDAP 20-S）を添加し，試験開始日にのみ，あらかじめ前培養したX-03-002またはX-03-005のいずれかの株を接種した。循環水は塗料吹き付けブースから循環ピット槽に叩きつけるように送られるため，好気条件が維持される。

5.1　模擬塗装ブース中での添加菌体の消長の把握

X-03-005株を約5×10^{8}copy/mLの初期濃度となるように添加した場合の，模擬ブース中でのX-03-005株の消長を追跡した。その結果を図５に示す。縦軸は検水（循環水）内の菌体濃度をDNAのコピー数に基づいて表し，X-03-005株とともに，total 16S（rRNA遺伝子，検水内のほぼ全細菌

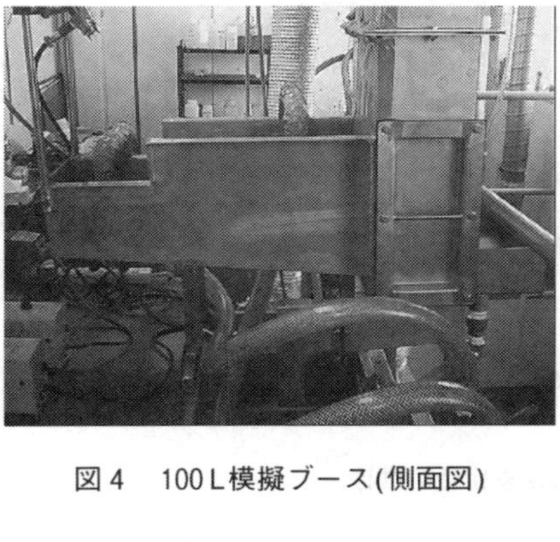

図４　100Ｌ模擬ブース(側面図)

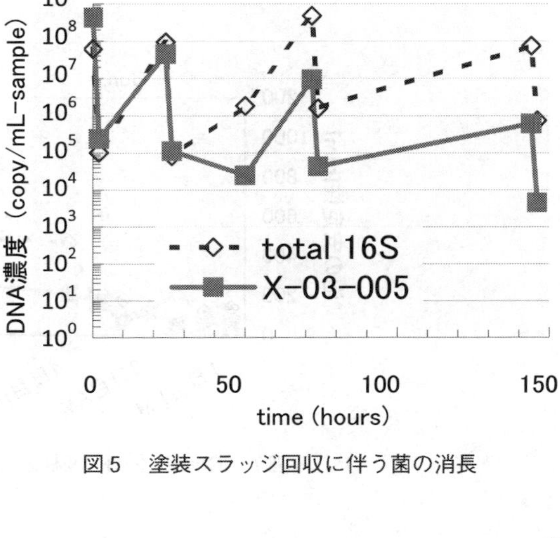

図５　塗装スラッジ回収に伴う菌の消長

の濃度）を示した。図より，試験開始時には4.3×10^{8}copy/mLあったX-03-005株濃度が，塗料スラッジ回収後には1.5×10^{5}copy/mLまで減少していることが分かる。減少後，１日で100倍に増殖したが，翌日の塗料スラッジ回収に伴い再び増殖分が排除されている。また，試験開始から徐々に，接種したX-03-005株以外の細菌が増殖し，X-03-005株の優占率が減少しているのが分かる。

この試験により，時間の経過とともにその優占率が低下していくことが分かった。したがって，有用菌を効果的に働かせるためには，有用菌を定期的に接種し，一定以上の菌濃度を確保する必要があると考えられる。

5.2　模擬ブースにおける発泡抑制機能の評価

X-03-002株，X-03-005株を接種した場合の，模擬プラントにおける発泡抑制評価試験を実施した。試験条件は5.1項の試験と同様であるが，X-03-002株，X-03-005株はそれぞれ１，４日目の２回接種とした。試験期間は９日間，塗料吹き付け／凝集剤添加／塗料スラッジ回収は１，２，３，４，７，８，９日目に各１回行った。また，菌の接種を行わない系をコントロール（Con.）とした。塗料添加前，塗料滓回収後に循環水を採水し，発泡性および泡の安定性に加えて溶解性COD_{Mn}を

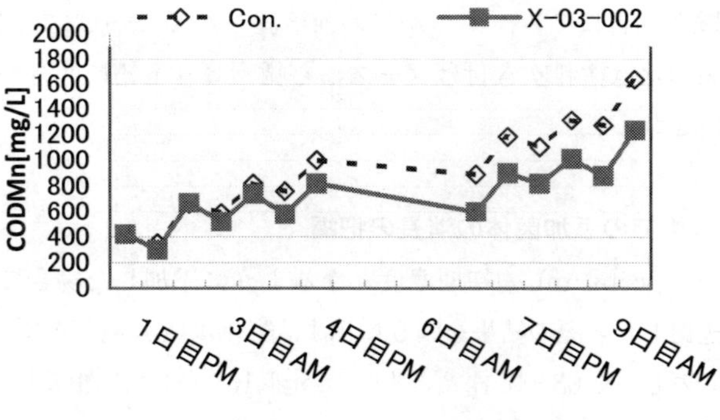

図６　Con.とX-03-002株系におけるCOD_{Mn}の推移

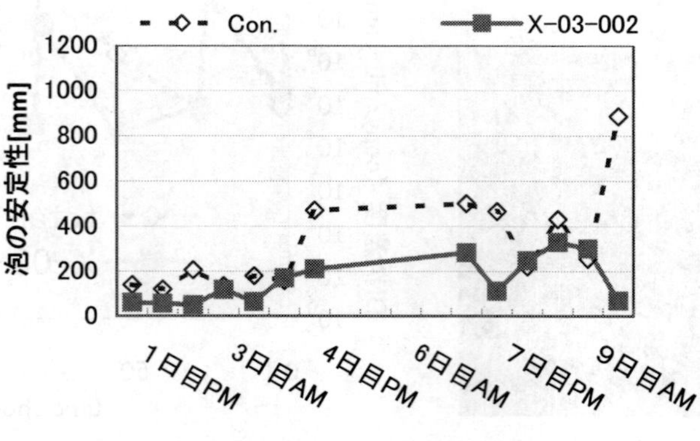

図７　Con.とX-03-002株系における泡安定性の推移

測定した。試験の結果，コントロール系と比較し，X-03-005株はCOD_{Mn}値に若干の低減が見られたものの，「発泡性」「泡の安定性」ともに顕著な効果は確認されなかった。しかし一方，X-03-002株については，コントロール系と比較して，明らかに低いCOD_{Mn}値（図６），「泡の安定性」（図７）を示した。

これより，X-03-002株は模擬プラントにおいて，水性塗料廃液における循環ピットでの異常発泡を抑制する効果がある可能性が示唆された。

6　おわりに

今後，本研究の実用化へ向けた課題は，有用菌の前培養法の確立である。凍結乾燥により製剤化された菌体は高価であるため，有用菌を定期的に循環水中に接種し，一定以上の菌濃度を維持するためには，製剤化菌体を一旦増殖させてから循環水に投入するための前培養装置が必要となる。したがって，塗装ブース循環ピット近傍という比較的微生物の培養において劣悪な条件下でも，目的とする菌を十分に増殖させることが可能な前培養装置およびその運転方法の確立が，実用化のための大きな課題であると言える。現在，その開発に着手したところであるが，ラボスケールでうまくいっていた装置の洗浄／殺菌方法が，実機スケールにそのまま適用できないなどの，スケールアップに起因する問題点が出てきている。現時点では，これらの問題点をクリアすることが，実用化のための１つの壁であると言えよう。

文　　献

1)　環境浄化技術，2007年4月
2)　S. Kurata *et al., Nucleic Acids Res.,* **29**(6), E 34 (2001)

第4章　架橋ポリオレフィン発泡担体と微生物製剤の併用による高効率生物処理法と実用化例

黒住　悟*[1]，上田明弘*[2]

1　はじめに

生物学的処理方法は下水や産業排水処理における有機性汚濁物質の除去方法として，その経済性から長年にわたって中心的な役割を果してきた。中でも活性汚泥法は1900年代前半に下水処理で実用化されて以来，大量の排水を経済的に処理できる方法として広く普及している。しかしながら，処理設備の設置には広い敷地が必要であり，安定処理には専門知識と経験を要するなどの制約がある。また，汚濁物質の除去に伴って増殖した微生物は余剰汚泥となるが，他の処理方式と比較して発生量が多いという特徴があり，その処分が問題となる。

近年，活性汚泥法に代わる処理方法として生物膜法の一種である担体流動床法[1)]が注目されている。担体流動床法での処理能力は微生物を固定する担体の特性によって大きな影響を受けるため，各社から多種多様の材質や形態の担体が開発され，市場に流通している。これらの担体は設備の一部でありハードウェアに関するものといえるが，排水処理の主役は有機物を分解する微生物であることから，ソフトウェア的なアプローチとして新設排水処理設備の立上げ，あるいは既設排水処理設備での維持管理において微生物製剤が積極的に利用されている。

しかしながら，開放系での微生物利用における微生物群集構造の制御は極めて困難であり，微生物製剤として処理槽に添加された外来微生物は生存競争の中で淘汰され，処理水質としての改善効果を確認できないことも多い。そこで，当社では架橋ポリオレフィン発泡担体を用いた担体流動床法，およびポリオレフィン素材に対して高い親和性を有する特定微生物を用いた微生物製剤を開発し，流動担体と微生物製剤の併用による高効率生物処理法を実用化したので，開発事例として以下に紹介する。

2　流動担体を用いた生物処理方法

担体流動床法は接触ばっ気法，回転円板法と同じ生物膜方式である。微生物を付着させた担体を担体流動床槽（ばっ気槽）内で旋回させることにより汚濁物質を捕捉し，好気条件下において分解・除去する。担体に付着する微生物はBOD除去の進行とともに増殖して担体内部に充満するが，同時に自己消化による減容と一部の汚泥は担体から剥離し浮遊SSとしてばっ気槽から流出し，

＊1　Satoru Kurozumi　積水アクアシステム㈱　エンバイロメント事業部　開発部　開発担当係長
＊2　Akihiro Ueda　積水アクアシステム㈱　エンバイロメント事業部　開発部　開発部長

処理の安定期ではBOD負荷に応じた付着量となる。

当社の流動担体床法では活性汚泥法のような沈殿槽からの汚泥返送を行わない運転方法を標準としている。そのため担体流動床槽内のMLSSは比較的少なく数十から数百mg/L程度であり，BOD除去の大部分は担体に付着した微生物によって行われる。

2.1　流動担体の要求性能

担体流動床法は微生物を付着させる担体の選択が極めて重要であり，長期的に安定した処理のためには以下のような機能が要求される。

① 微生物を高濃度に保持できる構造

② ばっ気撹拌で流動が可能な比重

③ 中心部までの良好な通水性

④ 高い耐摩耗性

当社では，流動担体の素材としてポリオレフィン樹脂を採用した。これにより，上記に加えて次の特徴を有する。

⑤ 高い耐薬品性

⑥ 環境に低負荷なクリーン素材

微生物が付着した状態での比重が水に近くなるよう設計（1.05 g/cm^3）したため，ばっ気による旋回流で容易に流動させることができる。さらに，分子間を架橋した構造とすることで，素材の特性以上の耐水性，耐薬品性，耐熱性，物理的強度を確保した。その結果，排水処理設備のメンテナンス費やランニングコストの低減が可能となり，処理の高効率化により省スペースの設計が可能となるほか，樹脂素材の撥水性を改善した材料を採用していることから導入初期の微生物付着性が良好であり，速やかに処理性能を発揮するなどの特徴がある。

2.2　架橋ポリオレフィン発泡担体の微生物保持性能と通水性

担体内部に付着する微生物量は流入するBOD負荷に応じて適正な濃度に変化する。河川放流レベルの処理水質を目指す設備の場合では低い容積負荷で運転するため，担体の体積１L当たりに付着する微生物量は乾燥重量で20 g程度で安定することが一般的である。また，下水放流や前処理工程のような高い容積負荷で運転する場合は同30～50 g程度となり，担体流動床槽に充填する担体を槽容積の20％とした場合，活性汚泥法のMLSS換算で6,000～10,000 mg/Lの高濃度汚泥で排水処理が行われることとなる。微生物が付着する担体の構造は写真１に示すように，気孔径が大きい連続気泡であるため高い通水性があり，担体の内部まで好気性に保たれるため，大きな表面積による高いBOD処理性能を発揮できる。

2.3　架橋ポリオレフィン発泡担体の耐摩耗性

従来の発泡体担体は担体流動床槽で撹拌される際に，担体同士あるいは処理槽の内壁との接触

写真１　連続気泡構造 拡大写真

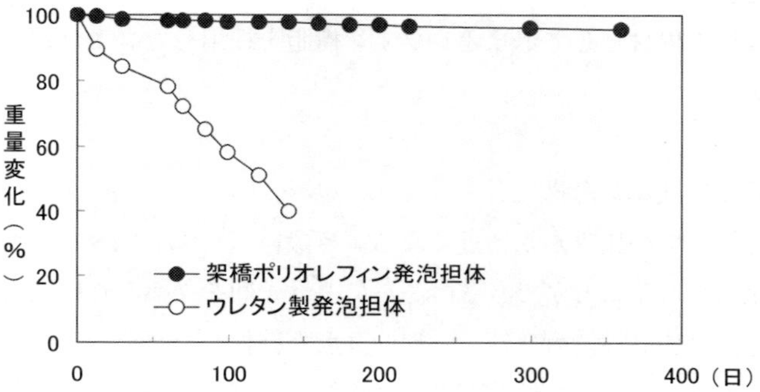

図１　RC水槽での攪拌実験による重量変化

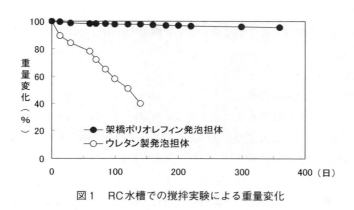

衝突によって摩耗するため，充填した担体の体積が徐々に減少する。その結果，微生物の保持量が減少し，処理性能が低下する場合には担体の追加投入をする必要がある。図１は内寸200 mm × 200 mm ×深さ330 mmのRC製の水槽に架橋ポリオレフィン発泡担体と他社のウレタン製発泡担体を同時に入れ，撹拌機にて300 rpmで撹拌し摩耗状況を比較した実験結果である。ウレタン製発泡担体は140日後の残存重量が40%にまで低下したが，物理的強度を向上させた架橋ポリオレフィン発泡担体は360日後においても摩耗は極わずかであることを確認した。耐摩耗性を向上させることで，処理性能の維持とランニングコストの低減が可能となる。

3　流動担体と微生物製剤を併用した高効率生物処理法

排水処理の現場では，流入負荷が設計時よりも増加するなどの理由により処理効率の向上を求められることがある。また，通常の生物処理では分解が困難な物質が流入する場合には，易分解性の有機物が優先的に除去されてしまい，難分解性物質が処理水に残留することが問題となる。

これらの対策としては，流入物質と流入負荷に適した処理設備を設置することが基本ではあるが，現状の処理設備を改造できない場合や緊急時の対策の１つとして微生物製剤を利用する方法がある。しかしながら，これら微生物製剤に含まれる有用微生物の処理能力に関する諸性質は明らかにされていないことが多く，排水処理設備における設計計算に折り込むことが困難であるというのが実情である。

一方，特定の微生物を開放系で活用するという利用条件を考慮すれば，常に変化し続ける処理環境において添加した外来微生物が安定的に存在することは困難であることが知られている[2,3)]。そこで本研究では，難分解性物質として食品工場から排出される油脂に着目し，油脂含有排水に適用できる微生物製剤の開発と併せて，処理槽内に外来の特定微生物を安定的に保持する手法について検討した。

3.1　微生物製剤の開発

土壌サンプルと食品工場の排水処理施設の生物汚泥を国内各地で採取し，炭素源として食用油脂を添加した合成排水を用いて集積培養を行った。合成排水の油脂濃度は１％（v/v）とし，外食産業や食品工場において多用される市販の植物性食用油を用いた。寒天培地でシングルコロニーを得た後，特に油脂分解能力が高い菌株について架橋ポリオレフィン発泡担体の素材表面への固定化特性を評価した結果，２時間という短かい振とう時間で添加菌体数の92％が素材表面に吸着される菌株が存在した（写真２）。定着率が２％程度の菌株も複数存在していたことから，一部の菌株は架橋ポリオレフィン発泡担体の素材表面に吸着される性質があると考えられる。

高い油脂分解能力を有する候補株に上記の追加スクリーニングを実施することにより，油脂分解能力と固定化特性を併せ持つ微生物を獲得した。この性質を利用することで，雑多な微生物群集内における外来微生物の生残性向上が期待される。なお，選抜した菌株については安全性，保存耐性などの評価を経て，微生物製剤として製品化をしている。

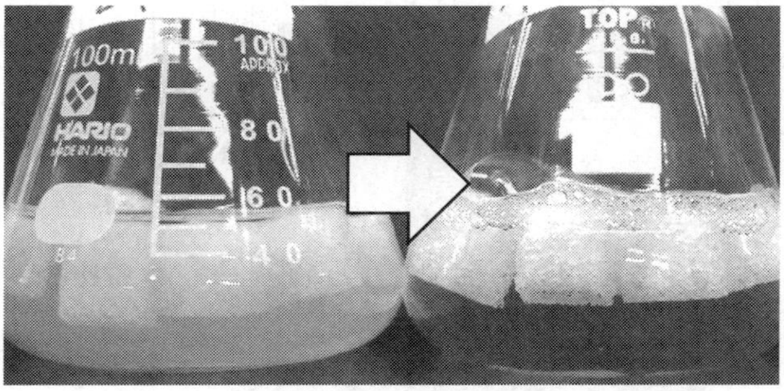

写真２　架橋ポリオレフィン発泡担体への固定化

3.2 排水処理における生物汚泥の菌相解析

排水処理における生物汚泥の管理は，顕微鏡観察，生物汚泥濃度，汚泥沈降性などを指標として行われることが一般的である。しかしながら，特に細菌の場合は形態観察のみで種類を同定することは困難であり，特定の微生物をターゲットにしてモニタリングをするなどの評価には適さない。そこで，生物汚泥から全DNAを抽出し，遺伝子解析により添加した外来微生物の挙動を評価した。

評価に用いた主な手法は，PCR-DGGE法（Denaturing Gradient Gel Electrophoresis）と呼ばれる菌相解析手法[4,5]であり，GCクランプといわれるGC含量の高い領域を付加した16S rDNA遺伝子に特異的なプライマーを用い，そのPCR産物をDNA変性剤の濃度勾配を有するポリアクリルアミドゲル上で電気泳動を行う。変性過程は塩基配列に依存するため，菌種の違いによって泳動距離が異なることから菌相の違いを反映したバンドパターンを形成することになり，生物汚泥を構成する微生物の変化を比較することができる。

3.3 処理現場での油脂分解性能評価

惣菜類製造工場の排水処理施設に槽容量100L×2台の実験槽を設置し，3.1項により開発した微生物製剤と架橋ポリオレフィン発泡担体の併用による生物処理法について，現場での実排水による性能評価を行った。実験フローは図2に示すとおりであり，既設の排水処理設備では油水分離槽と電解浮上槽の2段階で油脂の前処理をしているのに対し，実験槽では次に示す3パターンの高負荷条件での処理性能を評価した。

① 電解浮上処理前の排水を原水とした高負荷条件

② ①の条件に加えて，定量ダイアフラムポンプを用いて植物性食用油を原水に添加する高油脂負荷条件

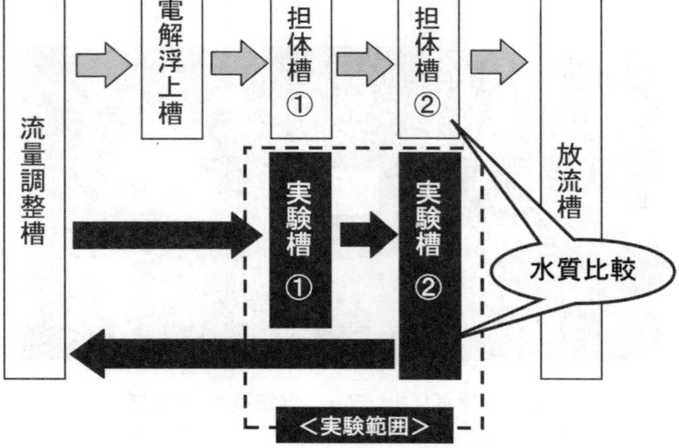

図2 性能評価での実験フロー

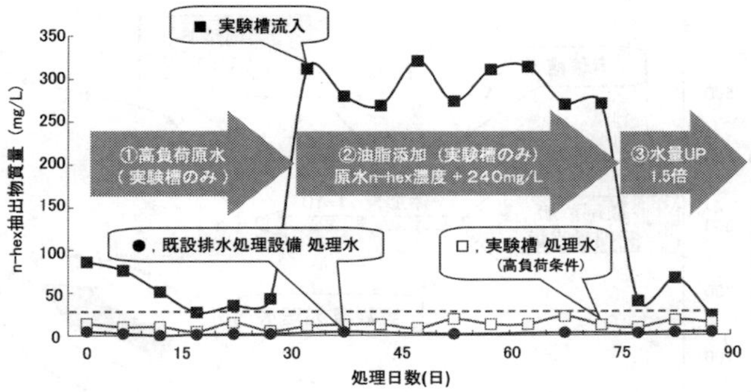

図3　高負荷条件での油脂分解性能の評価

③　①の条件に加えて，既設の排水処理設備に対して水量負荷を1.5倍に高めた高水量負荷条件

なお，実験槽の容積当たりの水量負荷は，上記③の場合を除き，既設の排水処理設備と同様となるよう設定し，担体の充填率は槽容量に対して20％とした。微生物製剤の添加量は1日に流入する油脂量を基準に予備試験結果に基づいて算出し，週2回の頻度で実験槽に添加した。油脂量の評価はヘキサン抽出物質含有量（以下，n-hexと表記）で行った。

結果，いずれの場合においても良好な処理水質が得られ，油脂分解能力を向上させることで電解浮上槽での前処理を不要とする処理フローに改造をした場合でも，安定して放流基準を達成できることを確認した（図3）。油脂含有排水の処理では加圧浮上装置や電解浮上槽により物理的に除去する方法が通例であるが，生物処理を直接行うことで，フロスの処分，薬剤の費用，およびエネルギーコストの削減が可能となる。

3.4　外来微生物の生残性と処理水質

3.3項と同様の実験設備を製パン工場の排水処理設備に設置し，微生物製剤の添加量変更による処理水質への影響を評価した。その結果，微生物製剤の添加量の減少により処理水n-hexはわずかに上昇し，添加を停止した約2週間後からさらに上昇した（図4）。この変化の前後における担体に付着している微生物の菌相をPCR-DGGE法により解析した結果，製剤の添加期間では外来微生物は生物汚泥の一部として定着をしているが，処理水のn-hexが上昇した期間では微生物群集における優占度が大きく低下していることが確認された（写真3）。この時，処理水のn-hexは上昇したが溶解性BODと溶解性TOCに変化はなかったことから，易分解性有機物の処理に関与する生物汚泥の活性自体は変化しておらず，添加した外来微生物の減少により油脂分解能力のみが低下したと考えられる。

なお，微生物製剤の添加による外来微生物量はPCR-DGGE法の検出限界以下であることを確認しており，検出された外来微生物は添加後に増殖したものと考えている。

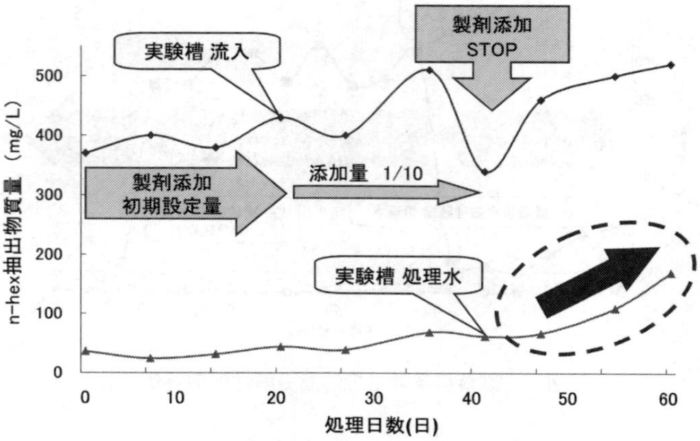

図４　添加量変更による処理水質への影響

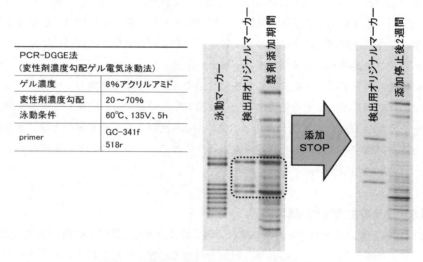

PCR-DGGE法 (変性剤濃度勾配ゲル電気泳動法)	
ゲル濃度	8%アクリルアミド
変性剤濃度勾配	20～70%
泳動条件	60℃、135V、5h
primer	GC-341f 518r

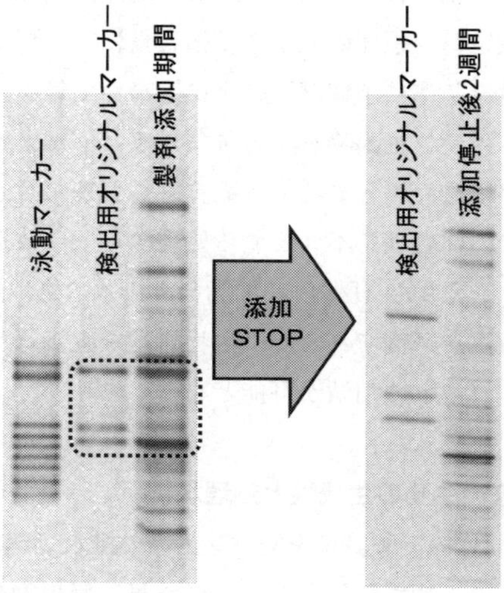

写真３　微生物製剤の添加停止による菌相変化

4　導入事例

4.1　実物件への導入事例

流入排水量1,600 m^3/日（n-hex：150 mg/L）の製麺・食品製造工場にて流動担体床法を採用した排水処理を行っていたところ，工場の生産量増加に伴う流入負荷の増大により処理水のn-hexが下水放流基準を超過した。同一の流入条件において微生物製剤を流量調整槽に添加した結果，添加前の放流水の平均値が51 mg/Lから添加後に21 mg/Lとなり，放流基準である30 mg/L以下を達成した。また，この物件では一部の担体がばっ気槽の水面に浮上して旋回しないというトラブルが発生していたが，微生物製剤の添加後に旋回性能が回復するという2次的な効果も得られた。これは担体内部に蓄積されていた油脂が減少することで担体の通水性が改善し，担体内部の気泡が抜けやすくなったためと考えられる。

PCR-DGGE法により微生物製剤の添加前後で菌相を比較した結果，添加した外来微生物は処理槽内に優占種として定着していることを確認した。なお，Real-Time PCR法による定量分析を行った結果，生物汚泥乾燥重量当たりの外来微生物量は4.0×10^{8} cells/dsとの結果が得られた。

4.2　採用物件での発現効果

流動担体と微生物製剤の組み合わせによる処理方法を実物件に導入し，放流水質および維持管理における発現効果を調査した結果を図5に示す。

その結果，導入9件中の7件において処理水のn-hex値に改善が確認された。また，油脂分解能力の向上に伴う2次的な効果として，維持管理における薬剤費の削減，生物汚泥中の油指濃度の減少，ばっ気槽の発泡の減少，汚泥沈降性の改善などが確認された。

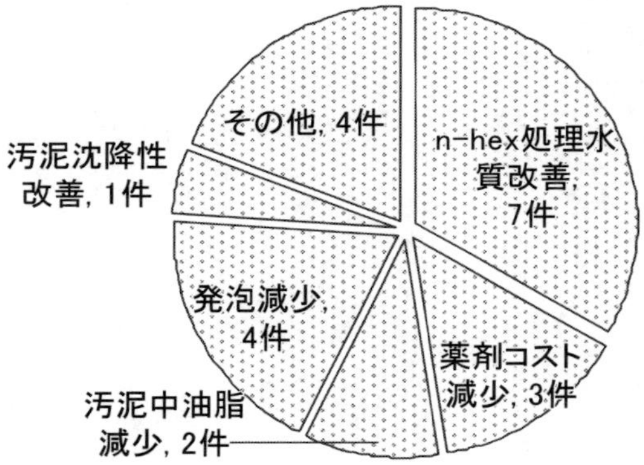

図5　採用物件での発現効果

5　おわりに

本研究では排水処理という開放系でのバイオプロセスにおいて，外来微生物の生残性向上による生物処理の高効率化を検討した。市場では多くの微生物製剤が販売されているが，有用な微生物であっても処理槽内で増殖できる環境を整備できなければ効果を期待することはできない。また，その環境を検証するには菌相解析だけでなく，維持管理に関する情報から処理水質までの現場情報を関連させて評価していくことが肝要であると考える。

当社では担体流動床法を中心に回転円板法など多様な処理方法をユーザーの状況に応じて選定，組み合わせることで最適なシステムを構築し，食品工場や化学工場を中心に排水ソリューションを提供している。また，本研究で開発した微生物製剤は製品名「SKBiO」として販売をしている。

文　献

1) 上田明弘，環境浄化技術，**6**，17（2007）
2) 五十嵐泰夫，生物工学会誌，**87**，2（2009）
3) 中村和憲，微生物による環境改善，産業図書，p.73（2002）
4) A. Konopka *et al.*, *Environ Microbiol.*, **9**, 1584（2007）
5) JH. Choi *et al.*, *Chemosphere*, **67**, 1543（2007）

第5章　廃棄物汚染現場での高度水処理技術の実用化

堀井安雄*

1　はじめに

近年，最終処分場の不足などに起因し，産業廃棄物を不法に処理する事例が後を絶たず，いわゆる“不法投棄”として大きな社会問題となっている。産業廃棄物の不法投棄の問題としては，廃棄物が汚染源となり汚染が拡散して周辺環境に悪影響を及ぼす恐れがある点が挙げられる。汚染は地下水を介して拡散する場合が多く，まず第一に，汚染拡散防止の対策が必要となる。

根本的な汚染サイトの修復には，恒久的な対策が必要となるが，計画的に廃棄物が搬入される最終処分場と異なり，廃棄物の不法投棄サイトはその“投棄されている物”，“投棄された状態”がサイト毎に異なり，“サイトの汚染がどうなっているかわからない状態である”場合が一般的である。環境修復の対策を行う場合，ボーリング調査，地下水流の解析などを通じ汚染サイトの実態を明らかにしてから，恒久的な環境修復対策を行うこととなる。

ここでは筆者が携わった，廃棄物の不法投棄サイトにおける代表的な環境修復事業（サイトAとサイトB）について紹介し，廃棄物系排水のバイオ・膜処理技術の実用化の現状と今後の展望を述べる。

2　不法投棄サイトAの特徴と高度排水処理施設

2.1　汚染の特徴

サイトAで確認された廃棄物は，シュレッダーダスト主体で，他に汚泥，タイヤ，燃え殻などがある。最終処分場と異なり，不法投棄サイトには色々な廃棄物が持ち込まれている。不法投棄サイトによっては液状廃棄物が入った状態のドラム缶が発見された例もあり，VOCs，重金属，油，ダイオキシン類などを含む複合汚染である場合が多く，その汚染濃度も概して高い場合が多い。また不法投棄サイトの場所も人里離れた場所から，民家が隣接している場所まで様々であり，汚染サイトを修復するにあたっても，そのサイトの特徴に合わせた修復方法の選定が重要となる。

2.2　環境保全のための措置

このサイトにおける廃棄物の総量は当初60万tonと推定されており，約50,000 m^2に渡り投棄さ

---

*　Yasuo Horii　クボタ環境サービス㈱　水処理事業部　技監，KS部門長

れ，積み上げられた廃棄物は10数ｍになっている所もある状態であった。このサイトにおいて，廃棄物は全量撤去され溶融炉などで中間処理された後，有価物などを選別し有効利用されるが，廃棄物の撤去を行う前に，環境保全の目的から汚染水が拡散しないように遮水壁を設け遮水・透気性のあるシートでその全面を被覆されるなど，汚染が拡散しないように暫定的な措置が施された（図１）。図１には不法投棄サイトＡの環境保全施設の配置を示す。

高度排水処理施設が竣工する前の浸出水・地下水は，揚水井から浸透トレンチに環流していたが，竣工後は，浸出水・地下水を高度排水処理施設（図２）で水処理して，管理基準値以下にまで浄化して放流している。

2.3　高度排水処理施設について

浸出水・地下水には様々なVOCsとダイオキシン類が含まれており，他の処理対象物を含め総合的に検討を行い必要な処理プロセスを決定した，高度排水処理施設の概要を図２に示す。

本件処分地から発生する浸出水には，表１に示されているようなものに起因する各種有害物質が含まれている。表中の計画原水水質に着目すると，揮発性有機化合物（以下，VOCs）とダイオキシン類の濃度が，通常の最終処分場の浸出水の原水水質と異なることがわかる。通常の最終処分場の浸出水にVOCsはほとんど含まれないため，処理フローの中にVOCsの処理プロセスは含まれないのが一般的である。またダイオキシン類に関しては，近年，最終処分場の浸出水の処

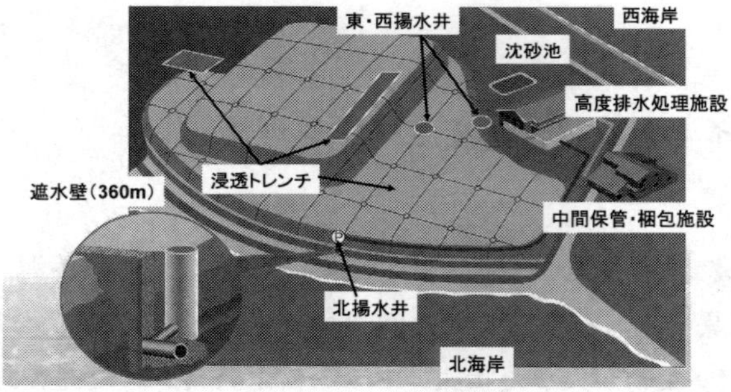

図１　環境保全施設配置

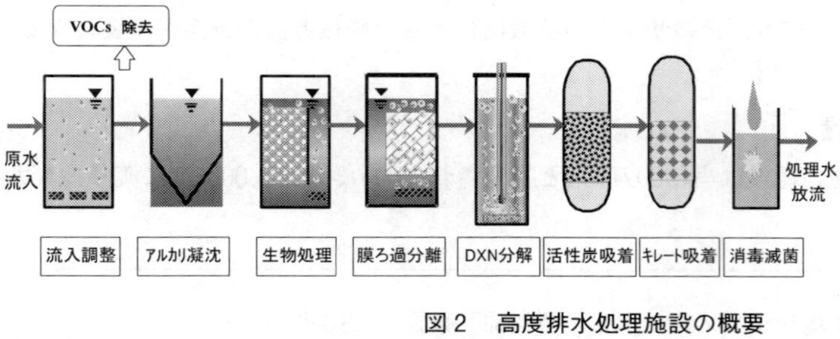

・処理能力：65 m^3/日
・原水調整槽容量：2,600 m^3
・建築構造：鉄骨２階建
・延床面積：997.78 m^2
・工期：平成 13 年 12 月
　　　　～平成 15 年 4 月
・処理方式

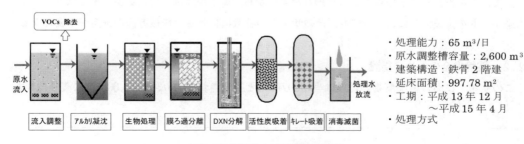

図２　高度排水処理施設の概要

表1　高度排水処理施設の計画水質（一部）

項　目	単　位	計画原水水質	管理基準値
鉛およびその化合物	mg/L	3	0.1
ヒ素およびその化合物	mg/L	0.7	0.1
トリクロロエチレン	mg/L	1	0.3
1,2-ジクロロエタン	mg/L	0.2	0.04
1,1-ジクロロエチレン	mg/L	2	0.2
シス-1,2-ジクロロエチレン	mg/L	50	0.4
1,1,1-トリクロロエタン	mg/L	20	3
ベンゼン	mg/L	2	0.1
ダイオキシン類	pg-TEQ/L	800	10
生物化学的酸素要求量（BOD）	mg/L	300	30（日間平均20）
化学的酸素要求量（COD）	mg/L	1,000	30（日間平均20）
浮遊物質（SS）	mg/L	400	50（日間平均20）
窒素含有量	mg/L	400	120（日間平均60）

表2　高度排水処理の処理工程

処理工程	処理の概要
原水調整	・原水の水量・水質変動の緩和
	・揮発性有機化合物（VOCs）の除去
アルカリ凝集沈殿処理	・カルシウムの除去
	・SS，重金属類の除去
生物処理	・有機物の分解除去
	・窒素の分解除去
凝集膜ろ過処理	・CODの除去
	・SS，およびSS性ダイオキシン類の除去
ダイオキシン類分解処理	・ダイオキシン類の分解除去
	・CODの分解除去
活性炭吸着処理	・CODの吸着除去
キレート吸着処理	・重金属類の吸着除去

理対象となることが増えてきたが，原水濃度は数10 pg-TEQ/Lであり，高度排水処理施設の計画原水水質よりも大幅に低い値である。

そこで高度排水処理施設における，VOCs処理と，ダイオキシン類処理について検討を行った。

VOCsは原水調整設備中にある曝気槽で揮散させた後，活性炭吸着処理する。VOCs処理後の浸出水・地下水は，アルカリ凝集沈殿処理設備，生物処理設備を経て凝集膜ろ過設備でSS成分が分離除去され，CODが処理され，ダイオキシン類分解除去設備においては良好な光化学分解反応が行われる条件が整い，ダイオキシン類が分解除去される。その後，活性炭吸着塔処理設備とキレート吸着処理設備で残存するCODと重金属類の処理が行われて処理水となり放流される（表２）。

2.4　ダイオキシン類の処理について

高度排水処理施設の計画原水中ダイオキシン類濃度は800 pg-TEQ/Lであり，焼却残渣主体の最終処分場の浸出水の計画原水値の目安と比べて20倍高い値である。また廃棄物層中の地下水から，放流水の管理基準値10 pg-TEQ/Lを超える溶解体のダイオキシン類が検出（12 pg-TEQ/L）されたこともあり，高度排水処理施設にはダイオキシン類の分解処理設備が必要であると考えた。

筆者らは，最終処分場の浸出水中ダイオキシン類の処理技術として開発した光化学分解法により，水中に高濃度で含まれるダイオキシン類の分解実証試験や，ダイオキシン類汚染池水の環境修復の事例について過去に報告している。光化学分解法の基本フローを図３，データを表３に示す。

高度排水処理施設の計画水質は原水が800 pg-TEQ/Lで処理水の管理基準値が10 pg-TEQ/Lであり，性能を満足するにはダイオキシン類の除去率として99％程度が必要となる。表４に示しているように光化学分解法は高濃度のダイオキシン類汚染水を対象とした実証試験や，実際の環境修復事業におけるダイオキシン類含有水の実処理においてダイオキシン類分解除去率99.99～99.999 9％の性能が確認されており，高度排水処理施設のダイオキシン類の分解処理設備として十分な性能を発揮すると考えた。

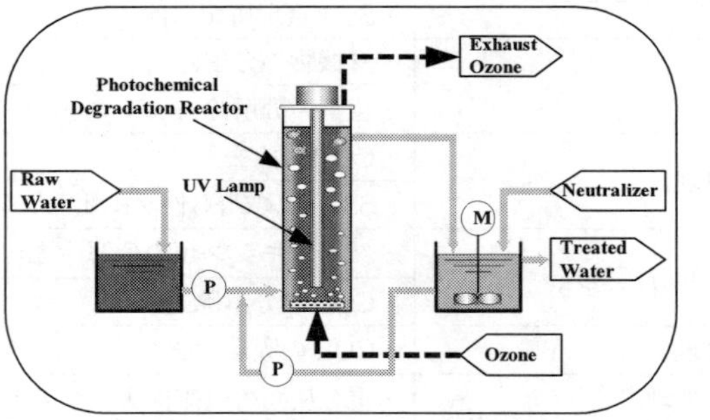

図３　光化学分解法基本フロー

表３　光化学分解法によるダイオキシン類処理データ例

対象水	原水ダイオキシン類濃度（pg-TEQ/L）	処理水ダイオキシン類濃度（pg-TEQ/L）	備考
洗煙系排水	2,600,000	2.3	実証試験，前処理なし
池水１	190	0.014	環境修復事業
池水２	270	0.062	処理水量50 m^3/day
池水３	17	0.00015	

表４　高度排水処理施設の放流水質

検査項目	運転開始2年度			運転開始3年度	管理基準値	単位
	最小	最大	平均			
pH	6.6	7.1	6.9	6.7	5.0～9.0	−
BOD	0.5	1.6	0.9	0.6	30（日間平均20）	mg/L
COD	2.4	7.8	4.9	0.7	30（日間平均20）	mg/L
SS	ND	ND	ND	1.0	50（日間平均40）	mg/L
大腸菌群数	0	28	8	0	日間平均3,000	−
T-N	2	22	13	3	120（日間平均60）	mg/L
B	10	15	13	6.3	230	mg/L
F	ND	1.1	0.9	ND	15	mg/L
NH_3，NH_4，NO_2，NO_3	11	20	14	ND	100	mg/L
ダイオキシン類	0.00062	9.1	2.3	0.00013	10	pg-TEQ/L

その他排水基準項目は全てND

2.5　高度排水処理施設の性能

不法投棄サイトからの浸出水中のVOCs対策，有機物（BOD，COD）対策，窒素除去対策並びにダイオキシン類と重金属対策などを総合的に検討し，図２の処理施設を建設して性能試験を実施した。

この施設の中で主要設備（凝集膜分離装置，ダイオキシン類分解装置）の外観を図４に示す。

(1)　試験運転時性能試験結果

性能試験は，プラントの性能を確認するものであり，試運転期間以降の連続通水調査を実施した。調査内容は機器の稼動試験，緊急作動試験，騒音振動試験，悪臭，処理能力，水質試験である。

試験結果は最終的に全て合格であり問題はなかった。図５に主要項目の水質結果を示す。原水は計量槽（以下，プラント原水）より，処理水は放流ピットより採水した。ダイオキシン分解処理水以降のサンプルは外観上，水道水と変わらないものとなった。

従来の管理型処分場における浸出水処理設備の試運転は，水運転（無負荷）で行うことから，試運転から汚水を投入して負荷運転を実施する本試験は，短期間で生物処理設備を馴致するなどの難しさが予測されたが管理基準値を全て満足した。

(2)　竣工当初の稼動状況

水処理施設の竣工直後から高度排水処理施設の本格運転が始まった。ここでは，竣工直後の原水および処理水の水質状況について処理結果を表４，図５に示す。水質試験は，環境計測の一環として水質全項目を対象に年３回実施した。原水は不法投棄サイトの北揚水井を，処理水は放流ピットにて採水したものである。原水の性状については，比較的BOD濃度は低く，原水COD濃度は10月の秋以降増加している。処理水については管理基準を十分満足していることから，運転

凝集膜分離装置（フィルセラ）　　ダイオキシン類分解装置（光化学分解プロセス）

図４　主要設備の外観

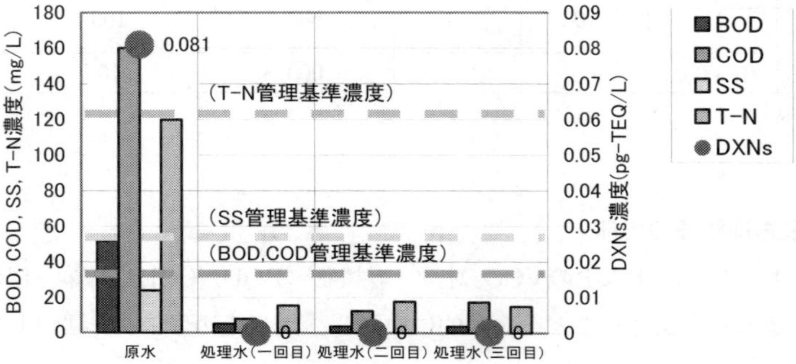

図５　性能試験の水質結果

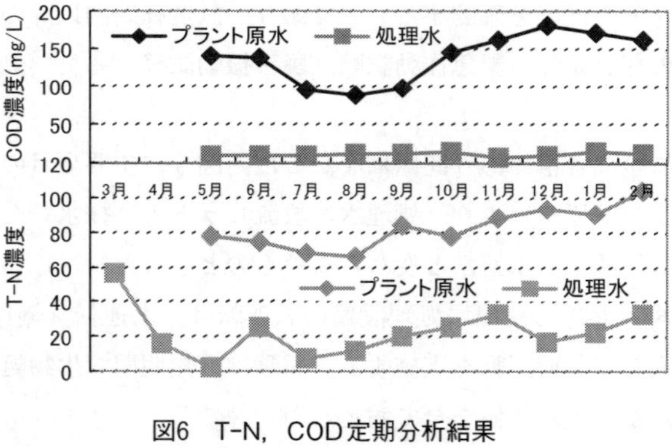

図6　T-N，COD定期分析結果

当初から処理は順調に行われていたことがわかる。

また，T-N（総窒素）については生物処理の完全な馴致確認を行うため定期的に水質分析を行った。図６に年間のT-N原水と処理水の結果を示す。なお原水とはプラント原水を，処理水は放流ピットで採水したものを示す。処理水T-N水質変動から本格運転以降の４月中旬頃に馴致できていたと考えられる。冬季に向けて処理水中のT-Nが若干増加傾向であるが，これは水温の影響である。

原水のCODに比べBODが小さいことから，難分解な成分が多いと考えられたため，CODについても定期的に水質分析を行った。採水箇所はT-Nと同じでその結果を図６に示す。これらも同じく管理基準を満足しており，処理は順調であったと考えられる。

⑶　最近（平成22年～平成23年度）の稼動状況

平成22年から平成23年の最近の稼動状況は，放流水中のVOCs類やCd，Hg，Pbなどの有害重金属類は全てND（不検出）であり，ダイオキシン類をはじめBOD,CODなどの有機物やT-Nについても管理基準を安定してクリアしている。なお，これらのデータは豊島廃棄物等処理事業情報（豊島情報）「http://www.pref.kagawa.jp/teshima/internet/」で公開されている。

3　不法投棄サイトＢの特徴と原位置フラッシング

サイトＢの修復方法は，遮水工とキャッピングにより汚染拡散を防止した上で，原位置フラッシング法により汚染レベルを低減させる方法である。

3.1　サイトの特徴

このサイトは安定型の処分場に産業廃棄物が不法に持ち込まれ投棄されたもので，廃棄物量は約38,000 m^3，投棄面積は約2,800 m^2である。サイトＡとの比較においては規模的に小さいが，溶剤系の廃棄物や有機物系の廃棄物が多く存在し，汚染濃度的にはサイトＡよりも高い。サイトＢで確認された廃棄物は，汚泥，廃油，鉱さん，燃え殻，溶剤などである。サイトＡと同様にまず汚染拡散の防止対策として，投棄サイトの周囲に不透水層まで遮水壁を設置すると共に，表面遮水も行われている。また廃棄物は最深部で地表より16 mの深度まで埋められており，またサイトと民家が隣接している状況であった。

3.2　汚染拡散防止

本サイトでは，主に掘削に伴う２次汚染発生の懸念があること，県内における廃棄物受入先がないことの２点から，原位置での修復が計画された。

汚染拡散防止対策として，雨水の浸入と汚染地下水の拡散防止を目的とした鉛直遮水工とキャッピングが実施された。地下水難透水層までの鉛直遮水工はTRD（ソイルセメント地中連続壁）＋シートウォール工法が採用され，廃棄物投棄面積2,900 m^2＋周辺拡散部分（法面部）約900 m^2の合計3,800 m^2が対象となる表面キャッピングはアスファルトキャッピング（廃棄物投棄部分）およびセメント混合処理（法面部）が採用された。

3.3　原位置フラッシング

遮水壁内部の浄化は，原位置フラッシング法を採用しており，投棄現場の廃棄物を掘削せず，原位置で汚染水を揚水・循環利用することにより浄化を行う方法である。

つまり，汚染拡散防止対策後は原位置フラッシング法で恒久対策を行っている。原位置フラッシング法の概念図を図7に，浄化処理のフローを図8に示す。

水処理施設のは以下の通りである。

① 処理方式：前処理（VOCs除去）＋凝集沈殿＋膜分離活性汚泥＋凝集膜ろ過＋活性炭吸着

② 処理能力：60 m^3/日

本サイトの汚染地下水の特徴として，重金属類，有機塩素化合物などの有害物質以外に高濃度のBOD，COD，窒素などが存在している。したがって，ばっ気（有機塩素化合物除去），アルカリ凝集沈殿（重金属除去），生物処理（BOD，COD，窒素除去），凝集沈殿（COD除去）からな

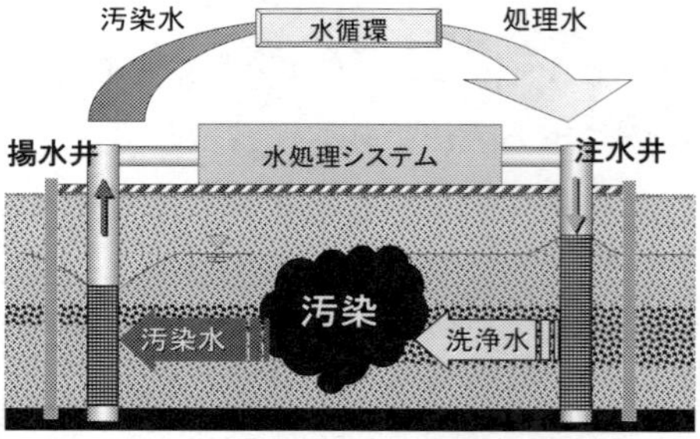

図7　原位置フラッシング概念図

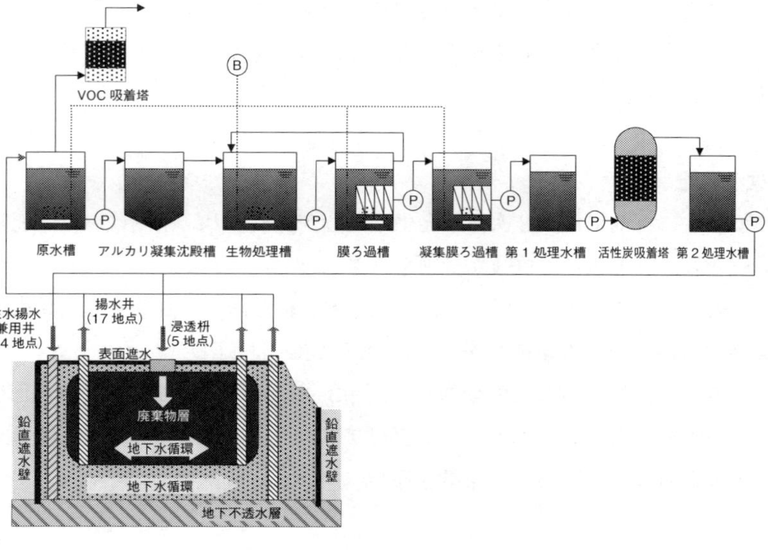

図8　浄化処理フロー

る水処理フローを構築した。

このサイトで行っている原位置フラッシング法は汚染サイトに揚水井と注水井・桝を設け，揚水井から汲み上げた汚水をサイト付近に設置した水処理システムで処理した後，注水井・桝から洗浄水として注入し汚染を原位置で浄化する方法であり，特徴として以下の３つが挙げられる。

① 汚染物質を露出させない工法

② ２次公害が生じない安全な工法

③ 廃棄物の掘削・移動を伴わない低コストな工法

原位置フラッシングを行うためには，フラッシング効果の確認を行う必要があり，カラム内に充填した廃棄物に通水し，通水量と排出水の濃度を測定することにより，適用性の評価，および修復期間の予測（トリータビリティ試験）を行う必要がある。

また井戸の配置計画を行うにあたり，揚水試験などによって廃棄物を含む地層の水理特性を評価し，井戸から揚水可能な水量や影響半径などを推定する必要がある。注水井に関しても注水可能量や目詰まり対策を考慮して配置などを計画する必要がある。

３.４　水処理施設の性能と浄化の実績[1)]

水処理施設の計画条件を表５に示す。この水処理施設を稼動させることにより遮水壁内部の汚染水が浄化されるが，その浄化の経年変化の一例（BOD，COD）を各々図９，図10に示す。

表５　水処理施設の計画条件（１部）（単位mg/L）

水質項目	原水	凝集膜ろ過水
ジクロロメタン	20	0.2以下
1,2-ジクロロエタン	5	0.04以下
トリクロロエチレン	0.4	0.3以下
テトラクロロエチレン	0.3	0.1以下
1,3-ジクロロプロペン	0.02	0.02以下
ベンゼン	0.7	0.1以下

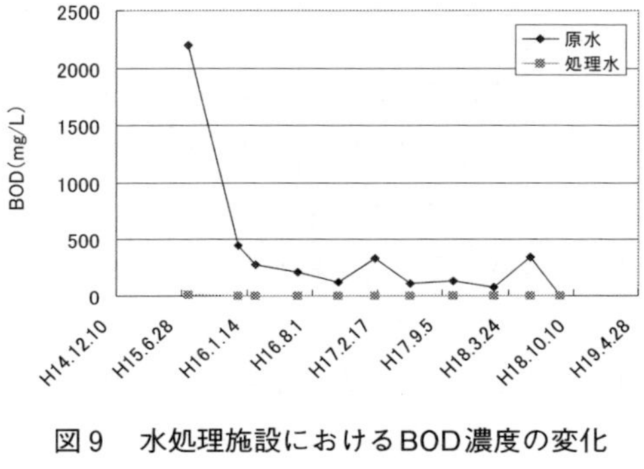

図９　水処理施設におけるBOD濃度の変化

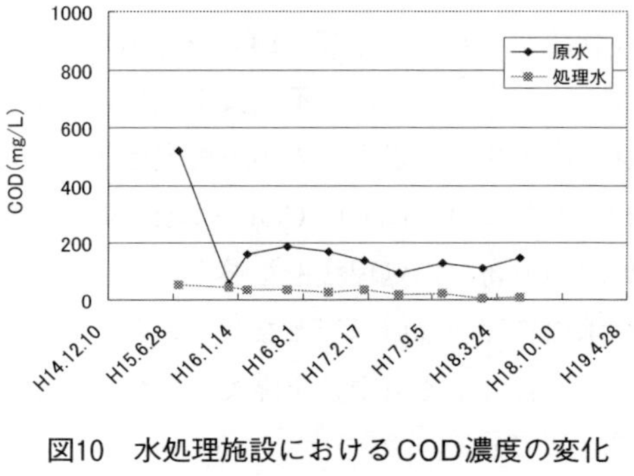

図10　水処理施設におけるCOD濃度の変化

表6　最近の水処理施設処理性能

分析項目	単位	流入原水	処理水
外観	−	黒色不透明	無色透明
気温	℃	9.0	7.5
pH	−	6.9	6.4
色度	度	60	10未満
臭気	−	下水臭	無臭
トリクロロエチレン	mg/L	0.021	0.003未満
テトラクロロエチレン	mg/L	0.016	0.001未満
ジクロロメタン	mg/L	0.55	0.002未満
四塩化炭素	mg/L	0.0002未満	0.0002未満
1,2-ジクロロエタン	mg/L	0.085	0.0004未満
1,1-ジクロロエチレン	mg/L	0.002未満	0.002未満
シス-1,2-ジクロロエチレン	mg/L	0.019	0.004未満
1,1,1-トリクロロエタン	mg/L	0.03未満	0.03未満
1,1,2-トリクロロエタン	mg/L	0.0006未満	0.0006未満
1,3-ジクロロプロペン	mg/L	0.0002未満	0.0002未満
ベンゼン	mg/L	0.10	0.001未満
BOD	mg/L	83	0.5未満
COD	mg/L	110	4.0
SS	mg/L	30	1未満
りん含有量	mg/L	0.50	0.04
トルエン	mg/L	2.3	0.05未満
キシレン	mg/L	0.55	0.04未満
カルシウム	mg/L	77	40
アンモニア性窒素	mg/L	41	3.9

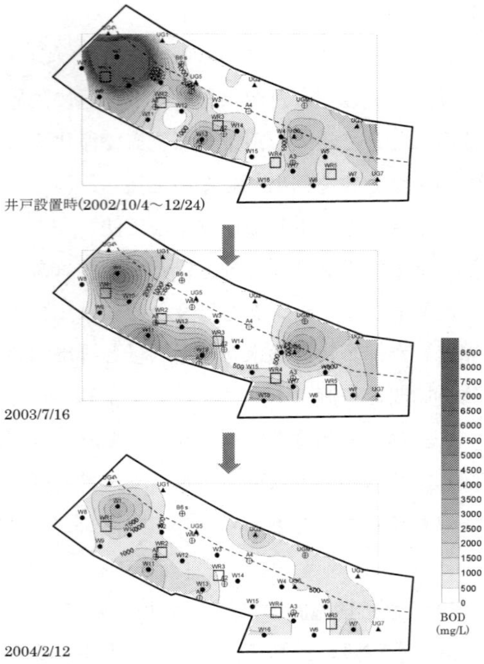

図11　遮水壁内上部帯水層地下水の汚染物質濃度分布の変遷【BOD】

さらに，不法投棄サイト内で浄化が行われていることは，濃度コンター平面図の経年変化図の一例（BOD）でわかる（図11）。浸漬型の有機平膜は不法投棄サイトからの難分解性のCOD物質の除去にも効果的であることが示唆された。

また，最近の水処理施設の性能を示す分析結果を，表6に示す。水処理への流入原水濃度が，運転開始当初と比べて，BOD・COD・VOC共に大幅に低減してきている。このことは，原位置フラッシング法により不法投棄現場の汚染レベルが大幅に低減してきており，汚染修復が確認できる。不法投棄現場での汚染修復は順調に行われているが，現時点で，浸出水中に残留する汚染物質としては，BOD・COD・NH_3-Nがある。公共用水域への水質汚濁対策として，バイオ・膜処理の最新の水処理技術を導入した施設で，これらの汚濁対策を行っているが，全ての項目で放流水の管理基準値以下となっている。

有機膜である液中膜を廃棄物系の汚染水処理に適用した第1号であるが，安定した処理性能が得られている。

4　不法投棄現場の課題と展望

4.1　不法投棄現場の水処理の課題

これまで，廃棄物の不法投棄現場での原状回復における浸出水処理技術の現状について，国内の代表的な実例を紹介してきた。廃棄物の撤去工事に伴う浸出水の水質汚濁対策としては，産業廃棄物や一般廃棄物の埋立処分場の浸出水処理に適用されている水処理技術の基本は応用できることが，不法投棄現場の浸出水の処理経験からわかった。しかしながら，埋立処分場ではあまり課題とならない以下の事象の解決も求められることが判明した。

① PCEやTCEなどの揮発性の有害物質が流入することがあり，水処理施設でVOC対策が必須であること。ドラム缶などの容器から液状物の漏出がみられたエリアでの掘削かどうか，現場の監視も水処理施設の管理に重要な情報となること。

② 流入水質の濃度変動が，廃棄物の掘削の進捗によって大きく影響を受けること。掘削・撤去エリアの埋立物が何かにもよるが，埋立処分場のように浸出水の水質が経年的でなく，濃度が日変動でピークを示す場合があること。また，積雪時には，流入水質濃度が増加する傾向にある。

③ 不法投棄現場で野焼きをしたり，廃棄物の焼却灰や飛灰を不法投棄しているサイトでは，一般廃棄物埋立処分場の浸出水濃度（20 pg-TEQ/L程度）の40倍近い濃度（800 pg-TEQ/L程度）のダイオキシン類が溶出することがあること。その形態としては，溶解性のダイオキシン類が検出されることがあること。特に有機溶媒系の産業廃棄物が不法投棄されたサイトで顕著である。

これらの課題については，不法投棄現場の環境修復事業全体について，総合的に検討して適切な方策を導入することが望ましい。ここでは，水処理施設サイドでの対策について，基本的な考え方を紹介する。

① 水処理施設の流入部には，浸出水中のVOC除去対策設備を導入することが求められる。浸出水中への強制ばっ気による水中からのVOC揮散とガス側での吸着処理が望ましい。現場の状況や集水管の構造によっては，爆発性のメタンガスや有害性の高い硫化水素ガスが流入することもあり，浸出水の嫌気化防止や換気対策は作業安全上も必須である。

② 流入水質の濃度変動を緩和して，水処理施設で安定した処理を確保するためには，適正な容量の調整槽など調整機能を設けることが必要である。ここでの適正な容量とは，経済的でかつ，負荷変動を緩和できる容量を呼ぶ。その槽内には，空気攪拌を行って，腐敗防止と堆積防止をはかることが望ましい。

③ 不法投棄現場からの浸出水中のダイオキシン類対策としては，SS性のダイオキシン類の除去として，耐久性の優れたセラミック膜を導入した凝集膜分離法が効果的であるが，それのみでは不十分である。溶解性のダイオキシン類を分解除去できるUV/オゾン併用の光化学分解装置などを組み入れて対応することが必要である。

当初は，最終処分場浸出水中のダイオキシン類を分解除去することを目的として開発・実用化したUV/O_3であり，埋立分野で実施設への導入が進む一方で，大阪府N町での高濃度ダイオキシン汚染対策など環境汚染修復を目的として，導入される事例が増加してきた。現在は，生物分解と凝集分離・砂ろ過・活性炭吸着を主体とする従来の水処理技術では除去できない難分解性の有機物（1.4-ジオキサンや有機ヒ素など）が環境水で検出され，人や生態系に影響を与えるとして社会問題化している。例えば，茨城県K市における地下水の有機ヒ素問題がある。この事件は，環境省の調査によると遺棄兵器由来の有機ヒ素を含む廃棄物が不法投棄されていた現場周辺で高濃度の有機ヒ素が検出されたと報告されている。有機ヒ素汚染された地下水を飲んだ住民に健康被害が発生しており，汚染土壌および地下水の修復を含めた早急な対策が望まれている。筆者らは，有機ヒ素に汚染された土壌地下水対策として，UV/O_3による光化学分解処理で有機ヒ素を無機ヒ素に分解できることを発案して実証した後，生成した無機ヒ素は膜ろ過とアルミナ処理で除去して検出限界以下まで処理した実績がある。ここでも，ダイオキシン類の分解で開発した光化学分解（UV/O_3）法が，有機ヒ素地下水の浄化に対しても有効であることを確認している。不法投棄現場からは，前述のように従来の水処理では除去できない物質も浸出することがあるため，ダイオキシン類対策やCOD対策のみならず，UV/O_3併用処理装置は，この分野では，有害な未規制物質対策としても有効であり多機能の装置として位置づけられる。そのため，この装置を例にして，最適設計の数値解析シミュレーションを紹介する。

4.2　難分解性物質の分解

UV/O_3反応塔に複数本の紫外線ランプを配置し，塔の底部からオゾンおよび原水が流入する内部照射型並流接触気泡塔について考察する。オゾンの水に対する溶解は，一般的に2重境膜説によって説明され，また紫外線照射下におけるオゾンの分解は，水相および気相共に分解速度がオゾン濃度の一次に比例し，吸収した光の量に比例すると考えられる。さらに気泡は塔内に均一に分散し，水およびオゾンガスは，塔底部からの押出流れであると仮定すると，内部照射型並流接触気泡塔内の微小高さ（dz）における水相および気相でのオゾンの物質収支式は，式(2)～(5)で表すことができる[2~5]。ここで，zは塔頂からの位置［m］，Hは塔水深［m］，Sは塔の有効断面積［m^2］，Q_Gはオゾンガス流量［$L \cdot min^{-1}$］，Q_Lは処理水流量［$L \cdot min^{-1}$］，K_{La}は総括物質移動係数［min^{-1}］，k_{sd}は溶存オゾンの自己分解速度定数［min^{-1}］，k_{GUV}は紫外線によるガス中のオゾンの分解速度定数［$W^{-1} \cdot m^2 \cdot min^{-1}$］，$k_{LUV}$は紫外線による水中のオゾンの分解速度定数［$W^{-1} \cdot m^2 \cdot min^{-1}$］，$c_L^*$は飽和溶存オゾン濃度［$mg \cdot L^{-1}$］，$c_L$は溶存オゾン濃度［$mg \cdot L^{-1}$］，$c_G$はオゾンガス濃度［$mg \cdot L^{-1}$］，$\varepsilon$はガスホールドアップ［-］，$I$は反応塔内のUV強度［$W \cdot cm^{-2}$］，$m$は分配係数［-］，$\theta$は水温［℃］，$P_{in}$は注入オゾンガス濃度［$mg \cdot L^{-1}$］，$P_{out}$は排オゾンガス濃度［$mg \cdot L^{-1}$］である。$k_{GUV}$および$k_{LUV}$は，以前の報告から733および13,520 $W^{-1} \cdot cm^2 \cdot min^{-1}$とした。$k_{sd}$は，オゾン注入停止後の溶存オゾンの分解速度から各々求めるものとした。これらの式を$z = 0$のとき$c_G = P_{out}$，$z = H$のとき$c_G = P_{in}$，$c_L = 0$で解くことでオゾン吸収率を求めることができる。

$$Q_G\frac{d_{CG}}{d_z}=-S\cdot\{K_{La}\cdot({}_{CL}{}^{*}-{}_{CL})+k_{GUV}\cdot I\cdot{}_{CG}\cdot\ \varepsilon/(1-\varepsilon)\} \quad (2)$$

$$Q_L\frac{d_{CL}}{d_z}=S\cdot\{K_{La}\cdot({}_{CL}{}^{*}-{}_{CL})-k_{sd}\cdot{}_{CL}-k_{LUV}\cdot I\cdot{}_{CL}\} \quad (3)$$

$${}_{CL}{}^{*}=m\cdot{}_{CG}\cdot(1+z/10.3) \quad (4)$$

$$m=-0.012\cdot\theta+0.553 \quad (5)$$

・模擬廃水によるベンチスケール連続処理実験

実験条件：実験には，反応塔の有効容積54Ｌの連続通水式実験装置を用いた。実験中のpHは７±0.2，水温は20±0.5℃で一定とし，オゾンガス濃度は約50 $mg\cdot L^{-1}$，オゾンガス流量は0.5～2.0 $L\cdot min^{-1}$，通水量は0.45 $L\cdot min^{-1}$一定とした。実験には，フミン酸（和光純薬工業）100 gを１N NaOHでpHを10に調整した水１Ｌに溶かし，ガラス繊維ろ紙でろ過したものを原液とし，この原液の適量を，有効塩素を除去した水道水100Ｌに溶解させてCOD_{Mn} 約10 $mg\cdot L^{-1}$，pH７に調整したものを模擬廃水として用いた。

結果および考察：オゾンとの反応が早い物質が共存している場合，オゾンは液境膜内で共存物質と反応し，見かけのK_{La}（K_{La}’とする）が大きくなる。K_{La}に対するK_{La}’の比をE（促進因子）とすると，本模擬廃水の場合，Eは2.6であり，上記条件で実際に模擬廃水をUV/O_3処理した場合のオゾン吸収率と，式(2)～(5)に上記条件および各数値を代入し，$z=0$のとき$c_G=P_{out}$，$z=H$のとき$c_G=P_{in}$，$c_L=0$で解いたオゾン吸収率はよく一致した。これにより，今回構築したUV/O_3処理塔の溶解モデルは，ベンチスケールではあるがスケールアップしたUV/O_3処理塔のオゾン吸収率を妥当な範囲で再現したことから，実際のUV/O_3処理塔を設計する場合に有効であると考えられる。このような最適設計と最適運転を行うためのアプローチは，今後の水処理技術に求められる方向である。

5　水処理技術の展望

現存する不法投棄廃棄物サイトは，今なお件数が多く，不法投棄残存量も膨大な量であることからして，周辺住民に受け入れられ易い安全性の高い原状回復の工法で“負の遺産をなくす”ことが求められている。事例紹介のサイトＡやサイトＢのように，行政代執行で修復がなされていることから，より経済的な原状回復方法を求められている。そのためにも，今後は水処理技術についても，全体処理システムの簡素化やプラントコスト低減のためにユニット化を目指して装置開発をしてゆく予定である。水処理システムを構成する単位操作プロセスの効率化（装置容量面，電気代など維持管理面の両方）のため，あらゆる処理対象物に対して最適設計および最適な運転管理を行えるように，前述のように数値解析によるシミュレーションを実施している。また，撤去に伴う浸出水の水質汚濁対策のみならず，現場の環境修復に貢献できる原位置フラッシング法や不法投棄廃棄物の選別と水洗浄を組み合わせた廃棄物汚染サイトのハイブリッド修復法などにより，修復コストの低減化と共に廃棄物リスクの低減化や現場作業の安全性向上をはかることが，今後益々求められると考えている。

6　おわりに

廃棄物の不法投棄に起因する汚染サイトは汚染の規模，程度およびその拡散など状況が全て異なる。それらのサイトの修復を計画する場合，サイトの状況が異なることに加えて修復の緊急性などの条件が一様でないので最適な修復方法は基本的にはサイト毎に検討する必要があると考えられる。

しかしながら，基本的な汚染の拡散防止方法や水処理プロセスなどに関しては，従来技術をベースに環境修復事業に適用していった事例を参考に技術検討できると考えられ，今回ここで報告した技術が今後の不法投棄サイトをはじめ，最終処分場の浸出水対策などの環境修復事業の一助になれば幸いである。最後に，現場実験や実機の運転などにご指導・ご協力頂きました関連自治体の関係者の方々に感謝申し上げます。

文　　献

1）堀井安雄，寺尾康，米津雄一，岡田公一，南方敏宏，佐々木智彦，第13回廃棄物学会研究発表会講演論文集Ⅱ，p.1119（2002）
2）吉崎耕大，塩山昌彦，第16回 日本オゾン協会年次講演会講演集，p.53（2006）
3）宗宮功，津野洋，水処理技術，Vol.16, No.7, p.647（1995）
4）草壁克己ほか，水処理技術，Vol.32, No.1, p.3（1991）
5）宗宮功，オゾン利用水処理技術，公害対策技術同友会，p.127（1989）

第6章　汚泥の効率的な好気的消化

松本明人*

1　はじめに

消化とは微生物を利用して汚泥中の有機物の分解・安定化を図るものであり，嫌気性消化と好気性消化の2方式がある。

好気性消化は嫌気性消化と較べ，酸素供給のために過大なエネルギーを消費し，運転コストが高いという欠点を有するが，汚泥の分解速度が比較的大きいため，反応槽容積が小さくて済み，建設コストが安い，装置がシンプルである，維持管理が容易である，悪臭の発生が少ない，脱離液のBODが低いなどの利点を有し，特に小規模な排水処理施設での汚泥処理に適すると考えられている[1~3]。

そこで本章ではまず好気性消化の概要を説明した後，好気性消化の効率化に関する既往の研究に触れ，続いて当研究室で実施した嫌気性消化汚泥の好気性消化実験について紹介する。

2　好気性消化とは

好気性消化は下水汚泥を長時間曝気することにより有機物を酸化・分解し，さらに汚泥自身の自己分解（内生呼吸）による減量化を図る方法である。内生呼吸による自己分解プロセスが好気性消化の主要な反応であり，菌体を$C_5H_7NO_2$で表すとこの反応は次のように表される。

$$C_5H_7NO_2+5O_2 \rightarrow 5CO_2+2H_2O+NH_3 \quad \text{（硝化反応が進行しない場合）} \tag{1}$$

もしくは

$$C_5H_7NO_2+7O_2+HCO_3^- \rightarrow 6CO_2+4H_2O+NO_3^- \quad \text{（硝化反応が進行する場合）} \tag{2}$$

一方，好気性消化の代表的な設計基準[2]では消化温度20℃，VSS分解率40～50％とすると，処理に必要な消化日数は余剰汚泥の場合には10～15日，最初沈殿池汚泥と余剰汚泥の混合汚泥の場合には15～20日である。そして固形物負荷は1.6～4.8 kgVS/m^3・日，槽内の溶存酸素濃度（以下，DO濃度と記す）は1～2 mgO/Lである。環境条件のうち，消化温度は好気性消化の分解性能に大きく影響を及ぼす。中温域での運転では消化温度と固形物滞留時間を掛け合わした値が400～500℃-日であることが十分なVSS分解に必要とされる[1]。さらに固形物濃度4～6％の高濃度汚

＊　Akito Matsumoto　信州大学　工学部　土木工学科　准教授

泥を投入することで発生する熱量により外部からの加温なしで槽内温度を45～65℃まで上げ運転することが可能になる。この方式は高温好気性消化もしくは自己熱消化と呼ばれ，固形物分解速度が高く，病原性微生物の不活化も早いため，固形物滞留時間5～6日での運転が可能である[2)]。

pHも重要な環境条件である。特に好気性消化では硝化反応の進行のためpHが低下し，反応の阻害が起きることがあり，注意が必要である。

3　好気性消化の効率化

以上のような特徴を持つ好気性消化であるが，様々な効率化の方法が検討されている。Daiggerら[4)]は①機械を利用した投入汚泥の濃縮化，②いくつかの反応槽を連続に並べる多段化運転，③好気・無酸素運転を検討しており，その効果について以下のようにまとめている。①の投入汚泥の濃縮化により反応槽容積が小さくできることや有機物の生物分解にともない放出される熱量が増加することで消化温度が上昇し，汚泥消化が促進され処理水の水質が改善されたり，病原菌の不活化速度が上がる。②の多段化運転では槽内は反応工学的にプラグー・フローに近い状態になり，その結果，反応効率が向上し，汚泥の安定化や病原菌破壊に必要な処理時間が短くなる。なお同様な効果は回分運転でも得られる。③の好気・無酸素運転では硝化・脱窒素反応が進行し，窒素成分の除去が可能になる。この反応は次式のように表される。

$$C_5H_7NO_2+5.75O_2 \rightarrow 5CO_2+3.5H_2O+0.5N_2 \qquad (3)$$

(3)式より好気性消化が脱窒素反応まで進行するとアルカリ度の消費がなくなり，酸素要求量も(2)式に較べると減少することがわかる。さらに硝酸除去にともない槽内pHが中性付近に保たれ，安定した消化が進行する。好気・無酸素運転に関しては，松田ら[5,6)]も曝気によるエネルギーの消費を抑えることを目的にORPもしくはDO制御を取り入れた断続曝気運転による実験を回分式好気性消化槽で実施している。実験の結果，DO制御を実施した場合は連続曝気と同じ程度の汚泥分解速度が得られ，硝化の進行も同程度であったことに対し，ORP制御では汚泥分解速度は連続曝気と較べ低いものの，窒素濃度は非常に低く，良好な脱窒素反応が進行することを明らかにした。またJungら[7)]は汚泥の回分処理において好気・嫌気運転を4時間交代もしくは12時間交代と比較的短い間隔で変えたところ，MLSSの分解率やプロテアーゼやリパーゼ分泌細菌の存在比が高くなること，さらに嫌気運転を好気運転より長めに実施することで脱窒素効果が上がることを報告している。

このほか好気性消化の効率化の試みとして④*Bacillus*属細菌の利用がある。好気性あるいは通性好気性芽胞形成菌である*Bacillus*属細菌には，複雑な重合体を分解する加水分解酵素や抗生物質を産生するものがおり，また脱窒素能を有するものも報告されている。伊那中央衛生センター[8,9)]では，原生生物を運転指標に曝気量と汚泥返送量を制御し，さらにマグネシウム，ケイ酸などミネラル分を補給する運転を実施したところ，処理工程における臭気が発生せず，しかも処理水の

BODが低下したことを報告しており，その原因として*Bacillus*属細菌の優占化の可能性をあげている。一方，Choiら[10]は家畜排泄物のパイロットプラントにおいて，一段4槽，二段からなる消化槽で曝気量の制御により第1槽内のDO濃度を1.2〜2.0 mg O/L，他槽でのDO濃度0.3〜0.8 mg O/Lとし，さらに汚泥返送の制御，ケイ酸，マグネシウム，マンガンなどを添加することで*Bacillus*属細菌を優占させたところ，BODやCOD，さらに全窒素やSSの除去率が95％以上に達したと報告している。ただし，*Bacillus*属細菌の優占度は固形物滞留時間に依存しており，微生物製剤やミネラル添加の効果は不明確という報告もある[11]。

4　嫌気性消化汚泥の好気性消化実験[12]

4.1　実験の目的

本実験では難分解性有機物として嫌気性消化汚泥を基質として用い，回分式好気性消化において消化温度（30℃および50℃），微生物製剤の添加，投入する汚泥濃度（希釈倍率2倍および5倍），pH調整が汚泥分解に及ぼす影響について，処理過程で生成する亜硝酸性窒素濃度に留意しながら，検討した。

4.2　実験方法

基質として下水処理場の嫌気性消化汚泥を2倍もしくは5倍に希釈して用いた。そして反応槽である2Lメスシリンダーへ希釈した汚泥を投入し，さらに*Bacillus*属細菌優占化運転に効果があるとされる$MnSO_4 \cdot 5H_2O$を2.2 mg/L，$MgCl_2 \cdot 6H_2O$を41.8 mg/L添加した。ただし本実験において*Bacillus*属細菌の検出は行っていない。図1に実験装置を示す。反応槽内の撹拌および空気供給は，実験開始時には曝気方式（直径6 mmのガラス管使用）とマグネットスターラーによる機械式撹拌方式を併用し，処理が進行し，機械撹拌のみで十分なDO濃度（2 mgO/L以上）が保

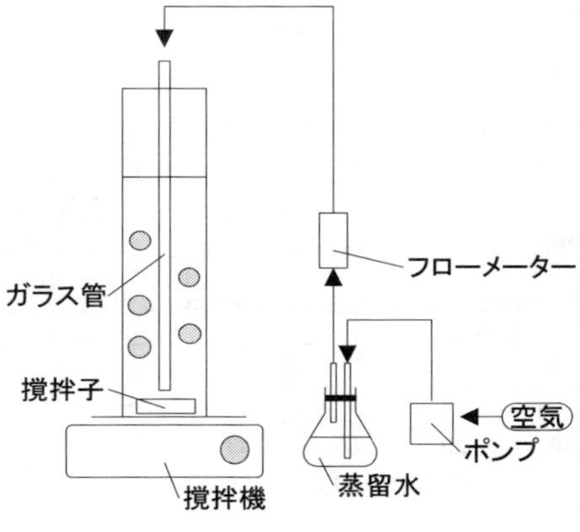

図1　実験装置

表１　実験条件

	RUN 1	RUN 2	RUN 3	RUN 4	RUN 5
消化温度	30℃				50℃
微生物製剤	添加無	添加有	添加無		
希釈倍率	２倍			５倍	２倍
pH 調整	調整無		調整有	調整無	

たれる時点（実験開始後４日から８日）で，機械式撹拌方式のみとした。これは曝気による反応槽内での発泡を抑制するためである。実験装置は低温培養器に設置し，消化温度は30℃とし，回分実験を行った。そして 中温*Bacillus*属細菌を主成分とする微生物製剤添加（1.0 g/L），好気性消化の過程で起る亜硝酸性窒素の生成を抑制するための２N HClの添加による実験開始直後の槽内pHの上昇を抑制するpH調整，基質となる消化汚泥を５倍に希釈することによる亜硝酸性窒素濃度の抑制，さらに消化温度50℃とすることが，汚泥の分解特性に与える影響を検討した。表１に実験条件をまとめたものを示す。運転期間はいずれも50日間であり，運転期間終了までに反応槽内容液を16ないし17回サンプリングし，pH（ガラス電極法），DO（蛍光発光時間測定式），TSおよびVS，上澄み水のTOC（680℃燃焼触媒酸化／NDIR方式），SSおよびVSS（遠心分離法3,000 rpm，15分間），硝酸・亜硝酸・アンモニア性窒素（イオンクロマトグラフ法）をカッコ内の分析方法で測定した。なおサンプリング前に反応槽内側に付着した固形分を槽内に掻き落とし，付着の影響をなくした。

4.3　実験結果

槽内DO濃度はpH調整を行ったRUN3において一時的に1.0 mgO/L程度まで低下したものの，30℃で運転した系では槽内DO濃度は２～７mgO/L，また50℃で運転したRUN10では２～５mgO/Lの範囲で推移し，良好な好気性消化に必要とされるDO濃度1～2mgO/L以上が確保されていた。

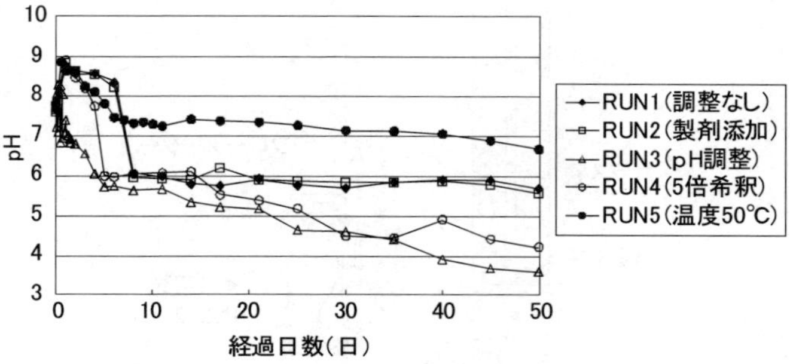

図２　pHの経日変化

図２にpHの経日変化を示す。運転開始時のpHは7.6～7.8であり，pH調整を行ったRUN３を除いて，運転開始直後からpHは上昇し，運転開始後0.5～１日目にピーク値をとり8.6～8.9に達した。その後pHは減少に転じるが，消化温度30℃の系でpHを調整しないRUNでは，運転開始後１週間前後の時期にpHが６付近まで急激に減少し，その後，対象系である調整なしのRUN１と微生物製剤を添加したRUN２ではpH６付近で推移したが，汚泥を５倍に希釈したRUN４ではpH4.2まで低下した。これに対し，消化温度50℃で運転したRUN５では運転開始直後のpH上昇は見られたもののpHの減少は穏やかであり，最終的なpHは７付近であった。一方，pH調整を行ったRUN３では運転開始直後から2N HClを添加し，pHは6.8～8.2で推移していたが，運転開始後２日目にはpH７，５日目にはpH5.7まで低下し，その後もpHの低下は続き，運転終了時の50日目には3.6にまで低下した。

続いて図３にVSSの経日変化を，図４にVSS分解率の経日変化を示す。運転開始時のVSSは希釈倍率５倍のRUN４で1,700 mg/Lであった以外はおよそ5,000 mg/Lであり，運転開始直後から急激な減少が進行する。対象系であるRUN１，そして微生物製剤を添加したRUN２では運転開始後６日目までにVSS分解率は20％弱に達し，その後VSS分解は一時横ばいになった後，VSSは緩やかに減少していった。最終的なVSSおよび分解率はRUN１では3,120 mg/Lおよび38％，

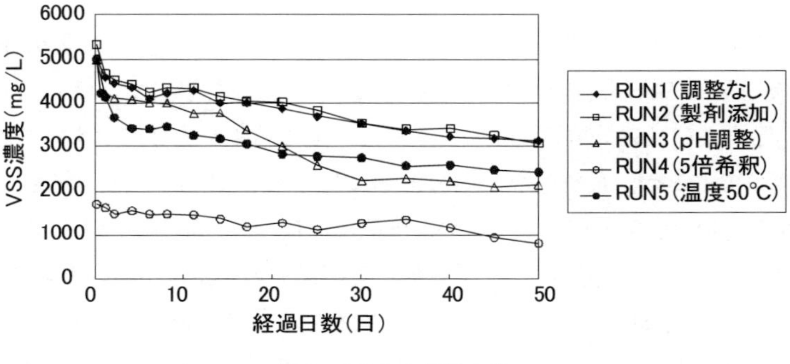

図３　VSSの経日変化

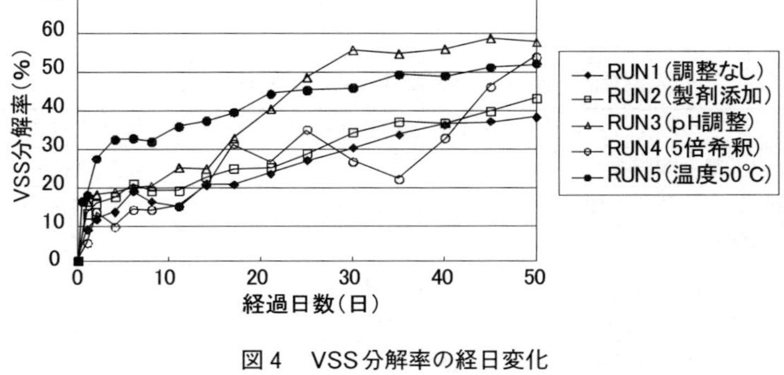

図４　VSS分解率の経日変化

RUN 2では3,070 mg/Lおよび42%であった。pHを調整したRUN 3では運転開始後1日目までの分解率が16%とVSSは大きく減少し，その後，緩やかな減少となった。そして運転開始後14日から30日にかけ，再び分解が進みVSS分解率は55%となり，その後は横ばいで推移した。5倍希釈のRUN 4では比較的一定の割合でVSSは減少し，最終的なVSS分解率は53%であった。なおRUN 3およびRUN 4では運転開始後30日目におけるpHが4.5前後まで低下しており，低pHによるVSS分解の阻害が起きている可能性もある。一方，消化温度50℃のRUN 5では他のRUNと較べ，急激なVSS分解が起き，運転開始後4日目にはVSS分解率32%と消化温度30℃で良好な処理が進んだRUN 3，RUN 4での17日目の値に匹敵する分解率が得られた。その後VSSは緩やかな減少となり，最終的なVSS分解率は52%であった。

ところで内生呼吸期における回分式消化槽での生物分解性汚泥の分解速度は，一次反応式で近似できる[5,13]。

$$\frac{(X_d)_t}{(X_d)_0}=e^{-k_d \cdot t} \tag{4}$$

ここで，$(X_d)_t$：時間tでの生物分解性VSまたはVSS（mg/L），

$(X_d)_0$：運転開始時の生物分解性VSまたはVSS（mg/L），

k_d：分解速度定数（day^{-1}）

各RUNにおける最終到達VS，VSSを生物非分解性VSまたはVSSとし，各時間tにおけるVS，VSSから最終到達VSまたはVSSを引いたものを時間tでの生物分解性VSまたはVSS濃度とし，それぞれのRUNのVSおよびVSS分解速度定数を求めた。その結果を表2に示す。まず微生物製剤添加の影響についてであるが，最終的なVSS分解率は対象系のRUN 1に較べると若干高くなったが，VSS分解速度定数は0.047 d^{-1}と対象系の0.066 d^{-1}と較べると小さくなり，最終的なVSSの濃度を合わせて考えると，汚泥分解に及ぼす微生物製剤添加の効果は小さいと考えられる。一方，運転開始直後のpH上昇を抑えたRUN 3におけるVSS分解率は対象系のRUN 1と較べ改善され，VSS分解速度定数も0.077 d^{-1}と大きくなったことより，汚泥分解の促進効果があることがわかった。続いて汚泥を5倍希釈したRUN 4についてであるが，VSS分解の停滞が見られず最終的なVSS分解率も高かったが，汚泥濃度が低いためVSS分解速度定数は0.028 d^{-1}と小さな値になった。

表2　VS分解速度定数とVSS分解速度定数

	VS分解速度定数（d^{-1}）	VSS分解速度定数（d^{-1}）
RUN 1（30℃，調整なし）	0.062	0.066
RUN 2（30℃，製剤添加）	0.066	0.047
RUN 3（30℃，pH調整）	0.099	0.077
RUN 4（30℃，5倍希釈）	0.030	0.028
RUN 5（50℃）	0.069	0.070

※　RUN後のカッコ内は，各RUNの運転条件を示す。

そして，50℃で運転したRUN 5では最終的なVSS分解率は消化温度30℃において良好なVSS分解が進行したRUN 3やRUN 4での結果と差が見られず，50℃の運転による汚泥分解力の向上は見られなかった。さらにVSS分解速度は0.070 d^{-1}と対象系のRUN 1に較べ大幅な上昇は見られないが，運転開始後4日目のVSS分解率は30℃の運転に較べて極めて高く，VSS分解の進行は促進されることがわかった。

続いて亜硝酸性窒素の挙動について述べる。亜硝酸性窒素は亜硝酸菌の働きによりアンモニア性窒素より生成され，その後，硝酸菌の働きで硝酸性窒素へ，もしくは脱窒素菌の働きにより直接，窒素へと変換される。その一方，高濃度の亜硝酸性窒素は硝化菌の働きやBOD酸化細菌の働きを阻害することが知られている。遠矢は亜硝酸性窒素濃度が100 mgN/L以上になると亜硝酸菌・硝酸菌やBOD酸化細菌に対する阻害が起き[14)]，特にBOD酸化細菌への阻害が強いこと[15)]，さらに亜硝酸性窒素が蓄積する条件として，高濃度のアンモニア性窒素（350 mgN/L以上）が存在し，かつpHが8.0～8.6であることを報告している[14)]。本研究でも2倍希釈のRUNにおいて運転開始時には450 mg/L程度のアンモニア性窒素が存在し，pHも実験開始直後に8を超える亜硝酸性窒素が蓄積する条件であった。そこでRUN 3では塩酸を添加することで運転開始直後のpHを制御し，亜硝酸性窒素の生成を抑制することを試みた。またRUN 4では基質である嫌気性消化汚泥を5倍希釈することで，アンモニア性窒素濃度を210 mgN/Lまで低下させ，生成する亜硝酸性窒素を100 mgN/L以下にすることを試みた。亜硝酸性窒素の経日変化を図5に示す。対象系のRUN 1および製剤添加系のRUN 2では運転開始後8日目から亜硝酸性窒素の生成が観察され，その値はおよそ160 mgN/Lに達した。そして運転開始後25日目までほぼ横ばいに推移し，その後，若干濃度は低下していったものの，亜硝酸性窒素濃度は高かった。一方，運転開始直後のpHを制御したRUN 3では，運転開始後4日目に亜硝酸性窒素濃度29 mgN/Lが観察され，最大35 mgN/Lまで蓄積したものの阻害域には達せず，17日目以降は観察されなかった。消化汚泥を5倍希釈にしたRUN 4においては運転開始後4日目に亜硝酸性窒は27 mgN/L，そして最大で76 mgN/Lまで蓄積したが，阻害域には達しなかった。一方，消化温度50℃で運転したRUN 5では硝化反応が進行せず亜硝酸性窒素は生成されなかった。

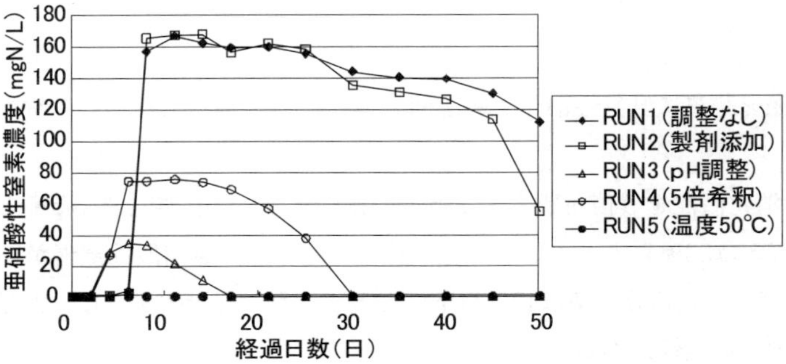

図5　亜硝酸性窒素濃度の経日変化

表3　消化率

	好気性消化における消化率の最高値（%）	嫌気―好気性消化を合わせた消化率（%）
RUN 1 （30℃，調整なし）	28	68
RUN 2 （30℃，製剤添加）	31	69
RUN 3 （30℃，pH 調整）	45	77
RUN 4 （30℃，５倍希釈）	36	73
RUN 5 （50℃）	38	74

※　RUN後のカッコ内は，各RUNの運転条件を示す。

亜硝酸性窒素の蓄積とVSS分解の関係であるが，亜硝酸窒素が蓄積した期間とVSS分解が停滞した期間にずれはあるものの亜硝酸性窒素が100 mgN/L以上に蓄積したRUN 1 および２に較べ，亜硝酸性窒素の蓄積が低かったRUN 3，４，５ではVSS分解率は10%以上高く，これより亜硝酸性窒素の蓄積によるVSS分解の阻害が推察される。この点に関しては遊離亜硝酸の影響[16]なども含め，今後の検討が必要である。

最後に好気性消化における消化率（汚泥中の有機物がガス化および液化する割合）を(5)式により，そして嫌気性消化と好気性消化を合わせた消化率を(6)式より計算した。ここで実験に使用した嫌気性消化汚泥の消化率はRUN 1 とRUN 2 で55.1%，RUN 3 ～RUN 5 では58.1%である。

$$\text{消化率(\%)} = \left(1 - \frac{\text{運転開始時の無機分(\%)} \times \text{分析時の有機分(\%)}}{\text{運転開始時の有機分(\%)} \times \text{分析時の無機分(\%)}}\right) \times 100 \qquad (5)$$

嫌気性消化と好気性消化を合わせた消化率(%)

$$= \text{嫌気性消化での消化率(\%)} + \frac{(100 - \text{嫌気性消化での消化率(\%)}) \times \text{好気性消化での消化率(\%)}}{100} \qquad (6)$$

得られた結果を表３に示す。表３より好気性消化での消化率は最大で45%，そして嫌気性消化と好気性消化を合わせた消化率は最大で77%にも達し，好気性消化が非常に高い汚泥分解力を持つことがわかった。

4.4　結論

嫌気性消化汚泥を基質に好気性消化実験を回分運転にて実施したところ，次のような結論が得られた。

① pH 調整や消化汚泥を５倍希釈することで亜硝酸性窒素の生成を80 mgN/L以下にしたところ，VSS分解率は53%以上と良好な処理が行われ，一方，亜硝酸性窒素が160 mgN/Lまで蓄積したRUNでは，VSS分解率は42%以下にとどまった。以上のように，亜硝酸性窒素はVSS分解を阻害する可能性がある。

② 消化温度を50℃にした場合，30℃に較べVSS分解の進行が促進された。一方，最終的なVSS

分解率は30℃の運転結果と同程度であり，消化温度による改善は見られなかった。なお50℃での運転では硝化反応は起こらず，亜硝酸性窒素の生成も見られない。

③　微生物製剤添加の効果はVSS分解特性から判断して，認められない。

④　嫌気性消化汚泥を用いた場合でも好気性消化の消化率は最高で45％に達し，好気性消化は高い汚泥分解能を有する。

5　おわりに

すぐれた汚泥分解能を持つ好気性消化は栄養塩の除去も可能であり，今後，小規模排水処理施設を中心に普及が期待される。その一方，亜硝酸性窒素が汚泥分解に及ぼす影響に関しては，さらなる検討が必要である。

なお実験は山田博氏の修士論文の一環として実施され，その一部は三機工業㈱との共同研究である。付記して謝意を表す。

文　献

1)　C. P. L. Grady, Jr. *et al.*, Biological Wastewater Treatment, Second Edition, CRC Press, p.561 (1999)
2)　松尾友矩ほか，水質環境工学―下水の処理・処分・再利用―，技報堂，p.606 (1993)
3)　微生物による環境制御・管理技術マニュアル編集委員会編，微生物による環境制御・管理技術マニュアル，環境技術研究会，p.177 (1983)
4)　G. T. Daigger *et al.*, *Water Environ. Res.*, **72**, 260 (2000)
5)　松田晃ほか，水，**39**(13)，16 (1997)
6)　松田晃ほか，化学工学論文集，**15**，710 (1989)
7)　S. J. Jung *et al.*, *Biochem. Eng. J.*, **27**, 246 (2006)
8)　村上弘毅ほか，水環境学会誌，**18**，97 (1995)
9)　環境施設，**65**，82 (1996)
10)　Y. S. Choi *et al.*, *Water Sci. Tech.*, **45**(12), 71 (2002)
11)　伊与亨ほか，用水と廃水，**52**，971 (2010)
12)　山田博，平成21年度 信州大学修士論文 (2010)
13)　李宅淳ほか，水質汚濁研究，**9**, 169 (1986)
14)　遠矢泰典，下水道協会誌，**7**(74), 21 (1970)
15)　遠矢泰典ほか，下水道協会誌，**7**(75), 13 (1970)
16)　A. C. Anthonisen *et al.*, *J. Water Pollut. Control. Fed.*, **48**, 835 (1976)

第7章　蛍光消光現象を利用した複合微生物系解析技術

蔵田信也*

1　研究の背景

活性汚泥法に代表される微生物の浄化力を利用した「生物処理システム」の能力を最大限引き出すためには，本システム内の微生物の種類や量を把握し，それを最適に制御する方法が有効と考えられる。これを実現するためには，まず微生物の解析技術が必要となるが，当社ではこの基本技術として遺伝子解析技術が最も有望と考え，1997年より㈱産業技術総合研究所と共同でその研究開発に着手した。その結果，新しい遺伝子解析技術「QP法」の開発に成功した。

2　蛍光消光プローブを用いた遺伝子検出定量法（QP法）について

当社は，研究の過程で蛍光標識したシトシン（C）を末端に持つDNAプローブが，標的遺伝子のグアニン（G）とペアになったとき，分子間の相互作用により蛍光が消える現象を見出した（図1）。本現象を利用した遺伝子解析技術が「QP法」である[1]。

QP法は，DNAプローブと標的遺伝子を溶液中で混合し，蛍光を測定するのみで，標的遺伝子を検出することができるため，遺伝子解析工程の簡易化と解析の迅速化が可能となる。また，本法で使用する蛍光標識核酸プローブであるQProbeは，構造がシンプルであるため，その設計にトライ＆エラーが不要であり，プローブ合成コストが安価といった特長を有している。さらに，蛍光消光が顕著な色素はこれまでに4種類確認しており，同一反応液に存在する4種の異なる遺

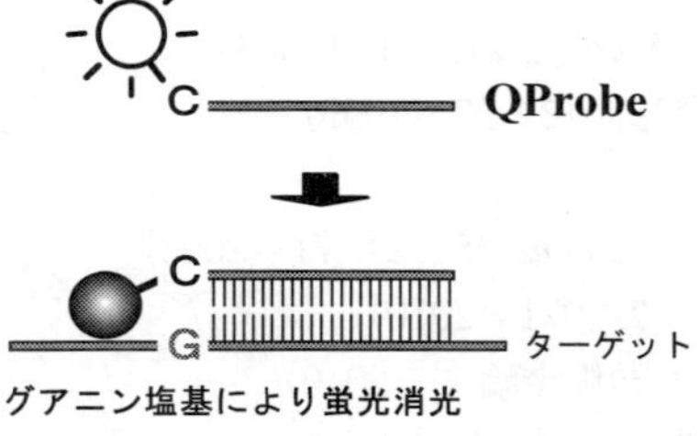

図1　QProbeによる遺伝子検出

＊ Shinya Kurata　日鉄環境エンジニアリング㈱　技術本部　技術研究室　環境バイオグループ グループリーダー

伝子を同時に検出することが可能である。

QP法は，日本・米国・欧州で特許を取得し（JP-3985959，US-6492121，EP-1046717 他13件），国内4社に対し技術提供する実績を挙げている。このうちアークレイ㈱，東洋紡績㈱より，全ての分析工程が完全に自動化された遺伝子解析装置が世界に先駆けて発売された。これらの装置は，感染症検査やオーダーメイド医療などの医療診断分野で広く利用されることが期待される。

3　QP法の応用技術開発と複合微生物系解析への応用

リボゾーマルRNAなどの比較的高濃度に存在する遺伝子をターゲットとした場合，QProbeにて直接検出・定量することが可能である[2)]。しかし，その適用範囲は限定的となるため，我々はPCR法をはじめとする遺伝子増幅法と，グアニン・蛍光色素間の蛍光消光現象を組み合わせた手法の開発に着手した。以下，その詳細について述べる。

3.1　QP法のリアルタイムPCR法への応用

リアルタイムPCR法は，それまでの遺伝子定量技術と比較して，迅速・正確かつ簡易であり[3~7)]，複合微生物系解析においても，一般的に使用されるようになった。本手法では，遺伝子が増幅する様子をリアルタイムにモニタリングすることが必須であるため，PCR反応過程において増幅産物を検出することが可能な蛍光標識プローブが広く汎用されている[3,7,8)]。我々は，QP法を応用した新たなリアルタイムPCR法の開発を試み，2つの新規手法を開発した。以下，その概要と適用例について紹介する。

3.1.1　QProbe-PCR法

(1)　原理・概要

QProbe-PCR法は，TaqMan法などの蛍光核酸プローブを用いるリアルタイムPCR法と同様，増幅産物に結合するQProbeを用いて，増幅産物をモニタリングする手法である（図2）。標的遺伝子由来の増幅産物が増幅すれば，これに結合するQProbe が増加するため蛍光が消光する。この蛍光消光から，特異的増幅産物のみをモニタリングすることが可能となる。QProbe-PCR法は，プライマー・ダイマーなどの非特異的な産物を検出しないため，SYBR greenなどの2本鎖DNAに結合し蛍光を発する色素を用いた方法と比較して，高精度かつ高感度となる。

(2)　複合微生物系解析への適用事例

Leeらは，馴養条件の異なる3種の2,4-D分解活性汚泥を対象とし，5種の異なる2,4-D分解遺伝子の存在量を，QProbe-PCR法により定量した[9)]。その結果，Type1（JMP134 type-*tfdA*）遺伝子が，全ての馴養条件において，最も高濃度に検出されたことを報告した。

真砂らは，QProbe-PCR法とRFLPを組み合わせた手法により，クリプトスポリジュウムの存在量とその種別判定の同時測定を試みた[10)]。その結果，QProbe-PCR法は，1オーシスト/tubeまでの定量が可能であり，得られた増幅産物を対象としてRFLP法を実施することで種別判定も実

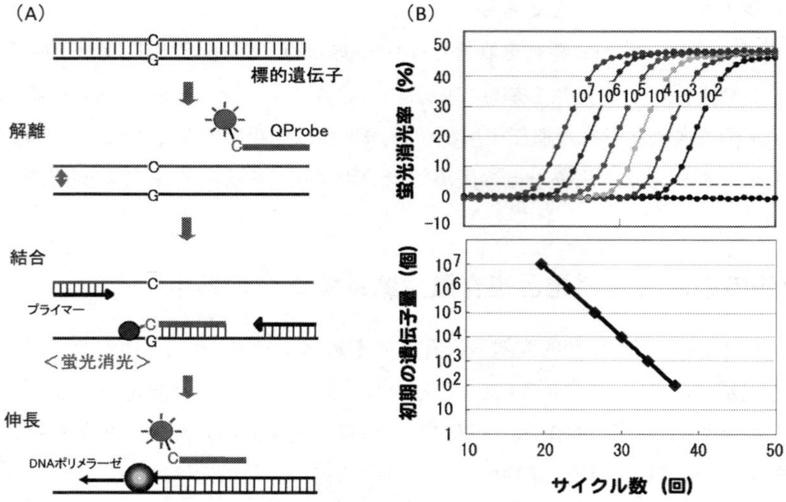

図2　QPrimer-PCR法の原理とその応用
(A) QPrimer-PCR法の原理，(B) 大腸菌の16S rRNA遺伝子を標的とした検量線

施可能であることを示した。また，長い増幅領域（1,280 bp）を対象とした際，TaqMan法ではシグナルは得ることはできなかったが，QProbe-PCR法では増幅産物をリアルタイムモニタリングすることが可能であったことを述べ，これによって，クリプトスポリジュウムの存在量と，その種別判定の同時測定が可能になったと考察した。

上村らは，QProbe-PCR法を様々なコイ組織中のコイヘルペスウイルスの定量に適用し，TaqMan法とその定量値を比較した[11]。その結果，検出感度はほぼ同等であり，定量値の正確性は，QProbe-PCR法のほうがTaqMan法より高かったことを報告した。また，TaqMan法に対するQProbe-PCR法の利点として，PCR後にQProbeと増幅産物との解離曲線解析が可能であるため，疑陽性の判定が可能である点を挙げている。

3.1.2　QPrimer-PCR法

(1)　原理・概要

QPimer-PCR法では，グアニンとの相互作用により蛍光消光する色素にて5'末端のCを標識したプライマー（QPrimer）を用いる。このQPrimerを用いてPCRを行うと，蛍光標識されたCの相補的な位置にGが合成されるが，このGによって蛍光が消光し，増幅産物をリアルタイムモニタリングすることが可能となる（図3）。なお，設計したプライマーの5'末端がCでない場合は，その5'末端にCを1つ付加したQPrimerを用いることで，上記と同様の原理で蛍光消光が起こるため，プライマー配列により本法の適用範囲は限定されることはない[1]。

T-RFLP法，DGGE法などの微生物群集構造解析では，解析に先立ち，全ての解析対象微生物が保有する16S rRNA遺伝子などの遺伝子を一括してPCR増幅するマルチテンプレートPCRを行うが，そのPCR後半において遺伝子の初期構成比が崩れてしまうPCRバイアス[12]や，もともとサ

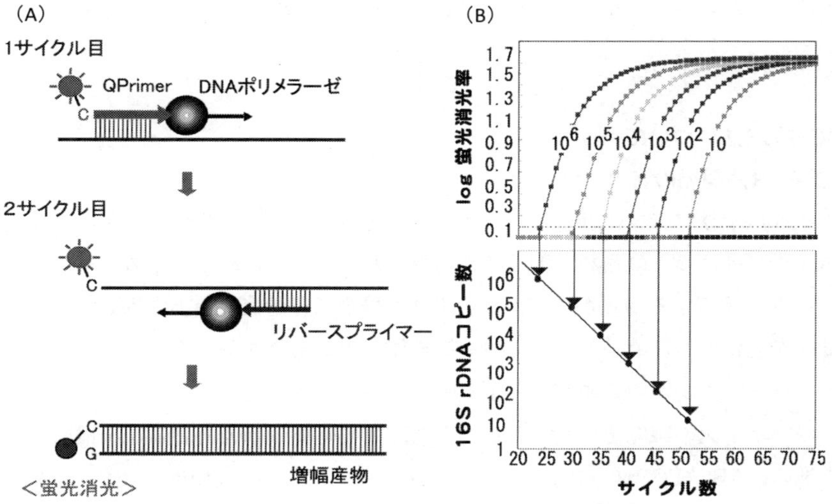

図3　QProbe-PCR法の原理とその応用
(A) QProbe-PCR法の原理，(B) ジャガイモそうか病原因菌のnec1遺伝子を標的とした検量線

ンプル中に存在しない遺伝子が増幅されてしまうキメラ生成[13]など，解析結果の信頼性を著しく低下させる現象が発生することが知られている。我々はQPrimer-PCR法にてマルチテンプレートPCR を行った際，4％前後の蛍光消光率が得られた時点でPCRを停止させれば，PCRバイアスやキメラ生成を回避可能であることが確認した[14,15]。さらに，QPrimer-PCR法では，得られる増幅産物の末端が蛍光標識されるため，微生物群集構造解析技術として汎用されるT-RFLP法に，増幅産物を直接適用できる[15]。よって，本法はT-RFLP法における遺伝子増幅技術として，その他のリアルタイムPCR法より好適に利用することができると考えられる。このように，QPrimer-PCR法は，遺伝子定量のみならず，微生物群集構造解析技術における遺伝子増幅法として優れた特長を有するものと認識される。

(2)　複合微生物系解析への適用事例

浦川らは，QPrimer-PCR法を，海洋底泥中に存在する硝化細菌群（β-AOB）の定量に適用し，その定量値を，蛍光抗原抗体染色法で得られた値と比較した[16]。その結果，2つの手法により得られた定量値の間には，明確な相関関係が存在し，両手法とも硝化細菌群の定量に有効であると考察した。また，QPrimer-PCR法では，1,000 bp以上の長い領域を標的とすることが可能であるため，ユニバーサルプライマーを設計する際に，選択の幅が広がる点を本法の利点として挙げた。

西澤らは，QPrimer-PCR法とT-RFLP法を組み合せた手法により，陸稲栽培土壌中に存在する古細菌総量を定量と，その群集構造解析を試みた[17]。その結果，QPrimer-PCR法により総古細菌量の定量が可能であったこと，およびQPrimer-PCR法にて増幅過程をモニタリングし，PCRバイアスが発生しないサイクル数でPCR反応を停止させることにより，その回避が可能であることを報告した。以上より，QPrimer-PCR法は，遺伝子定量だけでなく，微生物群集の構造解析を精度良く実施するためのツールとして有効であることが，実環境サンプルを対象とした場合も示唆された。

3.2　ABC-PCR法について

(1)　ABC-PCR法開発の背景

リアルタイムPCR法には，①サーマルサイクラーと蛍光測定の機能が一体となった高価なリアルタイムPCR装置が必要，②解析の間装置が占有されてしまうため，ハイスループット化に限界がある，③PCRを阻害する物質が反応液に含まれる場合に定量値を過小評価してしまう，④ラン毎に増幅効率が変化するため，各ランで検量線を作成する必要性がありランニングコストが高額となる，といったいくつかの課題が存在する。

そこで，我々は上記の課題を克服するため，㈱産業技術総合研究所および早稲田大学と共同で研究開発を進め，ABC-PCR法（Alternately Binding probe Competitive-PCR）の開発に成功した[18]。

(2)　ABC-PCR法の原理

ABC-PCR法は，既知濃度の競合遺伝子をPCR反応液に添加し，PCR増幅後に競合遺伝子と標的遺伝子の構成比を求め，対象とする標的遺伝子量を求める方法である（図4）。ABC-PCR法では，上記の構成比を求める目的で，ABProbe（Alternately Binding probe）と呼ばれる蛍光標識プローブを利用する。ABProbeは，両末端をグアニン消光する2種類の蛍光色素（BODIPY FL

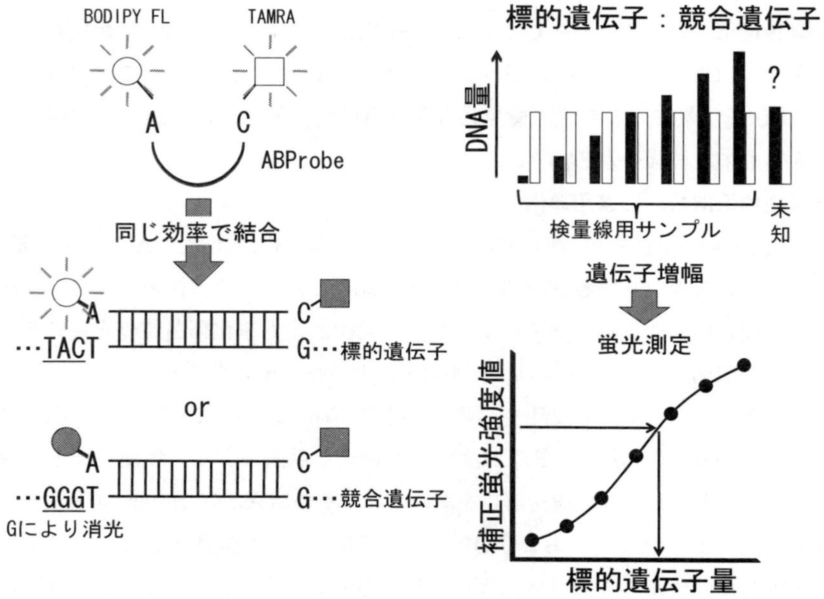

図4　ABC-PCR法の概要

およびTAMRA）にて標識した2重標識プローブである。また，競合遺伝子は，標的遺伝子に結合した場合と，競合遺伝子に結合した場合とでBODIPY FLの蛍光消光に差が生じるよう，その塩基配列を標的遺伝子の配列から3塩基ほど変更しておく（図4）。また，上記以外の配列は標的遺伝子と同一であるため，PCR過程で競合遺伝子と標的遺伝子の比が崩れることはない。

ABProbeは，標的遺伝子と競合遺伝子の両方に完全相補的であり，それぞれに同じ効率で結合するため，標的遺伝子に結合したABProbe量と競合遺伝子に結合したABProbe量の比は，標的遺伝子と競合遺伝子の比を反映することになる。一方，ABProbe に標識したBODIPY FLは，結合した遺伝子によって蛍光変化に差が生じるため，その蛍光消光量は標的遺伝子と競合遺伝子の比を反映することとなる。また，もう一方のTAMRAについては，C末端を標識するためどちらの遺伝子に結合した場合も同程度消光し，その蛍光消光量は結合したプローブ量を反映する。PCRでは，阻害物質などの影響により十分な増幅が起こらず，結果として産物に結合しないABProbeが存在する場合が想定される。フリーのプローブは蛍光変化しないため，BODIPY FLの蛍光消光量は，標的遺伝子と競合遺伝子の比を反映せず，定量値に誤差が生じる結果となる。そこで本法では，遺伝子構成比を反映するBODIPY FLの蛍光消光量を，結合したプローブ量を示すTAMRAの蛍光消光量で補正する。本補正により，結合したABProbeの蛍光消光量を見積ることができるため，標的遺伝子と競合遺伝子の比を正確に求めることができる。

実際の解析では，まず標的遺伝子と競合遺伝子の比があらかじめ分かっている混合液を鋳型として検量線を作成する。具体的には，PCR増幅の後に，蛍光測定することで両色素の蛍光消光量を求め，図4に示す検量線を作成する。未知サンプルの定量においては，濃度が分かった競合遺伝子を反応液に添加し，PCR増幅した後，検量線を作成する場合と同様，PCR反応後に蛍光を測定し，上記の検量線から標的遺伝子量を算出する。

(3) ABC-PCR法の特長と課題

ABC-PCR法は以下の特長を有しており，前述したリアルタイムPCR法の課題を解決することが可能である。

① 本法では，PCR増幅後，蛍光を測定するだけで標的遺伝子の定量が可能となる。このため，電気泳動などの煩雑なポストPCR工程は必要なく，リアルタイムPCRのような高額装置も必要ない。

② 本法は，競合遺伝子を用いた競合法であるため，ラン毎に増幅効率が異なっても，定量値を正確に求めることができる。このため，阻害物質が含まれる試料を対象とした場合も信頼性の高い定量値が得られる。

③ 本法は，増幅後に蛍光測定するだけで標的遺伝子を定量することができるため，安価なサーマルサイクラーを複数台用意し並列で増幅を行った後，一気に蛍光測定を実施することで容易かつ安価にハイスループット化を実現できる。

④ ②で述べたとおり，本法ではラン毎に増幅効率の異なった場合も，定量値に影響を及ぼさないため，リアルタイムPCRのようにラン毎に検量線を作成する必要性がない。

⑤ 本法で使用するABProbeは，PCR法だけでなく，LAMP法をはじめとする他の遺伝子増幅法と組み合せて使用することができる[19]。

ABC-PCR法は上記の特長を有する反面，1）定量範囲が2オーダーと狭いため，広い定量範囲を担保する場合，競合遺伝子の添加量を2オーダーずつ変化させた反応を複数反応実施する必要性がある，2）競合遺伝子の作成が別途必要となる，といった課題を有する。しかしながら，前述のようにABC-PCR法は，リアルタイムPCR法にない特長を複数有することから，ABC-PCR法の特長が生かせるニーズに対して今後適用されてゆくものと認識される。特に活性汚泥や土壌などの環境試料から抽出したDNAはPCR阻害物質を含む場合が多いため，上記②の特長より，ABC-PCR法は，環境試料中の特定微生物の定量に有効な方法であると認識される。

(4) ABC法の複合微生物系解析への適用事例

宮田らは，ABC-PCR法を，有機塩素化合物の嫌気的脱塩素を行う*Dehalococcoides*属細菌由来の16S rRNA遺伝子の定量に適用した[20]。その結果，本法にて上記遺伝子を10コピーまで検出が可能であったことを報告した。また，PCR阻害物質の影響によりリアルタイムPCR法では正常に定量できなかった抽出DNAについて，ABC法にて定量を試みたところ，正常な定量値が得られたことを報告し，本法がPCR阻害物質の影響を受けにくい遺伝子定量方法であると結論した。

岸田らは，ABC法とRT（Reverse Transcription）-PCR法を組み合わせたABC-RT-PCR法を，ヒトを含む脊椎動物の消化管などに寄生し，クリプトスポリジウム症を引き起こす原虫であるクリプトスポリジウムの定量に適用した[21]。本報告では，クリプトスポリジウム由来のオーシストの高感度検出を可能とするため，1オーシストあたり約3万分子存在する18S rRNAを逆転写し，その産物を標的遺伝子としている。これにより，0.01オーシスト/反応以下の感度を達成した。岸田らは，1）ABC-RT-PCR法とリアルタイムRT-PCRの定量値の比較を行い，両法の定量値の間に高い相関が認められたこと，2)ABC-RT-PCR法と一般的な検査方法である検鏡法との定量値の比較を行い，一定の相関が認められたことを報告した。また，ABC-RT-PCR法は，簡単な蛍光測定装置と通常のサーマルサイクラーにて遺伝子定量が可能であるため，クリプトスポリジウム検査におけるコストと時間を低減することができると考察している。

3.3 ユニバーサルQP-PCR法の開発

(1) ユニバーサルQP-PCR法の開発の背景

QProbeをはじめとする遺伝子解析用の蛍光標識プローブは，目的の遺伝子に対応したものをその都度作成する必要があり，また，蛍光色素の標識もその都度行う必要があることから，その合成に1～2週間が必要となり，コストも割高になる。このため，共通の蛍光標識プローブを利用した新しいプローブ技術「ユニバーサルQP法」を㈱産業技術総合研究所および早稲田大学と共同開発した。

(2) ユニバーサルQP法の原理

ユニバーサルQP法[22]における最も大きな特長は，合成にコストと時間が掛かる蛍光標識プローブを標的遺伝子によらず共通化したことである。このため，蛍光標識プローブを，大量・安価に合成できることから，蛍光標識プローブの準備に掛かる時間とコストを大幅に低減することができる。具体的には，ユニバーサルQP法では，１種類の共通の配列を有するオリゴDNAに蛍光標識したプローブ（以下，ユニバーサルQProbe）を検出用プローブとして利用し，蛍光標識を必要としないオリゴDNA（以下，ジョイントDNA）を標的遺伝子に対する特異性を担保するために使用する（図５）。ジョイントDNAは，ユニバーサルQProbeと結合する配列と，標的遺伝子と結合する場所も併せ持つため，特定の遺伝子に対して特異的に結合するとともに，QP法と同様の仕組みで消光し，標的遺伝子を特異的に検出することができる。

(3)　ユニバーサルQP法の特長

ユニバーサルQP法と，QP法との比較結果を表１として示す。

①　コスト

QProbeは，遺伝子毎に作成する必要性があり，蛍光色素をラベルする工程に時間とコストが掛かっていた。また，標的遺伝子以外には使用できないため，解析サンプルが少ない場合には，未使用分は廃棄となる。

一方，ユニバーサルQP法では，蛍光色素でラベルされた１種の共通検出プローブ（ユニバーサルQProbe）を使用するため，その大量作成が可能であり，合成コストを下げることが可能となる。また，一度購入したユニバーサルQProbeはあらゆる遺伝子の解析に流用できるため，解析遺伝子の種類が多い場合にイニシャルコストを大幅に低減することが可能になる。ジョイントDNAは，解析遺伝子毎に作成する必要性があるが，蛍光色素をラベルする必要がないため，作成コストは安価となる。

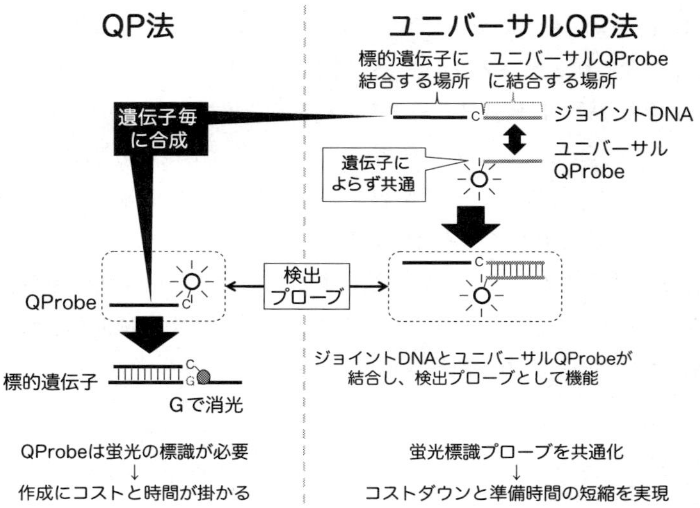

図５　ユニバーサルQP法の原理とQP法との比較図

表1　ユニバーサルQP法とQP法の比較表

<table>
<tr><td colspan="2">検出プローブ</td><td>QProbe</td><td>・ユニバーサルQProbe
・ジョイントDNA</td></tr>
<tr><td colspan="2">検出プローブの価格
（ユニバーサルQP法は予定価格）</td><td>30～40千円／遺伝子</td><td>ユニバーサルQProbe：10千円／キット
ジョイントDNA：　　5千円／遺伝子</td></tr>
<tr><td rowspan="2">検出プローブのコスト*</td><td>100解析／遺伝子の場合</td><td>同上</td><td>6千円／遺伝子
（ユニバーサルQProbe：1千円，ジョイントDNA：5千円）</td></tr>
<tr><td>1,000解析／遺伝子の場合</td><td>同上</td><td>15千円／遺伝子
（ユニバーサルQProbe：10千円，ジョイントDNA：5千円）</td></tr>
<tr><td colspan="2">準備期間</td><td>1～2週間</td><td>～2日</td></tr>
</table>

＊　ユニバーサルQProbeは，1キットあたり1,000解析分としてコスト試算。

②　準備期間

QProbeは，解析遺伝子に応じて合成依頼しなければならないことから納期に時間が掛かるが，ユニバーサルQProbeはあらゆる遺伝子に対応できるため，ユーザーがあらかじめ手元に用意しておくことができる。それぞれの遺伝子に対応したジョイントDNAは蛍光標識が必要でないため，作成期間は1～2日である。

以上より，ユニバーサルQP法では，納期の短縮とコストの低減が可能となる。

(4)　QP法とユニバーサルQP法の適用分野の違い

医療診断分野では同じ遺伝子を大量に解析する場合が多い。その場合，QProbeを大量合成することが可能となるため，ユニバーサルQP法と同様，QP法においてもプローブコストを低減させることができる。上記に加え，QProbeは，ユニバーサルQProbeと比較して，蛍光消光の割合が大きいことから，QP法は高精度な解析が必要な医療診断分野に適しているといえる。

一方，基礎研究分野では，多種類の遺伝子を解析する場合が多く，遺伝子あたりの解析数は少ない傾向にある。QProbeは，最少ロットでも数千解析分のプローブが合成されるため，本分野においてプローブを全て使い切るケースは少なく，結果的に1解析あたりのプローブコストが高額となる。また，基礎研究分野では研究スピードが求められる場合が多いが，QProbeの合成には1～2週間必要になるため，QP法で上記のニーズに応えることは困難である。以上より，基礎研究分野には，遺伝子あたりの解析数が少ない場合にプローブコストを低減でき，その準備期間を短縮できるユニバーサルQP法が適しているといえる。

ユニバーサルQP法は開発されて間もない手法であるため，まだ複合微生物系解析に適用した事例は報告されていないが，本法の特長を背景として，複合微生物系解析などの基礎研究分野を中心に今後広く活用されてゆくものと期待される。

4　おわりに

近年，従来のサンガー法と比較して，数千～数万倍の速度で遺伝子配列を決定することが可能な次世代シーケンサーが次々に開発され，本装置を，環境中の複合微生物が持つ遺伝子情報を網羅的に調査するメタゲノム解析に適用する試みが盛んとなっている。本手法により，環境試料に存在する微生物の種類やその遺伝子を，迅速，詳細かつ低コストに調査できることから，複合微生物に関する様々な知見が加速度的に集積されており，これら知見から生態系内で重要な役割を果たす微生物や遺伝子が次々に明らかとなることが予想される。

これまで，我々はグアニン・蛍光色素間の蛍光消光現象を利用した遺伝子解析技術を開発してきた。これら解析技術は，主に特定遺伝子の定量に利用可能であるが，メタゲノム解析による研究の加速化を背景として，定量のターゲットとなる微生物，遺伝子が数多く報告されるものと考えられることから，今後，複合微生物系の解析において幅広く利用されてゆくものと期待される。

文　献

1) S. Kurata *et al., Appl. Environ. Microbiol.*, **70**, 7545 (2004)
2) 倉根隆一郎ほか，難培養微生物研究の最新技術，シーエムシー出版，p.28 (2004)
3) S. Tyagi *et al., Nat. Biotechnol.*, **14**, 303 (1996)
4) P. M. Holland *et al., Proc. Natl Acad. Sci. U S A*, **88**, 7276 (1991)
5) I. M. Mackay *et al., Nucleic Acids Res.*, **30**, 1292 (2002)
6) T. Ishiguro *et al., Anal. Biochem.*, **229**, 207 (1995)
7) C. T. Wittwer *et al., Biotechniques*, **22**, 130 (1997)
8) R. A. Cardullo *et al., Proc. Natl Acad. Sci. U S A*, **85**, 8790 (1988)
9) T. H. Lee *et al., Microb. Ecol.*, **49**, 151 (2004)
10) Y. Masago *et al., Water Sci Technol.*, **54**(3), 119 (2006)
11) S. Kamimura *et al., Microbes Environ.*, **22**(3), 223 (2007)
12) M. T. Suzuki *et al., Appl. Environ. Microbiol.*, **62**, 625 (1996)
13) G. Wang *et al., Microbiology*, **142**, 1107 (1996)
14) T. Kanagawa, *J. Biosci. Bioeng.*, **96**, 317 (2003)
15) S. Kurata *et al., Appl. Environ. Microbiol.*, **70**, 7545 (2004)
16) H. Urakawa *et al., Environ. Microbiol.*, **8**, 787 (2006)
17) T. Nishizawa *et al., Microbes Environ.*, **23**(3), 237 (2008)
18) H. Tani *et al., Anal Chem.*, **79**(3), 974 (2007)
19) H. Tani *et al., Anal Chem.*, **79**(15), 5608 (2007)
20) R. Miyata *et al., Mol Cell Probes*, **24**(3), 131 (2009)
21) N. Kishida *et al., Water Res.*, **46**(1), 187 (2011)
22) H. Tani *et al., Anal Chem.*, **81**(14), 5678 (2009)

第8章　廃水からのリン資源の回収―基礎―
微生物によるリン資源の効率的回収に関わる遺伝子

廣田隆一[*1]，黒田章夫[*2]

1　はじめに

リンは生活廃水や一部の工業廃水に含まれている。廃水中のリンが湖沼や内湾など閉鎖性水域へ流出すると，富栄養化による水質低下を引き起こす。そのため，国内では2001年に策定された第5次水質総量規制において，リンは規制の対象項目とされている[1)]。一方でリンは，窒素・カリウムと並ぶ植物の三大栄養素でもあり，農作物肥料として人類の食料生産を支える非常に重要な資源である。現在利用されているリンはリン鉱石から精製されるが，世界的に良質なリン鉱石が枯渇し始めており，中国，米国などの主要な産出国は国外への輸出を制限し始めている。このような社会的背景を考えると，排水のリン処理技術は，単に廃水からリンを取り除くということだけでなく，リンを回収するという目的が強くなっていくものと予想される。

廃水中に含まれるリンは，硫酸アルミニウムなどの化学凝集剤の添加によっても除去できるが，処理すべき水量が多くなると化学処理法ではコストが掛かりすぎる。また，化学処理法は低濃度のリンを回収することが困難である。一方，活性汚泥微生物を用いて廃水からリンを除去する生物脱リン法は，比較的コストが安く，低濃度のリンも効率よく回収できる。下水からリンを回収すれば，わが国が輸入するリン鉱石の約40％が賄える可能性があり[2)]，リンのリサイクルに大きく貢献できると考えられる。

生物脱リン法における主役は，汚泥の中の微生物（主にバクテリア）である。したがって，バクテリアのリン除去能力をいかに増大させるかが，効率的なリン除去を行う上で極めて重要である。現在実用化されている生物脱リン法の1つに，高度生物脱リン法（Enhanced Biological Phosphate Removal：EBPR）がある。EBPRでは，ポリリン酸蓄積細菌（Polyphosphate-Accumulating Organism：PAO）というバクテリアが主要な役割を果たしており，取り込んだリン酸をポリリン酸という無機リン酸ポリマーとして細胞内に蓄積する。EBPRはリン処理能力という点においては優れたリン処理技術であるが，処理能力が突然低下するなどの問題が指摘されている。多くのPAOに関する研究が行われてきたが，PAOは純粋培養できないため，なかなかその正体が明らかにならなかった。しかし，近年DNAの解析技術が進歩し，単離しないままでの全ゲノムの解析が行われた。さらにPAOの物質収支やゲノム情報，大腸菌などで得られている酵

＊　Ryuichi Hirota　広島大学　大学院先端物質科学研究科　分子生命機能科学専攻　助教
＊　Akio Kuroda　広島大学　大学院先端物質科学研究科　分子生命機能科学専攻　教授

素学的な知見とあわせて考えることで，その全貌が見え始めている。

今後リン回収技術を深化させていくためにも，バクテリアにおける基礎的なリン酸代謝機構を深く理解することは非常に重要である。本章では，一般的なリン除去プロセスの方法論は他の総説[3)]や著書[4)]にゆずることとし，遺伝子レベルまでに踏み込んだリン除去に関わるメカニズムについて述べたい。最初に，バクテリアのリン酸代謝の中で最も解明が進んでいる大腸菌のリン酸代謝機構について述べ，次にEBPRで活躍するPAOの遺伝子解析の最新の情報を紹介する。さらにこれらの遺伝子機能に基づいた人工的なリン蓄積菌の創成と未利用リン資源のバイオ活用の可能性についても述べる。

2　バクテリアのリン酸代謝機構

まず，これまでに明らかにされているバクテリアのリン除去に関わる分子機構を，①細胞内へのリン酸の取り込み，②ポリリン酸合成とリン蓄積，③リン酸の細胞外への排出に分け，遺伝子レベルで明らかにされている知見を以下に紹介する。

2.1　バクテリアのリン酸輸送体

バクテリアは非常に優れたリン酸の取り込み機構を有する。これは，必須元素であるリンを獲得するためにバクテリアが発達させた能力である。環境中のリン酸濃度は，一般に数μMと非常に希薄であるが，細胞内のリン酸濃度はおよそ10 mMのレベルで保たれている。つまり，バクテリアは希薄なリンを集めて1,000～10,000倍にリン酸を濃縮する能力を持っている。バクテリアの主要なリン酸輸送体には，PitA, PitB, PstSCAB, PhnCDEの4種類のタンパク質が知られている（図1）[5)]。これらは環境中のリン酸濃度に応じて次のように使い分けられている。PitAとPitBは高濃度リン酸の輸送体として常時機能しており，取り込みと排出の両方を行う。また，K_m（最大輸送速度の半分を与えるリン濃度）が約20～40 μMでありリン酸に対する親和性がやや低い[6)]。PstSCABは，リン酸飢餓条件（約4 μM以下）で発現する誘導型の輸送体で，K_mが0.2 μMとPitよりも100倍近くリン酸に対する特異性が高い[6)]。PhnCDEは亜リン酸（PO_3）とホスホン酸（R-PO_3）の輸送体として同定されたが，リン酸輸送体としても機能する[5)]。PhnCDEもPstSCABと同様に低濃度リン酸条件で誘導される[7)]。

これらの輸送体が作られる制御機構は少々複雑であるが，主に大腸菌の研究によって明らかにされている。まず，リン酸濃度を監視している膜結合型のセンサータンパク質PhoRがリン酸飢餓を察知すると，転写因子PhoBを活性化する。活性化されたPhoBはリン酸の取り込みに関わるリン酸レギュロンという転写単位に属する遺伝子群（大腸菌では47個）を活性化する[7)]（図1）。バクテリアはリン酸飢餓状態になると，これらの一連のタンパク質を総動員してリンを獲得しようとするのである。ちなみにリン酸が十分存在する条件では，PhoRによるPhoBの活性化はPhoUというタンパク質によって抑制されている[7)]。したがってPhoUを不活性化すると，常にリン酸を

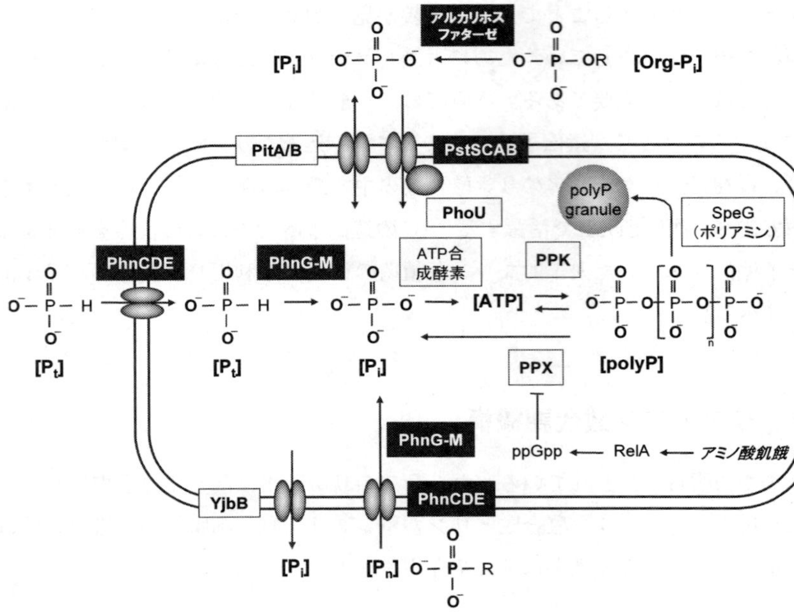

図1　バクテリアにおけるリン代謝の全体像

黒塗りはPhoUで発現が抑制されているタンパク質，白塗りは恒常的に発現しているタンパク質を表す。矢印は物質の流れ／活性化を表す。止め線は抑制を表す。P_i：リン酸，P_t：亜リン酸，P_n：ホスホン酸，Org–P_i：有機リン酸。

取り込み，ポリリン酸を蓄積する菌株を作ることができるが，このことについては第4節で述べる。

2.2　ポリリン酸とポリリン酸の合成機構

ポリリン酸はリン酸が直鎖状に結合した無機リン酸ポリマーである。バクテリアがポリリン酸を蓄積する理由はバクテリアの種類や生育状況によって異なるが，PAOではエネルギー源としての役割が主であると考えられている。ポリリン酸の生理機能も様々報告されており，リン源，エネルギー源，金属のキレート，タンパク質分解調節などの役割があることが知られている[8,9]。ポリリン酸の合成は，ポリリン酸合成酵素（polyphosphate kinase：PPK）によって，ATPのγ位のリン酸を使って合成される。したがって，細胞内に取り込まれたリン酸がポリリン酸になるためには，まずATP合成酵素によってATPに変換されなければならない。PPKの反応は可逆的であるため，ポリリン酸からATPを作ることもできる（図2(A)）。ポリリン酸はポリリン酸分解酵素（polyphosphatase：PPX）によってリン酸に分解される。アミノ酸飢餓時にはPPX活性が抑制されるため，ポリリン酸の蓄積が起こる[10]（図1）。PPKにはPPK1とPPK2の2種類が存在することが知られている。PPK2はPPK1に比べて，ATP合成活性が高く，また合成するポリリン酸

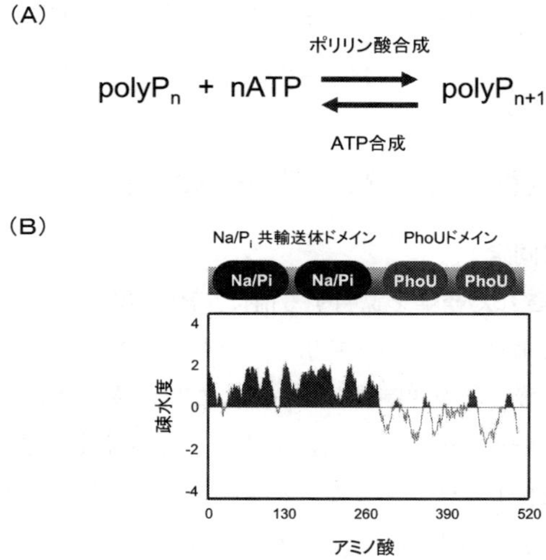

図２　(A) ポリリン酸キナーゼによるポリリン酸合成とATP合成反応，
(B) YjbBのドメイン構造（上）と疎水プロット（下）

の鎖長が短いという特徴がある（PPK1：３～700，PPK2：３～100程度）[11]。両者の使い分けについては，まだ不明な点があるが，主なポリリン酸の合成はPPK1に依存し，またポリリン酸からATPやGTPの合成はPPK2に依存していると考えられている。

２.３　リン酸排出によって細胞内リン酸恒常性を維持する遺伝子*yjbB*

細胞のリン酸濃度の恒常性を維持するためには，細胞内のリンを排出する機構も必要であると考えられる。特に，リン酸レギュロンが活性化した後に起こるリン酸の取り込みは，十分にリン酸が取り込まれた後，すぐに停止できるような仕組みにはなっていないため，リン酸が過剰に流入するおそれがある。大腸菌の*yjbB*は当初ポリリン酸の蓄積を抑制する遺伝子として発見された。遺伝子配列から推定されるYjbBタンパク質の構造には，N-末端領域に２つのNa/P_i共輸送体ドメインとC-末端領域に２つのPhoUドメインが存在することから，YjbBは膜結合型の輸送体タンパク質と考えられた（図２(B)）。そこで，大腸菌の４つのリン酸輸送体を全て欠損させた変異株（MT2009）を作製し，YjbBのリン酸輸送に関する機能を調べた。MT2009はリン酸を取り込むことができないが，グリセロール３-リン酸（G3P）輸送体を介してG3Pを取り込み，細胞内でリン酸に変換して利用することができる。そこで，G3Pをリン源とした合成培地を用いて，MT2009にYjbBを発現させた株をポリリン酸蓄積条件で培養し，ポリリン酸の蓄積量と培地中のリン酸濃度を調べた。その結果，YjbBの発現によってポリリン酸の蓄積は大きく抑制されるだけでなく，おもしろいことに相当量のリン酸が培養液中に放出されることを確認した[12]。おそらく，YjbBがリン酸を排出することによってポリリン酸量が減少したと考えられる。これらのことから，YjbB

はリン酸の排出によって細胞内リン酸濃度の恒常性維持に貢献する因子であることが明らかになった。

3　PAOにおけるリン代謝メカニズム研究の新展開

3.1　EBPRにおける優占種の同定

EBPRにおける優占種が同定された経緯を説明する前に，PAO優占化のメカニズムについて触れておきたい。PAOは嫌気槽で最初に有機酸と接触し，細胞内に蓄えていたポリリン酸のエネルギーを使って酢酸やプロピオン酸などの有機酸を取り込んでリン酸を放出する。このときに，取り込んだ有機酸をポリハイドロキシブチル酸（PHA）として蓄積する（図3(A)）。続いて好気槽に移動すると，蓄積したPHAを酸化してエネルギーを獲得し，嫌気槽で吐き出した以上のリン酸を取り込み，ポリリン酸合成を行う（図3(B)）。このサイクルを繰り返して運転すると，他のバクテリアの増殖は抑えられPAOが優占する。ベンチスケールのEBPRではバイオマス全体の85%を占めるにまでなることが確認されている[13]。

培養に依存した手法で解析が行われていた当初は，*Acinetobacter* sp.や*Lampropedia* sp.などが主要なPAOの候補として誤って同定されたこともあった[14]。しかし上述のようにベンチスケールの実験によってPAOを高度に優占化することが可能になったため，これを対象として*in situ* hybridizationなどの培養に依存しない解析を行うことにより，*Accumulibacter phosphatis*が最も主要なPAOであることが明らかにされた[15]。

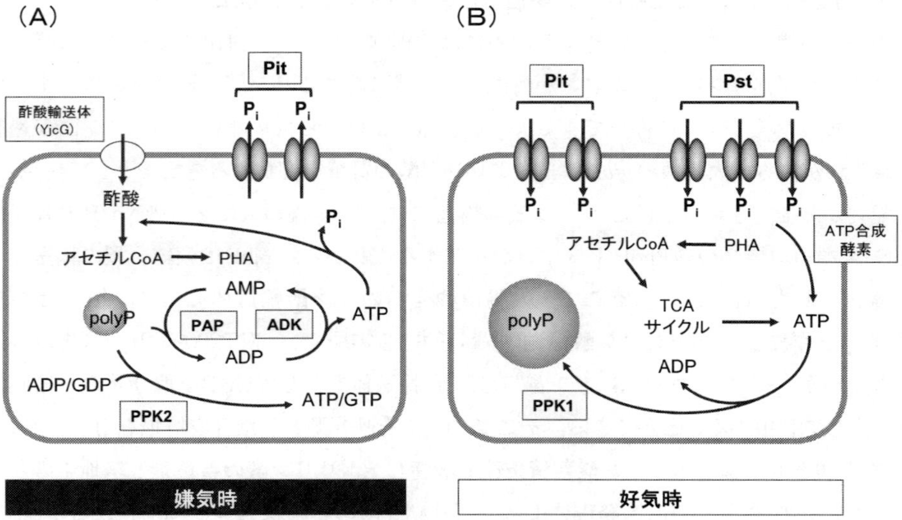

図3　PAOの嫌気時(A)と好気時(B)の代謝状態の変化と関係遺伝子

3.2　網羅的解析手法によってせまる*A. phosphatis*の分子生物学

*A. phosphatis*のリン代謝機構の分子メカニズムの解析は非常に困難であったが，近年の分子生物学的解析手法の発達によって，分子レベルでの情報が少しずつ得られ始めている。まず，2006年にEBPRから直接DNAを抽出し，ショットガンシークエンスによって*A. phosphatis*の全ゲノム配列決定が行われた。そしてこのDNA情報をもとに，代謝経路モデルの構築が行われた[13]。その後，トランスクリプトーム解析[16]やプロテオーム解析[17]などの網羅的な解析手法によって，EBPR中で実際に機能しているタンパク質を解析し，そのモデルの検証が行われている。以下に現在得られている主な知見を紹介する。

まず，リンの代謝に関しては，2種類の*pit*と3種類の*pst*が見出された。Pstは低リン酸濃度で誘導されるリン酸輸送体であるため，EBPR好気培養終盤のリン酸濃度が低い条件でのみ機能すると考えられていたが，トランスクリプトームとプロテオームの解析によると，好気培養時の全時期を通じて発現しており，リン酸濃度にかかわらず機能していると考えられる[16,17]。これは，EBPRが高いリン取り込み能力を示す1つの要因かもしれない。また，ポリリン酸合成については*ppk1*と*ppk2*の両方が見出された。EBPRから単離したPPK1にはATP合成活性がほとんどないとの報告があるが[18]，*A. phosphatis* のPPK1もこれに極めて高いアミノ酸相同性（88％以上）を示すことから，同様の性質を持っていると推察される。それでは，嫌気培養時にポリリン酸からどのようにしてATPを合成するのかという疑問が生じるが，*A. phosphatis*では，polyP-AMP phosphotransferaseとAdenylate kinaseによるAMPからのATP再生，あるいはPPK2によるADPからのATP再生経路が利用されていると考えられる（図3(A)）。

*A. phosphatis*以外のPAOでは，2011年に国内の製品評価技術基盤機構（NITE）のグループが，*Microlunatus phosphovorus* NT-1（NT-1株）の全ゲノムを公開している。NT-1株はベンチスケールのEBPRから単離されたグラム陽性のPAOである[19]。NT-1株は，酢酸利用能がないことや，嫌気条件でPHAを蓄積しない点においてEBPRの基本的な性質とは異なるが，ポリリン酸を唯一のリン酸供与体とするグルコキナーゼを持つ興味深いPAOである[20]。*A. phosphatis*とは異なるNT-1株ゲノムの特徴として，リン酸輸送体遺伝子以外にも*ppk2*に多重化が起こっていることが確認されている。

4　遺伝子機能に基づいた人工的なリン蓄積菌の創成

リン鉱石の形成にはポリリン酸蓄積菌が関与して長い年月をかけて形成されたとの説がある[21]。分子レベルでの理解を踏まえて，ポリリン酸蓄積能力の高いバクテリアを創成できれば，この過程を短縮して再現できるかもしれない。これはバクテリアのリン代謝機構を分子レベルで理解し，応用展開として目指す目標の1つでもある。実験室レベルの研究ではあるが，ポリリン酸蓄積菌を作製した例を以下に紹介する。

加藤らはリン酸の取り込みと蓄積に関わる遺伝子である*pstSCAB*と*ppk*を高発現させた大腸菌

株を作製した。この菌体は，親株の３倍以上のリン取り込み能力を示し，菌体のリン含量は最大で乾燥菌体重量の16%にも達した（リン酸では48%）[22]。良質のリン鉱石のリン含量はおよそ13%であるため，これはリン鉱石を凌ぐリン含量である。また，諸星らは，変異剤（NTG）を使ってポリリン酸蓄積変異株の取得を試みた。その結果，野生株の1,000倍近いポリリン酸を蓄積する変異株（MT４）を取得できた[23]。MT4は，前述したリン酸レギュロンの抑制因子*phoU*に変異を持つ株であることが分かった。しかし，人工的に*phoU*だけを変異させた株を作ったところ，最初はポリリン酸を蓄積するものの，不思議なことに数回の継代培養を経るとポリリン酸を蓄積しなくなることが分かった。MT４には*phoU*以外の遺伝子にも複数の変異点が存在することが分かっている。おそらく*phoU*以外の遺伝子に，ポリリン酸の安定な蓄積に関係するものがあると考えられる。大腸菌において，ポリリン酸が大量に蓄積する際には顆粒が形成され，試験管内での再構成の実験からこの顆粒の安定性にはポリアミンが関与すると考えられている[12]（図１）。MT４の細胞内ではポリアミンが増加していることから，*phoU*以外の遺伝子変異がポリアミンを増加させ，結果的にポリリン酸蓄積に貢献しているのかもしれない。

*phoU*変異を含むポリリン酸高蓄積変異株は非常に簡単な方法で選別できる。*phoU*が変異すると，アルカリホスファターゼ活性が向上するため，培地中にX-リン酸を混合しておけば，コロニーが青くなる[24]。この方法を用いれば，大腸菌以外にも多くのバクテリアや，排水処理酵母でもポリリン酸蓄積変異株を得ることが可能であり，排水処理への利用が期待されている[24,25]。

5　未利用リン資源のバイオ活用の可能性

5.1　還元型リン酸の工業利用と環境における分布

最後に，還元型リン酸の利用の可能性について紹介したい。リンの酸化数は－３から＋５まで複数存在する。今の地球環境では，多くのリンは最も酸化されたリン酸（＋5価）として存在すると考えられているが，工業的には酸化数の少ないリン（還元型リン酸）が作り出され利用されている。例えば，＋１価の次亜リン酸（H_3PO_2）は無電解ニッケルメッキ法の還元剤として利用され，廃棄物として大量の＋３価の亜リン酸（H_3PO_3）が生じている。この亜リン酸廃液は，これまで海洋投棄や敷地内埋め立てにより廃棄処分されてきた。しかし，近年欧州では金属加工における環境規制が設けられ，亜リン酸の利用から廃棄まで厳しく管理されるようになってきている[26]。亜リン酸廃液の処理は，カルシウムにより亜リン酸塩として沈殿除去する方法が考えられるが，亜リン酸カルシウムの溶解度が高く，リンの濃度を十分に下げることが困難である。そこで，一般的には酸化剤や化学触媒を用いて加熱処理し，亜リン酸をリン酸に酸化してカルシウムなどで除去する方法が検討されているようである。しかしながら，酸化剤の亜リン酸に対する特異性や，加熱に必要なエネルギーのコストが問題となっており，これを克服する再資源化技術の開発が望まれている。

一方，還元型リン酸の自然界における分布や生物循環はまだ未解明な部分が多いが，古くから汚泥など還元度の高い環境においてホスフィン（PH_3）が発生することや[27]，亜リン酸や次亜リン酸を利用するバクテリアが知られている[28]。特に亜リン酸酸化細菌については近年新しい種類のものが次々と見つかってきている[28]。これらのことは，これまで予想されていた以上に生物によってリンが活発に酸化あるいは還元されている可能性を示唆するものであろう（図4(A)）。

5.2　還元型リン酸の酸化に関わる遺伝子とその利用

亜リン酸の酸化に関する分子は，*phn*遺伝子がコードするC-Pリアーゼが1991年に同定されたが[29]，最近になって亜リン酸と次亜リン酸の酸化に関わる亜リン酸デヒドロゲナーゼ遺伝子（*ptxD*）と次亜リン酸ジオキシゲナーゼ遺伝子（*htxA*）が，*Pseudomonas stutzeri*から単離された[28]。次亜リン酸は，HtxBCDEによって細胞内に取り込まれた後，HtxAによって2-オキソグルタル酸依存的に亜リン酸に酸化される。続いて亜リン酸は，PtxDによってNAD依存的に酸化され，NADHが生成する（図4(B)）。

亜リン酸酸化細菌やPtxDによる亜リン酸の酸化は，生物機能による亜リン酸廃液の処理に利用できる可能性がある。生体分子の工業利用における問題点として，その安定性が挙げられる。筆者らは，45℃で生育する亜リン酸酸化細菌を単離し，その中から安定性に優れ，なおかつ阻害を受けにくいPtxDを発見した。このPtxDはこれまで報告されている中で最も高い触媒活性と特異性を示すことが確認されている。この酵素を利用することで亜リン酸排水の再資源化が可能になるかもしれない。また，還元反応を触媒する多くの酵素が物質生産に利用されている。その際問

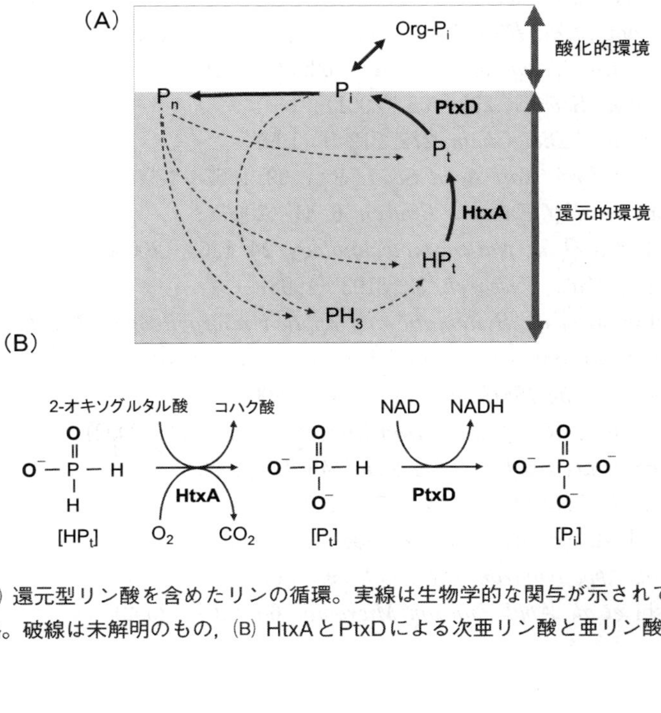

図4　(A) 還元型リン酸を含めたリンの循環。実線は生物学的な関与が示されている経路。破線は未解明のもの，(B) HtxAとPtxDによる次亜リン酸と亜リン酸の酸化。

題となるのが，補酵素NADHの再生である。PtxDによるNADH再生反応を利用すれば，安価で安全な物質生産が可能になると考えられる[30)]。

6 おわりに

リンの世界的な需要が今後も増大し続けることは間違いなく，この需要を満たすためにリンの回収と再資源化はますます重要になると思われる。環境中に拡散した希薄なリンの回収を物理化学的な手法で行うことは，エネルギーやコストの面から効率が悪い。しかし，微生物のリン濃縮能力を生かすことで，これを効果的に行うことが可能であると考えられる。本章で紹介したリン回収に関わる遺伝子の研究が，将来の効率的なリン回収に貢献すると考えている。

文　　献

1) 環境省ホームページ，http://www.env.go.jp/press/press.php?serial=3033
2) 大竹久夫，化学と生物，**48**, 28 (2010)
3) R. J. Seviour *et al.*, *FEMS Microbiol Rev*, **27**, 99 (2003)
4) 須藤隆一，活性汚泥法，思想社 (1980)
5) R. Hirota *et al.*, *J Biosci Bioeng*, **109**, 423 (2010)
6) R. M. Harris *et al.*, *J Bacteriol*, **183**, 5008 (2001)
7) M. G. Lamarche *et al.*, *FEMS Microbiol Rev*, **32**, 461 (2008)
8) A. Kornberg *et al.*, *Annu Rev Biochem*, **68**, 89 (1999)
9) A. Kuroda *et al.*, *Science*, **293**, 705 (2001)
10) A. Kuroda *et al.*, *J Biol Chem*, **272**, 21240 (1997)
11) H. Zhang *et al.*, *Proc Natl Acad Sci U S A*, **99**, 16678 (2002)
12) K. Motomura *et al.*, *J Environ Biotech*, **6**, 41 (2006)
13) H. Garcia Martin *et al.*, *Nature biotechnology*, **24**, 1263 (2006)
14) T. Mino *et al.*, *Water Research*, **32**, 3193 (1998)
15) R. P. Hesselmann *et al.*, *Systematic and applied microbiology*, **22**, 454 (1999)
16) S. He *et al.*, *Environmental microbiology*, **12**, 1205 (2010)
17) P. Wilmes *et al.*, *The ISME journal*, **2**, 853 (2008)
18) K. D. McMahon *et al.*, *Appl Environ Microbiol*, **68**, 4971 (2002)
19) K. Nakamura *et al.*, *Int J Syst Bacteriol*, **45**, 17 (1995)
20) S. Tanaka *et al.*, *J Bacteriol*, **185**, 5654 (2003)
21) B. Schink and M. Friedrich, *Nature*, **406**, 37 (2000)
22) J. Kato *et al.*, *Appl Environ Microbiol*, **59**, 3744 (1993)
23) T. Morohoshi *et al.*, *Appl Environ Microbiol*, **68**, 4107 (2002)

24) T. Morohoshi *et al., J Biosci Bioeng,* **95**, 637 (2003)
25) T. Watanabe *et al., Bioresource technology,* **100**, 1781 (2009)
26) 堀切靖晃，表面技術，**58**, 43 (2007)
27) I. Dévai *et al., Nature,* **333**, 343 (1988)
28) A. K. White and W. W. Metcalf, *Annual review of microbiology,* **61**, 379 (2007)
29) W. W. Metcalf and B. L. Wanner, *J Bacteriol,* **173**, 587 (1991)
30) J. M. Vrtis *et al., Journal of the American Chemical Society,* **123**, 2672 (2001)

第9章　リン資源の回収と再利用—実用化への展開—

大竹久夫*

1　はじめに

リンは，生物にとって欠くことのできない「いのちの元素」である。リンがなければ，食糧はもとよりバイオマスも，低炭素型社会実現への切り札として期待されているバイオ燃料も生産できない。もともと，バイオマスが再生可能資源であるとの主張は，リンがいつでも豊富に手に入ることを前提としている。非可食バイオマスを使えば食糧問題には影響しないとの説明も，リンの資源問題から見ると説得力がない。豊かな国が非可食バイオマスを生産することで，資金に乏しい国で食糧生産用のリン肥料が不足するのであれば，非可食バイオマスを使う意味の大半は失われるだろう[1)]。

わが国はリン鉱石を全く産出せず，国内で消費するリンの全量を海外からの輸入に頼っている。しかも，世界のリン鉱石埋蔵量の約80%は，モロッコ，中国，南アフリカおよび米国のわずか4ヶ国に集中している。米国に続いて，他の産出国もリン資源の囲い込みを始めれば，世界のリン需給はたちまち逼迫することだろう。そのような事態になれば，わが国も農業はもとより電子部品製造，金属表面加工，化成品や食品製造など広範な産業分野において，深刻な影響を被ることは避けられない。私たちは，食料自給率の向上や再生可能資源としてのバイオマスの活用について語る前に，わが国にはリン鉱石資源が存在しないという事実を肝に銘ずべきであろう。

一方，わが国には，食品廃棄物，下水汚泥やバイオマス焼却灰など，リンを含有する未利用資源が多く存在する。これらの未利用資源からリンを回収し再利用する技術をリンリファイナリー技術と呼ぶ（図1）。リンリファイナリー技術が確立できれば，わが国は十分とは言えないものの，国内に再生可能なリン資源を確保することが可能となり，海外でリン需給が逼迫しても，その影響を最小限にくい止めることができるだろう[2)]。

わが国は資源小国ではあるが，世界をリードし得る技術力を持っている。これから日本が，迫り来るリン資源枯渇の危機に立ち向かうために，一度使ったリンを回収し再利用するためのリンリファイナリー技術の開発に注力すれば，世界に貢献し得る新しいグリーン産業を生み出す可能性もある。本章では，リン資源の回収再利用について実用化への展開について述べる。

---

*　Hisao Ohtake　大阪大学　大学院工学研究科　生命先端工学専攻　教授

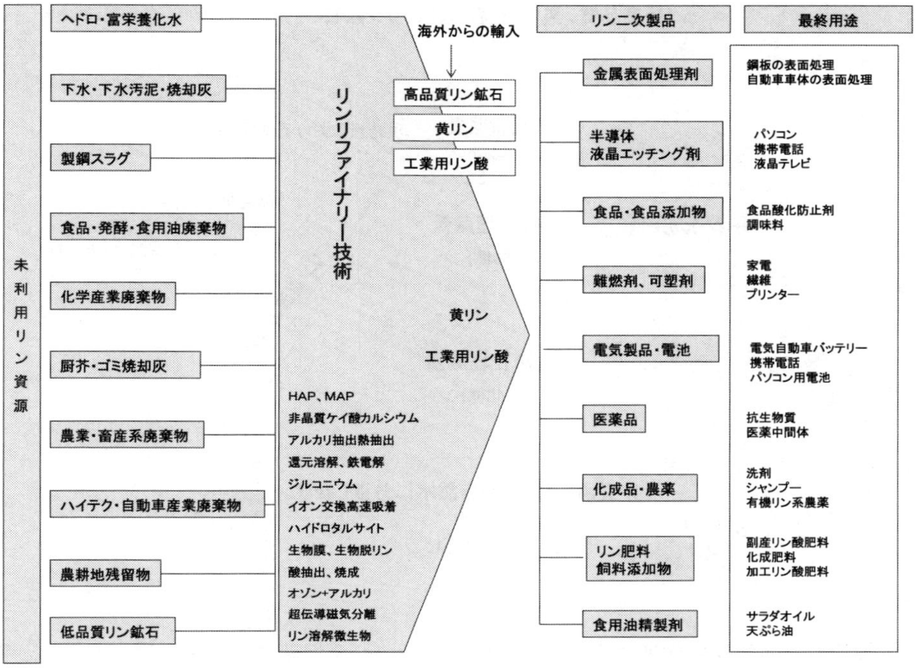

図1　リンリファイナリー技術[2)]

2　実用化におけるコスト上の制約

リンの資源問題とは，「いかにすれば，品質の良いリン資源を安く手に入れることが可能であるか」という問題である。今のところ，工業用原料としてのリンの市場価格は，レアメタルで言えばマンガン程度であり，まだそれほど高いものではない。しかし，現在のリン鉱石の市場価格でも，肥料用原料としては十分に高くなっていることに注意しなければならない。リン鉱石の価格上昇は肥料の価格を引き上げ，肥料価格の高騰は食料品の値段に跳ね返る。リン資源が安価に入手できなくなれば，世界の農業は危機にさらされ，人々に飢餓の危険が迫りかねない。リンの経済学は，高級自動車やハイテク家電などの製造原料となるレアメタルのそれとは，根本的に異なっていることを理解しなければならない。

リン資源ピラミッドという概念を図2に示す[3)]。リン資源ピラミッドの頂点には，品質が最も良く採掘コストが最も安いリン鉱石が位置している。品質の最も良いリン鉱石とは，リンの含有率が最も高く，カドミウム，ヒ素や天然放射性物質などの不純物を含まないリン鉱石のことである。リン鉱石は，市場の要請により，資源ピラミッドの頂点から採掘されるから，採掘が進めば品質は低下するが，逆に採掘コストは上昇する。リン鉱石の品質が低下すると，リン製品を製造する時に不純物を取り除くのに余計な経費が掛かるため，リン製品の販売価格はさらに上昇する。

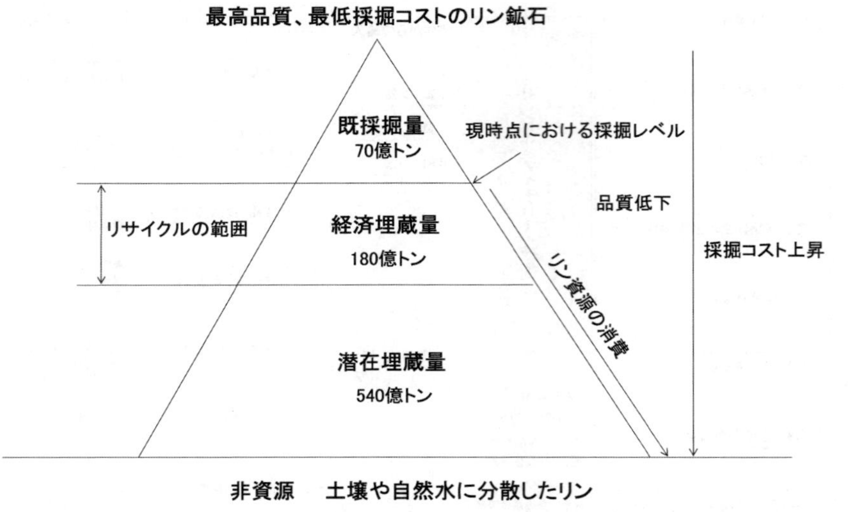

図2　リン資源ピラミッド[3)]

現在の技術レベルで採算が取れるリン鉱石の埋蔵量（経済埋蔵量と呼ぶ）は，もともと世界で約250億トンあったと言われている。しかし，この100年間でその約30％に当たる70億トン（最近25年では約33億トン）が掘り出され，残りは約180億トンと推定されている。経済埋蔵量の範囲内でも，採掘レベルは年々資源ピラミッドの下方向に移行しており，リン鉱石の平均リン含有率を見ると，1970年代には約15％あったものが1996年には約13％にまで低下している。一方，現在の技術では採算が取れないリン鉱石の埋蔵量（潜在埋蔵量と呼ぶ）は，世界で約540億トンあると言われている。潜在埋蔵量に含まれるリン鉱石の中には，カドミウムなどの有害重金属や天然放射性物質を多く含むため，掘り出しても日本国内に持ち込めないものも多く含まれている。

経済埋蔵量と潜在埋蔵量の境界レベルは，世界のリン需給に依存して上下に変動する。市場原理にしたがえば，リン資源の回収再利用が可能になるには，回収リンのコストと品質が経済埋蔵量と潜在埋蔵量の境界レベルより上になければならない。しかし，品質はともかくコストをリン鉱石の供給コスト以下に抑えることは，今後よほどリン鉱石の価格が高騰しない限り容易なことではない。一方，わが国など先進国では，湖沼や内湾など閉鎖性水域の富栄養化防止のため，排水などからのリンの除去が義務づけられており，すでにリン除去のためにコストが支払われている。排水などからの脱リン技術はほぼ確立されているが，回収再利用には回収リンの品質が重要となるため，これまでの脱リン技術が必ずしもそのまま使えるわけではない。リン資源の回収再利用の実用化に当たっては，リン鉱石の供給コストよりも，脱リンのためのコストとの比較の方が，より現実的な意味を持つ。今のところ，リン資源の回収再利用の実用化には，下水などの脱リンに掛けられているコストの範囲内で，再利用にかなう品質のリンを確保するという難題をクリアーする必要がある。

3　リン資源の回収と再利用の全体像

わが国において，リン資源の回収再利用は，どの程度の規模で可能であろうか。東北大学の松八重らによれば，１年間にわが国に持ち込まれるリンの量は，食飼料として入ってくるもの約17万トン，鉄鉱石や石炭に含まれて持ち込まれるもの約15万トン，化学工業などの工業分野へ持ち込まれるもの約26万トン，および肥料として持ち込まれるもの約14万トンの合計約72万トンある（図３）。この内，食飼料および鉄鉱石や石炭に含まれ入ってくる年間約32万トンのリンは，日本が海外からの食飼料の輸入を取り止めない限り，また製鉄という国の基幹産業を放棄しない限り，今後も国内に持ち込まれ続ける。したがって，わが国が現行レベルのリン消費を維持するためには，リン鉱石またはリン製品として，年間約40万トンを輸入する必要があるだろう[4)]。

一方，国内でリサイクルの対象となり得るリンの量は，食品廃棄物などの約５万トン，下水などに排出される約５万トン，製鋼スラグとして製鋼プロセスから出てくる約10万トンのリンだけでも，合計約20万トンになる。これらのリンの多くは，もともと海外から食飼料や鉄鉱石などとして随伴的に国内に持ち込まれたリンに由来する。もし，これらのリンが再利用可能になれば，海外からリン鉱石またはリン製品として国内に持ち込む必要のあるリン量の約50％が，国内で生み出されることになる。

現在，肥料として農地に散布されているリン量は年間約40万トンあるが，その内農作物を収穫

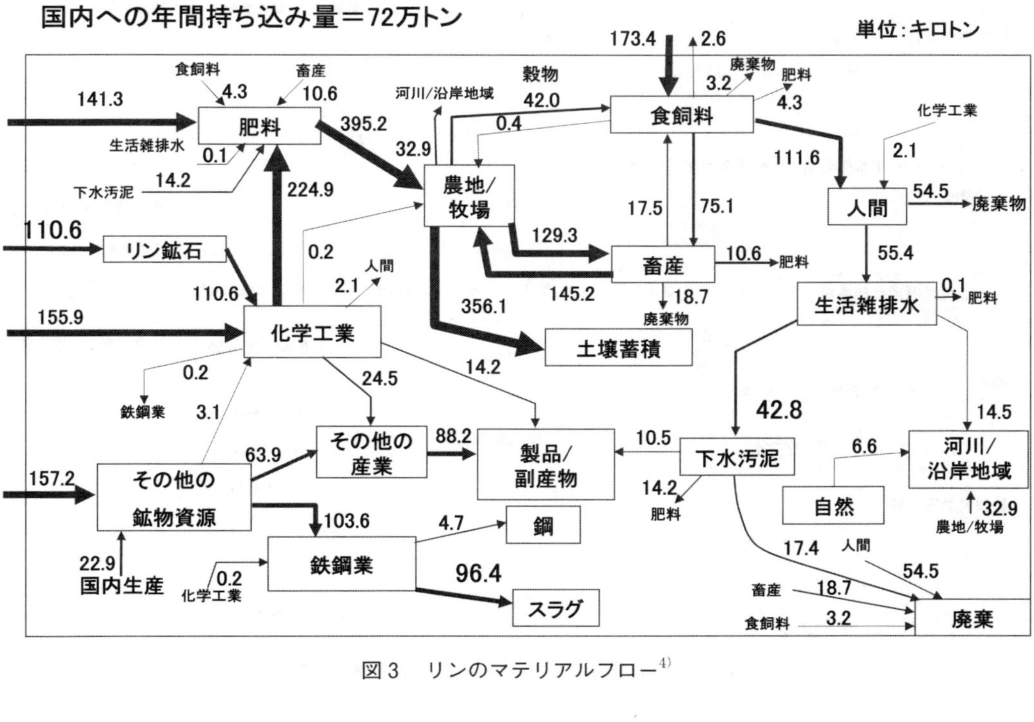

図３　リンのマテリアルフロー[4)]

することで農地から回収されるリンの量は，約10％の４万トン程度に過ぎない。この値は，食飼料の輸入に随伴して海外から持ち込まれる量の４分の１に過ぎない。わが国の農地には酸性の火山灰土壌が多く，リンが土壌に吸着されて不活性化されやすいために，農地の土壌改良の意味もあって，これまでリン肥料は多めに投入されてきた。農林水産省では，昨今のリン肥料価格の高騰に対処し，リン肥料のより効率的な使い方を指導する目的もあって，農地へのリン肥料の投入量を今後20％削減するという政策を発表している。もし，リン肥料の年間使用量を約20％削減することができれば，肥料として農地に投入されるリン量は，年間約32万トンで済むことになる。この場合，わが国がリン鉱石またはリン製品として輸入する必要のあるリン量も，約８万トン節約されて32万トンになる。農地に散布されたリンを回収して再利用することはコスト的に難しいが，工業用途に使われたリンや，製鋼スラグ，食品廃棄物および下水からのリンの回収とリサイクルが可能になれば，リン鉱石またはリン製品として直接輸入されるリン量に対して，最大約63％ものリンが国内で再生できる可能性がある。

わが国において考えられるリン資源リサイクルの全体スキームを図４に示す。わが国にある1,500を超える下水処理場では，毎年100億トンを超える都市下水を処理している。下水から除去されたリンは，活性汚泥微生物を主体とする余剰汚泥の中に集められて水処理工程から取り出さ

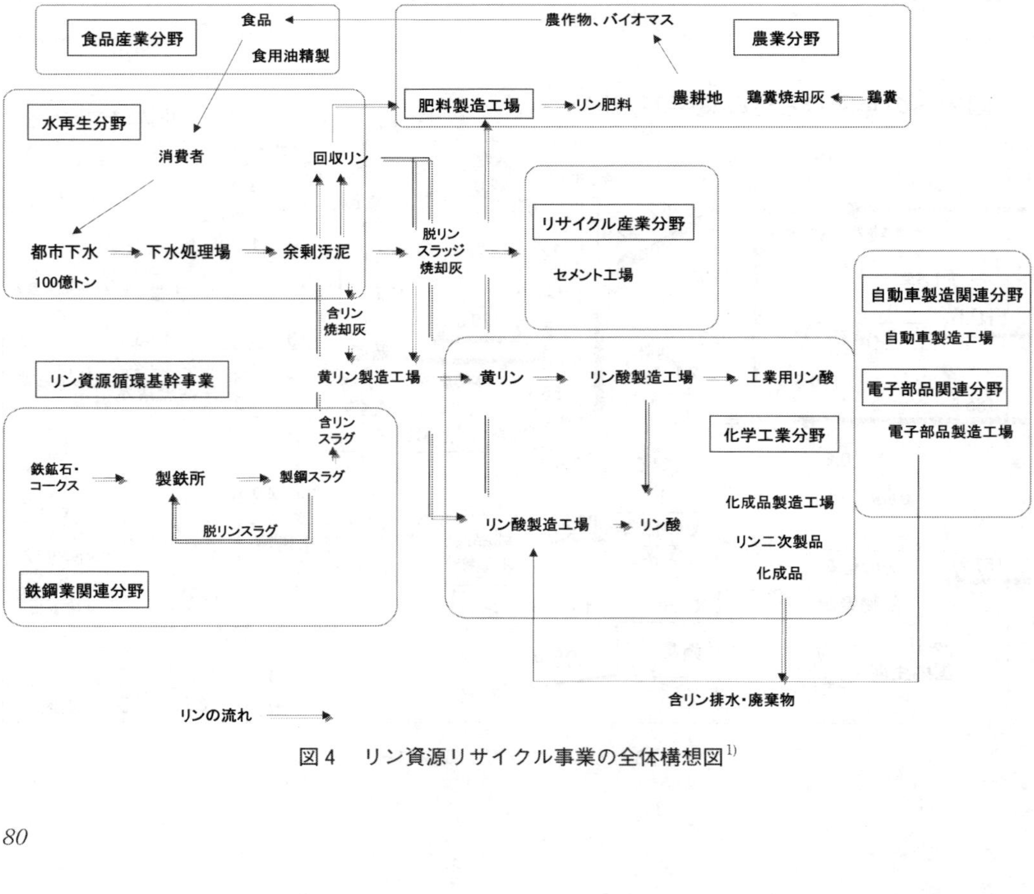

図４　リン資源リサイクル事業の全体構想図[1)]

れる。もし，余剰汚泥から効率的にリンを取り出すことができれば，回収したリンを肥料製造工場へ送るか，工業用リン酸の原料としてリン酸製造工場へ送ることができる。肥料製造工場で生産されたリン肥料は，農地にまかれ農作物の生産に利用される。農作物の一部は食品となり人間に消費されて，再び都市下水となってリサイクルの流れに入ってくる。

一方，余剰汚泥の焼却灰は，適度にリンとケイ酸を含んでいて，黄リン製造のための良い原料になる。黄リンから製造されたリン酸は，自動車産業，電子部品産業や化学産業などにおいて，工業用原料として広く利用される。これらの工業プロセスから出る含リン廃棄物もまた，黄リン製造の原料として再利用すべきである。残念なことに，わが国には黄リン製造プラントが，１つも存在していない。少なくとも，半導体や液晶製造などのハイテク産業においては，黄リン製造によるリンのリサイクルシステムを早期に確立すべきである。一方，リンがセメント原料に多く含まれると，セメントが固まりにくくなって，コンクリート建造物の強度に問題が生じる。したがって，余剰汚泥やその焼却灰は，リンを取り除いた後に，セメント工場へ送って利用する方が安全である。また，製鉄所で副産物として生産される製鋼スラグには，リンが重量比約２～３％まで濃縮されている。製鋼スラグは細かく砕かれ，リンを多く含む部分はリン肥料の原料として再利用できる。リンを含まない部分は，製鉄原料として再び製鋼工程へ戻すことができる。その他，化学，食品，発酵，食用油製造などの各産業分野からも，リンを含んだ廃水または廃棄物が出ている。これらのリン含有廃棄物からリンを抽出し再利用する技術の開発が待たれる。

4　下水からのリン資源回収と再利用

下水道は，リン資源の回収再利用の実用化において，最も期待されている分野である。下水処理場においては，活性汚泥微生物により有機性排水の処理が行われ，同時にリンも除去されて余剰汚泥中に濃縮されている。下水処理場がある限り，下水からのリン回収には新たな施設の建設を必要としない。下水処理場の余剰汚泥にはリンが乾燥重量当たり約２～３％含まれており，しかも纏まって毎日得られることも重要である。

リン回収と再利用において重要なことは，回収リンの品質，コストおよび市場である。たとえ効率良く脱リンできても，回収リンの品質が再利用に適さなければ，引き取り手がないまま廃棄物になりかねない。また，回収コストが現行の脱リンコストを上回る場合は，リン回収がビジネスとして成り立たない。現在のところ，最もコストが掛からない方法は，嫌気性汚泥消化脱離液に非晶質ケイ酸カルシウムを投入し，回収物をそのまま副産リン酸肥料として利用することであろう[5)]。本技術は，非晶質ケイ酸カルシウムをリン吸着材として使用する点で，従来のトバモライトなどのケイ酸カルシウムを種晶とするヒドロキシアパタイト（HAP）晶析法や，リン酸マグネシウムアンモニウム（MAP）晶析法とは異なっており，結晶を成長させるための装置と操作が不要である。また，非晶質ケイ酸カルシウムに吸着したリンを脱着する必要がなく脱水性も良いから，そのまま乾燥して副産リン酸質肥料とすることができる。非晶質ケイ酸カルシウムは沈降性も良いから，リン吸着剤として投入後に沈殿物を抜き取るだけで良いので，大がかりなリン回収装置を必要としない。現在，小野田化学工業㈱と太平洋セメント㈱が共同して，中国地方の下水処理場で実用化試験を実施している。

リン資源の回収コストをさらに低減するためには，リン回収がもたらす副次的効果をうまく利用する必要がある。例えば，リン回収を行えば，嫌気性消化汚泥槽や汚泥輸送配管などの閉塞障害や汚泥焼却炉の損傷などを低減できる可能性がある。静脈産業への波及効果も重要である。セメント製造プロセスでは，可燃性廃棄物である有機汚泥をセメント原料の一部として受け入れている。また，下水処理場で余剰汚泥を焼却処分した後の焼却灰や火力発電所などから出る石炭灰なども，セメント原料の一部として受け入れている。セメント製造はわが国における重要な静脈産業の１つであるが，前述のようにセメント製造においてリンは最も有害な不純物の１つである。公共事業削減のあおりを受けセメントの需要が減る一方で，可燃性廃棄物の受け入れ量は減っておらず，結果としてセメント原料に占める可燃性廃棄物の割合が増加している。可燃性有機物の中でも量の多い下水汚泥はリンを多く含んでおり，そのまま受け入れるとセメントのリン含有率が上がってしまう。同様に，炭化汚泥などのバイオマス燃料を火力発電所などで使用した場合にも，焼却灰にリンが多く含まれるとセメント原料として引き取ってもらえず，焼却灰の行き場がなくなる。下水汚泥からリンを引き抜くことは，セメント製造のような静脈産業においても，大きなメリットが期待できる。

5　実用化の課題

リン資源の回収再利用は，技術的に実現性が高く，大きな社会的貢献も期待できる事業分野である。しかし，リン資源の回収と再利用には様々な産業・社会分野が関係しており，産学官が一体となって取組むことが求められる。特に次のような課題については，戦略的かつ総合的に取組んで行くことが必要である。

① 都市下水などに年間約５万トンのリンが排出されている。都市下水やし尿などに含まれるリンを資源として回収する事業を，全国的規模で推進する必要がある。そのためには経済的動機付けもさることながら，国がリン資源回収事業の社会的意義を喧伝するとともに，リン回収に取組む自治体や事業者を積極的に支援する必要がある。

② 回収されたリンは再利用されて初めて価値を生む。しかし，品質によってはせっかく回収しても，再利用できないことがある。事業者間でよく意見交換をして，再利用の目的に適う回収技術と回収リンの品質に合わせた利用技術を開発する必要がある。

③ リン資源を無駄なく利用するため，省リン技術の開発に取組む必要がある。農業分野においては，肥料リンの利用効率を高めるとともに，過剰なリン肥料の施用を避ける必要がある。工業分野においても，原料リンの利用効率を高めるとともに，代替物利用の可能性についても検討する必要がある。

④　年間約10万トンのリンが製鋼スラグとして排出されている。製鋼スラグからリンを分離し回収する技術を開発する必要がある。製鋼スラグからリンを除去できれば，脱リンした製鋼スラグを製鋼工程に戻すことも期待できる。

⑤　化学工業分野に流れ込むリン量は年間約30万トンある。その大半はリン肥料の原料として使われるが，約５万トンは工業用原料として使われている。化学工業プロセスなどで排出される含リン廃棄物から，リンを資源として回収できる技術を開発する必要がある。これらの廃棄物は，比較的高濃度のリンを含み収集もしやすいと考えられるが，詳しいことはほとんど明らかにされていない。

⑥　画期的な工業用リン酸および黄リン製造技術を開発する必要がある。湿式法による工業用リン酸製造プロセスは，高品質のリン鉱石が豊富に入手できた時代に開発されて以降，あまり大きな改良がなされていない。このため，品質が低下したリン鉱石や代替原料として回収リンを使用することに，うまく対応できない。また，工業用に需要が多い黄リンについては，国内での生産が全く行われておらず，工業用原料としての重要性を考えれば，少なくとも国内に１つ黄リン製造プラントを建設する必要がある。

6　おわりに

地球規模でのリン資源の確保と管理は，持続可能な循環型社会の実現に関わる大問題であり，すでに問題解決のための国際的取組みも始まっている[6)]。しかし，わが国はこの国際的枠組みつくりに政府レベルで対応できていないばかりか，国民が必要とするリン資源を長期的かつ安定的に確保するための戦略も持ちえていない。今後わが国が，迫り来るリン資源枯渇の危機に立ち向かうためには，リンを回収再利用するためのリンリファイナリー技術の開発が重要である。今こそ，国や民間企業にリンリファイナリー技術の開発研究に積極的な投資をするよう促したい。

文　　献

1)　大竹久夫ほか，リン資源枯渇危機とはなにか，大阪大学出版会（2011）
2)　大竹久夫，化学，**66**(3)，19（2011）
3)　大竹久夫，環境バイオテクノロジー学会誌，**10**(2)，71（2010）
4)　松八重一代ほか，社会技術研究論文集，**5**，106（2008）
5)　小野田化学工業㈱，特開2009-285635
6)　CEEP Scope NewsLetter，No.80（2011）

第10章　好気的汚泥減量プロセス

西村総介*

1　汚泥減量のニーズ

微生物を利用した排水処理法は，処理の安定性が確立されたものが多く，薬剤や加熱触媒を用いる物理化学的処理法よりも運転コストが安いため，国内外の下水処理や工場排水処理に広く用いられている。一方で，排水有機成分の分解過程で発生する余剰菌体を汚泥として引き抜く必要があるため，その処分コストの低減が開発課題となる。

環境省資料[1)]から，全国の産業廃棄物の排出量の推移を抜粋して図１に示した。産業廃棄物の総排出量は年間約４億トンであり，ここ20年来大きな変化は見られていない。排出された産業廃棄物のうち，再生利用または減量化された廃棄物量は平成12年に「循環型社会形成推進基本法」

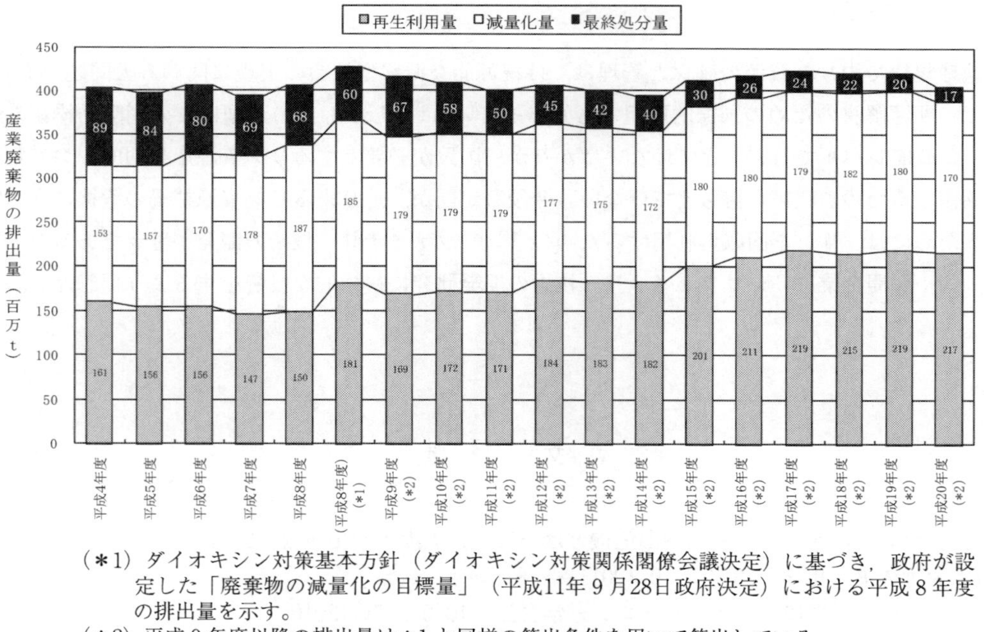

（＊1）ダイオキシン対策基本方針（ダイオキシン対策関係閣僚会議決定）に基づき，政府が設定した「廃棄物の減量化の目標量」（平成11年９月28日政府決定）における平成８年度の排出量を示す。
（＊2）平成９年度以降の排出量は＊1と同様の算出条件を用いて算出している。

図１　産業廃棄物総排出量の推移[1)]

＊　Sosuke Nishimura　栗田工業㈱　プラント事業本部　技術一部　技術一課　課長

が施行されて以来増加し，最終処分量の減少傾向が続いている。

産業廃棄物の内訳は，汚泥が1億76百万トンで最も多く，その約4割を占めている。汚泥の発生源を産業別に見ると，下水道業が7,700万トン，製造業が6,700万トン，鉱業が1,300万トンなどとなっている。

汚泥の再生利用および減量化の実態については，下水汚泥に関して日本下水道協会の試算が公表されており[2)]，嫌気性消化・焼却・溶解・炭化による減量が63%，コンポスト化による減量が5%であり，残りの32%である71万トン（ただし乾燥重量，平成20年度）が，最終処分されている。

製造業においても下水汚泥と同様の汚泥減量が期待されるところであるが，個別の事業所に対して嫌気性消化・焼却・溶解・炭化などの設備を導入することは規模の面から割高になると考えられ，コスト面で現実的となる汚泥減量技術の開発が望まれている。

2　汚泥の分解・消滅技術の原理と活用する微生物

本節では，主に製造業から発生する有機汚泥に適用するための，汚泥の分解・消滅技術について述べる。本技術の汚泥処理技術全体に対する位置づけを，図2に示した。汚泥の分解・消滅技術は，食物連鎖法，汚泥消化法，可溶化返送法に分類できると考えられ，それぞれについて以下に解説を行った。

2.1　食物連鎖法

食物連鎖法は，汚泥を構成する細菌類を捕食する，より高次な微生物（原生動物など）の活動を促進することにより，排水処理システム全体から発生する汚泥量を低減する方法である。この

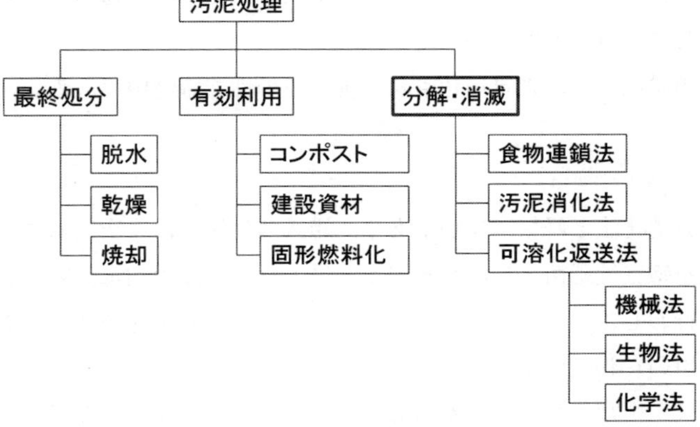

図2　汚泥処理技術の分類例

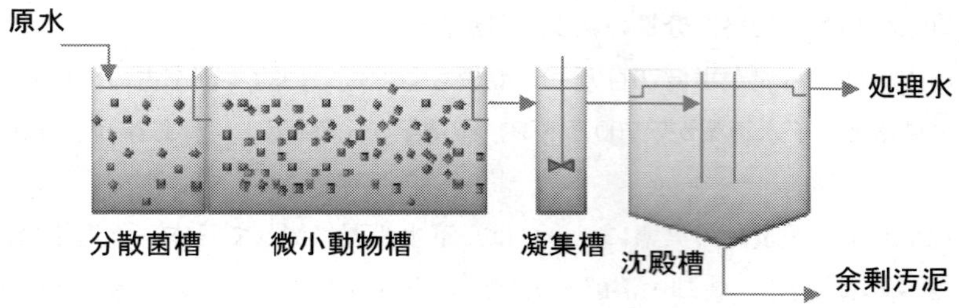

図３　食物連鎖法の処理フロー[4)]

方法による汚泥減量率は50％程度とされており，後述する可溶化返送法ほど高くはないが，省エネルギーな方法であり，かつ複雑な設備を必要としない利点がある。また，曝気槽に過剰な汚泥分解の負担をかけないため，曝気槽容量の不足や空気量の不足，処理水の濁度上昇などの悪影響が出にくい方法である。

従来から知られていた食物連鎖法では，前段に高負荷の分散菌槽を用い，後段にフロック性の活性汚泥を維持して，そのフロックの中に，細菌類を捕食する微小動物を生息させて汚泥減量を行わせていた。微小動物は汚泥フロックと共に沈殿槽に移送され，沈殿槽から微小動物槽に汚泥返送することで，微小動物の個体数を維持していた[3)]。しかしそのような方法では，排水負荷量や温度などの運転条件の変動によって，分散菌や微小動物の流失を起こすことがあり，汚泥減量性能を安定して維持することが難しかった。このため藤島ら[4)]は，分散菌槽と微小動物槽のそれぞれに，分散菌と微小動物を安定して維持するための担体を投入することを考案し，連続通水試験でその効果を実証した。図３に，担体を利用した食物連鎖法の処理フローを示した。担体を投入することによって微小動物槽にヒルガタワムシ，ツリガネムシなどの，分散菌を吸い取って食べるタイプ（ろ過捕食型）の原生動物を安定して維持することが可能となった。また，従来の担体のない食物連鎖法の弱点の１つが，ハオリワムシなどの，フロック性活性汚泥をかじるように捕食するタイプの大量発生であったことも明らかになった。このタイプの原生動物は，微小動物槽のMLSS濃度を低下させ，処理水の悪化を招き，結果として微小動物自身も絶滅するなどの不安定な挙動を繰り返していたことがわかった。

担体添加式食物連鎖法は，すでに実用化され，実装置の性能確認中である。

2.2　汚泥消化法

汚泥消化法には嫌気消化法と好気消化法があり，嫌気消化法とは，空気に触れない嫌気的な環境において余剰汚泥を嫌気性細菌と接触させることにより，汚泥の加水分解，有機酸生成，メタン発酵までの反応を行わせるプロセスである。嫌気消化法は下水汚泥の減量およびエネルギー回収技術として，広く用いられている。

一方，好気消化法は，余剰汚泥を数日から数週間かけて曝気しながら自己消化を促進させる方法，または，消化槽を50～70℃程度の高温に保ち，熱の作用で余剰汚泥を死滅させ，死滅した菌体を，高温に適応した細菌により分解させる方法であり，嫌気消化法よりも高負荷での運転が可能である。汚泥分解の酸化熱を利用して高温を保てるように設計するのがよいとされ，そのような方式をATAD法（Autothermal Thermophilic Aerobic Sludge Digestion）[5]と呼ぶ。ATAD法は，欧米で100件程度の実績がある。ただし臭気処理などの課題があり，汚泥減量率も50%程度に留まるので，今後の普及は限定的と考えられていた。

ATAD法に関する新技術として，好気消化汚泥をオゾン処理して循環させる方法がある。この方法では，汚泥減量率を高められるので，臭気処理設備やオゾン処理のコストを勘案しても経済メリットが出るケースが出ている。その実施例については後述する。

2.3　可溶化返送法

可溶化返送法は，生物反応槽から引き抜いた汚泥をさまざまな方法で可溶化し，これを生物反応槽に戻して分解させる方法である。その原理を表す処理フローを，図4に示した。

汚泥の改質工程（可溶化手段）としては，加熱処理[6]，ミル破砕[7]，超音波[8]，高速回転ディスク[9]などの機械的手段によるもの，高温細菌が生成する酵素の利用[10]などの生物的手段によるもの，酸・アルカリ[11]，オゾンガス[12]や液状酸化剤[13]などの化学的手段を用いるものが知られている。

本法による汚泥減量率は，可溶化による改質度と，改質工程に供する汚泥量で決まる。汚泥の改質度を理想的に100%，すなわち，可溶化によって汚泥の100%が易分解性に改質できると仮定し，改質汚泥の生物分解時に再発生する余剰汚泥分も加味して改質処理量を多く設定すれば，外部に排出する余剰汚泥はゼロとなり，汚泥減量率100%が達成される[12]。しかし実際には改質度は改質手段によって異なり，汚泥減量率は60～100%となる。また，本方式では曝気槽が排水処理槽と汚泥分解槽を兼ねるため，曝気槽容積や曝気用の酸素供給量が不足しないように配慮が必要で

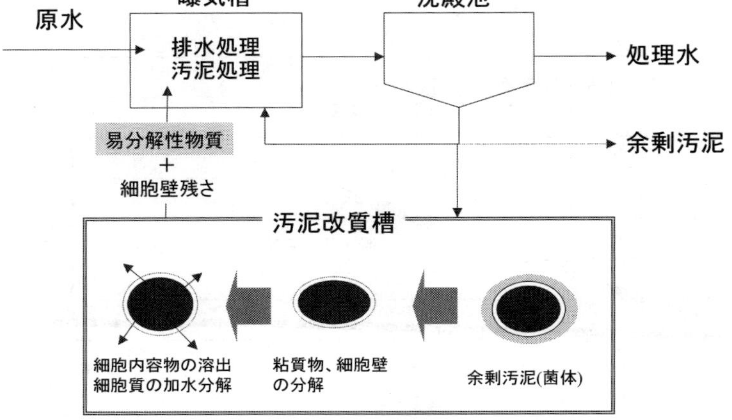

図4　可溶化返送法の処理フロー

ある。

可溶化返送法の実装置への適用実績は，国内で100件程度と推定される[13,14]。

3 適用事例

3.1 メタノール脱窒工程から発生する余剰汚泥の減量事例（オゾン法）

可溶化返送法の1つであるオゾン法の適用事例を紹介する[14]。本設備はステンレス焼鈍工程から出る硝酸性窒素含有排水を，生物脱窒法で処理するものである。処理フローは図4に示したものと同等であり，汚泥改質手段としてオゾンを用いた。

脱窒用有機源であるメタノールから菌体合成されて発生する汚泥量は1,300 kgDS/dと想定された。これは含水率85％の脱水ケーキに換算すると，約9 ton/dに相当し，これが汚泥減量の対象となる。設備仕様に関するデータを表1に示した。

設備稼働後，11年間の実際の余剰汚泥発生量を，原水窒素負荷実績から換算される潜在的な汚泥発生量と対比させて図5に示した。11年間の運転で，10,700トンの脱水ケーキに相当する汚泥

表1 オゾン法を用いた汚泥減量装置の設計仕様

排水種	硝酸塩含有廃水
排水量	9,260 m^3/d
原水窒素濃度	平均260 mgN/L
脱窒用有機源	メタノール
余剰汚泥発生想定値（オゾンなしの場合）	1,300 kgDS/d
生物槽容量（脱窒槽＋再曝気槽）	2,450 m^3
処理水窒素濃度	10 mg/L以下
オゾン使用量	3 kg/hr

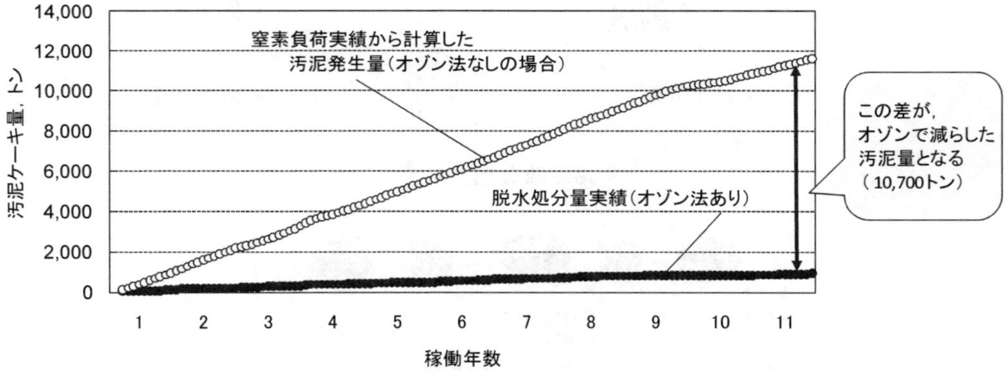

図5 汚泥減量の積算データ

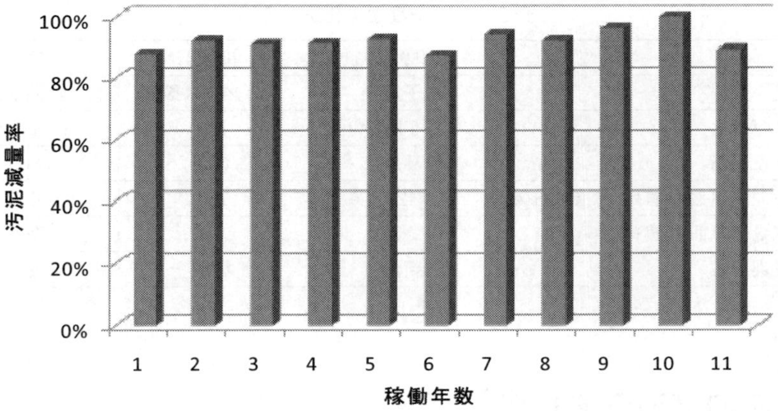

図６　年次ごとの汚泥減量率の推移

を減量することができている。

次に，年次ごとの汚泥減量率を計算して図６に示した。汚泥の脱水処分量はわずかであり，汚泥減量率は，87～100％であった。１年間全く引き抜き処分を行わず減量率が100％となった年もあった。なお，汚泥の引き抜きは系内汚泥保持量が管理値を超えた場合に行われ，このような汚泥保持量の上昇原因は，原水負荷の急上昇や，長期にわたる運転によりオゾンで可溶化できない難分解成分が蓄積した場合と考えられた。無機成分の系内への蓄積は，観察されなかった。

3.2　食品加工工場から発生する余剰汚泥の減量事例（オゾン高温消化法）[15]

既設の排水処理設備にオゾン法などの可溶化返送法を適用する場合，曝気槽の容量が不足する場合があった。このため，汚泥分解専用の高温消化槽を別途設けることを検討した。ここではこれをオゾン高温消化法と呼ぶ。試験に基づく試算の結果，小型の高温消化槽を増設するだけで高負荷処理が可能であり，高温消化との併用効果でオゾンの使用量も低減できることがわかったため，経済的に有利と考えられた。また，排水処理の曝気槽に可溶化した汚泥を戻さないため，処理水への悪影響も小さいことがわかった。

オゾン高温消化法の適用事例を，表２に示した。１件は既設設備からの余剰汚泥を処理するものであり，２件は新設の排水処理設備の一部として建設された事例である。いずれのケースも，排水処理用の曝気槽容量は1,000～2,000 m^3クラスであり，その10％程度の容量を持つ高温消化槽を追加することで，70％以上の汚泥減量率を得ることができている。

表２に示したオゾン高温消化法実績のうち，食品加工工場に納入した設備についてさらに詳しく紹介する。

本設備は，既設の活性汚泥処理設備から排出される余剰汚泥の減量を目的として設置された。その装置構成を，図７に示した。

余剰汚泥は，遠心分離機によって連続的に５％程度に濃縮され，高温消化槽に投入される。投

表2　オゾン高温消化法の実績

		事例1	事例2	事例3
適用先		電子産業	ステンレス製造	食品加工
消化槽容量	m^3	140	130	170
オゾン使用量	g/hr	900	600	800
投入汚泥量（設計値）	kgDS/d	420	280	460
汚泥減量率（設計値）	%	＞70	＞70	＞75
排水処理設備	−	新設	新設	既設

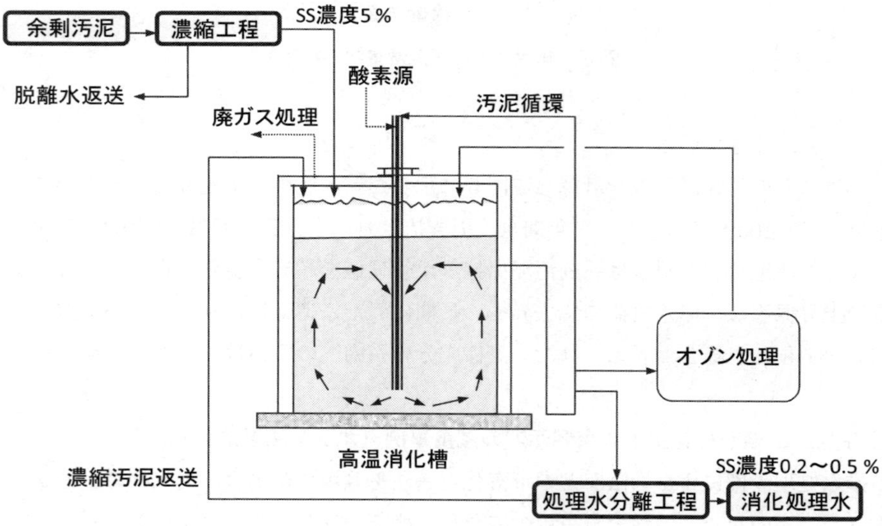

図7　オゾン高温消化法の装置構成

入汚泥の濃縮により，汚泥分解熱による効率的な消化槽の温度維持と，消化処理水発生量の削減を図ることができる。消化槽は50～70℃に維持され，*Bacillus thermosphaerius*などの好熱菌の優勢が確認された。消化槽の曝気は，エゼクタ方式の酸素曝気とし，酸素発生器は，オゾン生成用と曝気用を兼用させた。

消化槽汚泥の一定量を引き抜き，オゾンによる改質処理後，消化槽に戻した。オゾンの使用量は，対SSの2～5％が適当であった。

消化槽から引き抜いた消化汚泥は，処理水分離工程において再び遠心分離機を使用して，分離水を消化処理水として排出した。消化処理水のSS濃度は0.2～0.5％の範囲であった。

処理水分離工程で濃縮分離された消化汚泥は消化槽に返送し，結果として汚泥固形分の滞留時間（SRT）は，30～60日間に維持された。消化槽内のMLSS濃度は，10,000～20,000 mg/Lで1

年以上安定していた。

発生した消化処理水を下水道への放流水に混和することで，放流基準を満たしつつ，実質汚泥ゼロの運転が可能であった。

4　将来展望

汚泥減量技術は，国土の狭い日本独特の技術として発達してきた面がある。しかし今後は，東アジアなど新興国の工業化に伴い，海外での適用事例が増加する可能性がある。広い国土を有する国であっても環境保全への意識の高まりは強く，逆に広いがゆえに廃棄物投棄の実態を掌握しきれないリスクが危惧されており，発生源での処理処分が義務付けられる傾向が感じられる。

次に，リサイクル技術への進展が望まれる。本章にて紹介した汚泥減量法は，いずれも外部からのエネルギーや薬品を用いて汚泥を消滅させ，工場運営の経費削減と，廃棄物処分場などの社会資源の延命を図るものである。その範囲内では，エネルギー消費の少ない食物連鎖法が，トータルの環境保全の観点から好ましいと思われ，今後の普及が期待される。しかしさらに将来は，汚泥を資源と捉え，肥料，飼料，エネルギー源にリサイクルできる技術の研究と実用化が望まれる。

文　　献

1)　H22年度環境省資料，http://www.env.go.jp/recycle/waste/sangyo.html
2)　日本下水道協会，http://www.jswa.jp/data-room/data.html#article2
3)　N. M. Lee, *Water Research*, **30**(8), 1781 (1996)
4)　藤島繁樹，環境技術，**36**(5)，352 (2007)
5)　USEPA document, EPA/625/10-90/007 (1990)
6)　R. T. Haug *et al.*, *Journal of WPCF*, **55**, 23 (1983)
7)　名和慶東，環境技術，**28**(8)，562 (1999)
8)　安藤卓也ほか，第36回日本水環境学会年会講演集，p.512 (2002)
9)　今井剛ほか，土木学会論文集，Vol.63，No.4，p.351 (2007)
10)　塩田憲明ほか，環境技術，**28**(8)，532 (1999)
11)　V. Aravinthan *et al.*, *Environ. Eng. Res.*, **35**, 189 (1998)
12)　安井英斉，環境工学研究論文集，Vol.33，p.19 (1996)
13)　平田正一，分離技術，**32**(1)，25 (2002)
14)　S. Nishimura *et al.*, IWA Publishing, ISBN 1 84339 508 8, 253 (2004)
15)　S. Nishimura *et al.*, Proceedings, IWA-ASPIRE Conference (2011)

第11章　総論

多川　正*[1]，原田秀樹*[2]

1　嫌気性微生物を利用した環境保全技術

広義に定義づけすれば，生物学的な環境保全技術はすべて，一次生産者が太陽エネルギーを利用して合成した各種の有機物を分解者がもう一度無機化し，自然界へ戻すといった，微生物の自然浄化作用を利用したものである。また，この自然浄化に関与する分解者の微生物は数十～数億年前から活動している微生物を利用しており，特別な微生物や特別な機能を利用しているものではない。人間の生産活動が現在よりも小規模であった前時代は，河川を例に挙げると，河川が持つ自然浄化作用のみでも十分に有機物を酸化，無機化する能力があったが，その能力も限界があるため，現在では水質汚濁防止法により食品工場などより排出される排水には，排水量と有機物濃度（主にBOD_5），すなわち有機物汚濁負荷量が厳しく制限されている。

現在，下水道における汚水処理や有機性廃水の処理に最も広く利用されている好気性活性汚泥処理プロセスは，ロンドンなどの西欧都市において，19世紀末の産業革命にて急速に人口が増えたことによって発生した水質汚濁の酷さから発明された背景がある。標準的な活性汚泥処理プロセスは，微生物による酸化分解によって消費される酸素を大量に供給するための曝気装置を付加させた曝気槽と，槽内の微生物濃度を高く保ち処理速度を上げるための沈殿槽と返送汚泥系から構成されている。曝気槽内の汚泥（微生物）濃度は数千mg/L程度であるが，河川などの自然環境の微生物濃度に比較すれば100倍以上となっているため，処理（浄化）速度は自然浄化作用よりも速い。

この好気性処理プロセスにおける廃水の浄化は，好気性微生物がエネルギーを獲得し，増殖を目的に廃水中の有機物を分解するが，通常の条件の場合は有機物成分を酸化分解し，この時に生成するエネルギーを利用して微生物の菌体として合成する。換言すれば100 kgの有機物を投入すれば，その約50％は菌体に合成され，余剰汚泥として処分（一般的には脱水，埋立て，焼却）する必要があり，その処分費用は年々上昇傾向にある。また，処理すべき負荷量に見合う量の酸素を常に供給する装置が必要であり，その装置の電力代が廃水処理設備全体のランニングコストの大部分を占めている。

一方，その対極である嫌気性廃水処理プロセスは，有機物は酸素のない条件にて異なる栄養段階にある微生物種間での水素（すなわち電子）のやりとりの連携プレーによる逐次反応で分解（無

＊1　Tadashi Tagawa　香川高等専門学校　建設環境工学科　准教授
＊2　Hideki Harada　東北大学　大学院工学研究科　土木工学専攻　教授

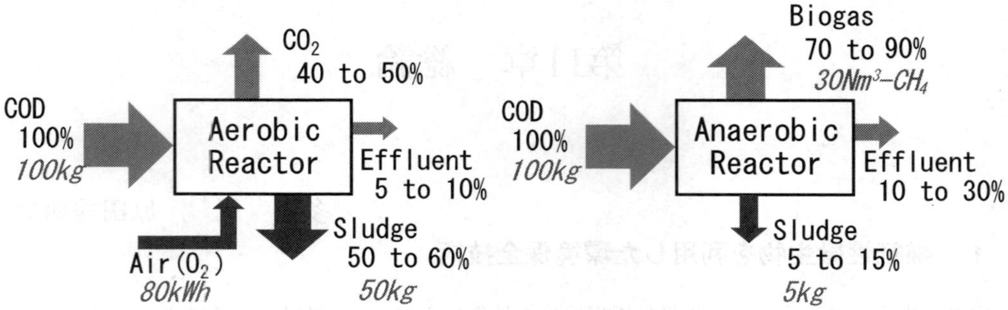

図1　好気性および嫌気性処理における有機物分解[1)]

機化）を行い，最終的にメタンと炭酸ガスや硫化水素および若干の菌体に転換される。嫌気性処理の特徴としては好気性処理と比較して，酸素の供給が不要（＝電気エネルギー・化石エネルギー消費量が少ない），余剰汚泥発生量が少ない（除去有機物量の１～５％，好気性処理の1/10程度，換言すれば，増殖速度が非常に遅いという側面も有している），メタンガスエネルギーが回収できる（概ね，100 kgの有機物が90％嫌気条件下にて除去された場合，30 Nm^3前後のメタンガスが回収される計算になる。1 Nm^3のメタンガス＝ 8,550 kcal, A重油換算では約0.99 L/Nm^3-メタンガス）などの利点があり，現在は省エネルギーのみならず創エネルギーの目的からもこれまでの海洋投棄や産業廃棄物などの処分から嫌気処理を導入するなど，環境保全を重視した社会的要請にマッチした処理プロセスで注目をあびている。

特に日本国内の製造業における現状は，BRICsなどの新興国に人件費，製造コストの面において厳しい競争を強いられているに加え，資源を持たないため，動脈・静脈産業ともに多くの難問を抱え，大変な転換期にさしかかっている。一例を挙げると，2004年度の原油価格が年平均約40$/Bであったのに対し，2011年度は常時100$/B以上と，わずか７年間で2.5倍も上昇した原油価格の高騰による生産コストの上昇に伴い，廃水処理に対しては省エネルギーかつ産業廃棄物を出さない循環型社会への転換が必要不可欠である。また，2008年４月からの京都議定書第１次約束期間の開始に伴い，廃水処理に対しても二酸化炭素排出量の削減を達成可能な，低炭素社会の実現を目指した地球環境に配慮した処理への転換が必要である。加えて，東日本大震災の被災により，潤沢に電気が利用できると考えられていた日本においても，今後はいっそう，節電などの省エネルギーがさらに求められることは容易に想像でき，有機性の廃水・廃棄物の嫌気性処理技術の重要性が再認識されている。

2　嫌気性処理方式と処理対象廃水種

このように高いメリットを有する嫌気性処理プロセスではあったが，ほんの40年前までの嫌気性処理と言えば好気性処理―余剰汚泥の減量化や屎尿処理に実用化されていた程度であるのが実

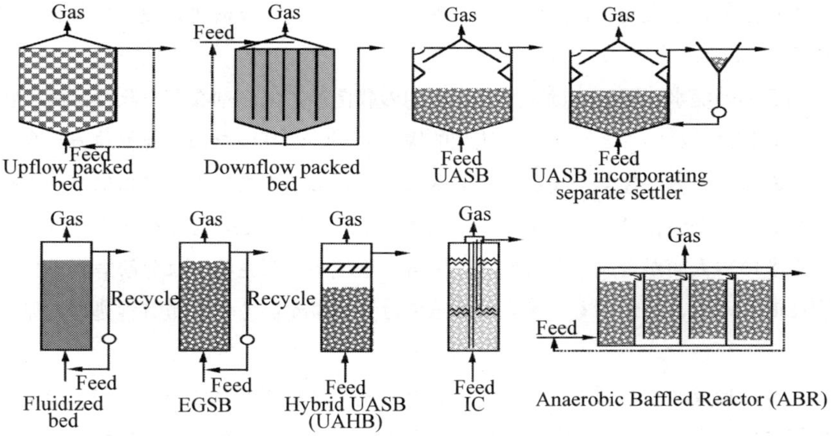

図２　嫌気性バイオマス固定型リアクターの形式[2)]

情であった。しかしながら，近年は増殖の遅い嫌気性微生物を効率よく反応器に保持し，かつ微生物と廃水との接触効率を高めることが可能な様々なタイプの微生物固定型嫌気性廃水処理装置の開発により，この20～30年で一気に普及した経緯がある。現在，ビール製造工場などのアグロインダストリー系の廃水においては比類なき導入実績と処理パフォーマンスを誇るUASB（Upflow Anaerobic Sludge Blanket）法をはじめ，化学系廃水に多く採用されている固定床方式（Anaerobic Filter）法に始まり，より高効率で，より高速な処理を目的とした，膨張床方式（Expanded Granular Sludge Bed：EGSB）や内部循環方式（Internal Circulation：IC）といった，いわゆる高効率・高負荷型が最近急速に導入実績を伸ばしている状況である。

嫌気性廃水処理装置の適応は，その廃水性状や嫌気性分解性により，それぞれ特徴のある反応器の中から最適なプロセスを選定する必要があるが，現在の有機性廃水処理設備のニーズとしては，少ない敷地面積で，高グレードの処理水が要求されるため，単位反応器当たりに保持する微生物量の多いUASB法やEGSB法などの適応が多い。

また，最近の製造業からの要望として，油分や脂肪，高浮遊物質などの含まれた廃水への適応や，嫌気性微生物の活性の保持の重要な因子である加温エネルギー，中和剤の削減も挙げられる。これらのユーザーへの対応として，高効率のセットラー（３相分離装置）を有したEGSBやIC方式を採用し，処理水の循環による熱エネルギーとアルカリ度を最大限に回収しながら，処理水の大部分を原廃水の希釈に用いることで脂肪，浮遊物質濃度を低減させ，概ね４m/h以上の高い液線流速（Lv）にてグラニュール汚泥ベッド部に廃水を通過させる（汚泥と廃水との接触効率の向上）ことにより，高い処理性能が発揮されている[3)]。

このUASB法やEGSB法の成功の鍵を握るものは，廃水の分解に関与する微生物が微生物自身の持つ凝集・集塊機能を利用して直径１～４mm程度の集塊体（グラニュール）を形成，保持できるかに集約され，グラニュールの形成に成功した場合には，高い微生物保持量（活性汚泥の10

倍以上の微生物濃度）を実現でき，好気性処理と比較して高い有機物処理負荷量を許容することが可能である。

通常，食品工場の廃水に関しては，プロセス内の殺菌剤，洗浄剤などを除けば微生物に対して毒性を有する成分は少ないこと，また，比較的嫌気分解性が高いため，運転負荷を高く設定することが可能である。一方，化学工場などの廃水は，プロセスの特徴上，廃水はバッチ排出，有機物濃度は上限なし，かつ化学反応により（微生物の生存環境以上の温度や圧力条件にて作業が行われることも多い）人間が合成した有機物の場合，環境中の微生物では分解酵素を持っていないなどの問題に直面することが多く，場合によっては負荷量が高くとも嫌気性処理を見送る場合もある[4)]。

グラニュールの形成メカニズムについてはまだ完全には解明されていないが，嫌気性微生物自身の持つ機能に依存するため，微生物に対して阻害/毒性をおよぼす物質の流入や栄養塩類不足，温度，酸生成していない高濃度の糖成分やSS成分の反応器内への流入はグラニュールの流出・崩壊を招き，プロセスの長期間の安定性を欠く原因となりうる。

これまでのグラニュール汚泥の評価方法は沈降性や粒径といった物理化学的性状，メタン転換速度などに代表される生態学的性状，実体顕微鏡や電子顕微鏡といった形態学的観察などであり，グラニュール内部にて，“（微生物の）誰が？ どの程度存在している？ どこで？ 何をしている？”といった重要な情報については，モデルなどからの推察でしか知ることはできず，また嫌気性処理の検討に多大な時間を要した。

しかしながら，近年の微生物遺伝子情報データの蓄積より，グラニュール内部にて，上記の疑問に科学的な理解（中身の把握：Contents Science）から回答できる様々な分子生物学的解析ツールが開発されてきており，より合理的な嫌気性処理プロセスの設計，運転管理手法の確立に拍車がかかっている。

例えば，グラニュール形成メカニズムの解明や，バルキング原因糸状性細菌，高級脂肪酸やテレフタル酸，プロピオン酸などの中間代謝産物の分解共生細菌，科レベルで新規なメタン生成古細菌などの多くの新種の菌種の単離（誰が）やReal-Time PCRなどを用いた汚泥内部での定量（どの程度存在する），高感度FISH（Fluorescence in situ hybridization）法によるグラニュール

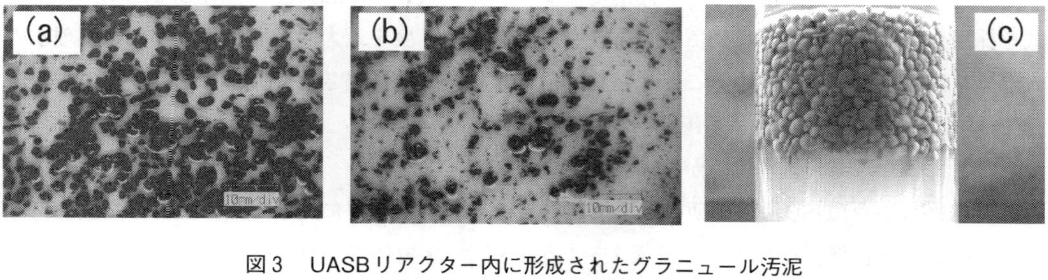

図3　UASBリアクター内に形成されたグラニュール汚泥
(a)健全なグラニュール，(b)阻害物質流入により崩壊，(c)高級脂肪酸の吸着により浮上。

内部での空間的分布の可視化（どこで），機能遺伝子であるmRNAに着目したReal-Time RT-PCR法（何をしている）などが挙げられる[5~9]。

3　嫌気性処理技術の今後（おわりに）

嫌気性処理法の1stブレークスルーは，オランダにて発見・実用化されたUASB・グラニュールの発見であり，日本ではその技術を多くの研究者，水処理メーカーなどの技術者の努力によって成熟した技術に育て上げた。現在では，その成熟された技術は活躍の場を飛躍的に拡大し，廃水から固形性廃棄物，家畜糞尿，栄養塩の除去などに対して適応・実用化され，また，日本国内にとどまらずインドなどの新興国などにおいては，下水処理において，自国の衛生状況の向上，省エネルギーを両立する技術として積極的に導入が進んでいる[10]。

誕生より数十億年経過しても，同一微生物種内において平均能力より10倍高い処理（浄化）能力を有するスーパースター（ブレークスルー）が現れていないことを見ると，第2の嫌気性処理法のブレークスルーは装置の改良（微生物密度を高めるには物理的限界より限界が存在する）にとどまらず，分子生物学的解析手法を活用しながら，微生物の本質，すなわち嫌気性微生物の生態学的特性を認識・把握して，彼らの機嫌を損なう条件（温度，阻害／毒性物資，共存化合物など）を明確にすることが重要である。さらには，通常は安定かつ機嫌よく活動してもらいながら，予測される環境変動（廃水種変動，過負荷など）に対しても，前もって事前に対応できることが可能なフレキシビリティーな“ソフト”的嫌気性処理技術を確立していく必要がある。扱いが困難である嫌気性微生物であるが，今後，研究者・技術者の活躍が大いに期待できる，魅力的なフロンティアであると言える。

文　　献

1）A. L. C. Carlos, Biological Wastewater Treatment Series volume 4, Anaerobic Reactors, IWA Publishing（2010）

2）R. E. Speece, Anaerobic Biotechnology for Industrial Wastewaters, Archae Press（1996）

3）依田元之，環境技術，**33**(6)，417（2004）

4）多川　正，環境技術，**33**(6)，432（2004）

5）原田秀樹，水環境学会誌，**33**(8)，257（2010）

6）T. Zhang, Application of Molecular Methods for Anaerobic Technology In: *Environmental Anaerobic Technology, Applications and New Developments*（ed. Herbert H.P. Fang), Imperial College Press, London, UK., 207（2010）

7）M. Hatamoto, H. Imachi, Y. Yashiro, A. Ohashi and H. Harada, *Appl. Envir. Microbiol.*,

74, 3610（2008）
8) K. Kubota, H. Imachi, S. Kawakami, K. Nakamura, H. Harada and A. Ohashi, *J. Microbiol. Methods.*, **72**, 54（2008）
9) S. Kawakami, K. Kubota, H. Imachi, T. Yamaguchi, H. Harada and A. Ohashi, *Microbes and Environments*, **25**, 15（2010）
10) 大久保努，上村繁樹，小野寺崇，山口隆司，大橋晶良，原田秀樹，用水と廃水，**53**(11)，865（2011）

第12章　廃棄物系メタン発酵技術の基礎と開発事例

片岡直明*

1　はじめに

メタン発酵（嫌気性処理）は，19世紀末にヨーロッパで始まり，日本では1956年以降に下水汚泥やし尿処理での汚泥減量化・安定化を目的とした嫌気性消化法が急速に普及した歴史ある技術である。1980年代には微生物固定化方式によるUASB（Upflow Anaerobic Sludge Blanket：上向流嫌気性汚泥床）法が食品産業を中心とした中・高濃度排水処理に広く普及し，近年は，生ごみや食品加工残渣，汚泥などの廃棄物系バイオマス向けメタン発酵法の普及が注目されている状況にある。

バイオマスは再生可能な生物由来の有機性資源であり，廃棄される紙，家畜排せつ物，食品廃棄物，建設発生木材，黒液，下水汚泥などが挙げられ，廃棄物発生量の55％をバイオマス系循環資源が占めている。これらの循環利用・処分状況は，発生量に対して自然還元率27％，循環利用率17％，減量化率35％，最終処分率２％であり，水分および有機物を多く含むために焼却や脱水による減量化の割合が高いことが特徴である[1]。循環利用の主な用途としては，農業分野における飼肥料としての利用，汚泥のレンガ原料としての利用，燃焼による発電利用やアルコール発酵，メタン発酵などによる燃料化などのエネルギー利用などである。今後は，平成22年12月に閣議決定された「バイオマス活用推進基本計画」の数値目標（2020年に炭素量換算で年間約2,600万トンのバイオマスを活用）の達成に向けて，各種のバイオマス施策推進が図られる[1]。

本章では，これら循環利用の用途の内，バイオマス資源の活用技術の１つとして近年脚光を浴びているメタン発酵技術に焦点を当て，その基礎概要を述べると共に，生ごみ系メタン発酵処理システムの開発事例を紹介する。

2　廃棄物系メタン発酵技術の基礎[2]

2.1　メタン発酵処理の特徴

メタン発酵処理での長所と短所を要約すると，次のとおりである。

(1)　メタン発酵処理の長所

① 菌体収率が小さいことから，余剰汚泥発生量が好気性処理に比べて1/3～1/10程度と少ない。

② 酸素の供給が不要のため，好気性処理に比べて動力消費量が1/2～1/3に減少できる。

＊ Naoaki Kataoka　水ing㈱　技術開発統括　技術開発室　第二グループ　副参事

③　メタンガスを主成分とするバイオガスが得られる。
④　病原微生物や寄生虫卵が速やかに死滅する。

(2)　メタン発酵処理の短所

①　嫌気性菌の増殖速度が遅いために長い滞留時間が必要となり，装置が大きくなる。
②　温度，pHなどの環境要因に対して好気性処理よりも敏感である。
③　好気性処理ほどの良好な水質は得られず，２次処理が必要である。
④　有機物濃度の低い排水では効率的な処理が難しい。

2.2　有機物の嫌気分解経路

メタン発酵処理における有機物からメタンガスの分解経路は，以下の３段階の嫌気性代謝によって進行する。

第１段階：複雑な有機物の加水分解による可溶化・低分子化
第２段階：低分子物質の酸発酵による揮発性脂肪酸，アルコール類の生成
第３段階：酢酸または水素と二酸化炭素からメタンガスの生成

一般に，有機物の嫌気性分解では第１段階の反応が相対的に遅く，難分解性セルロースや脂質を多く含む場合，この過程が律速段階になる。また，酸生成速度はメタン生成速度よりも大きいことから，易分解性有機物が急激かつ大量に投入されると酸生成の促進によって有機酸が蓄積し，メタン生成反応を阻害する。したがって，廃棄物系メタン発酵処理ではメタン生成速度と均衡のとれた有機物負荷を維持することが重要である。

2.3　バイオガス発生

嫌気性処理によるガス発生量は，発酵槽に流入する基質の化学組成によって決定される。組成の知られた基質では，Buswell とMuellerの一般式である式(1)から理論的にガス発生量と組成が求められる。

$$C_nH_aO_b+\left(n-\frac{a}{4}-\frac{b}{2}\right)H_2O\rightarrow\left(\frac{n}{2}+\frac{a}{8}-\frac{b}{4}\right)CH_4+\left(\frac{n}{2}-\frac{a}{8}+\frac{b}{4}\right)CO_2 \tag{1}$$

n：炭素の原子数，a：水素の原子数，b：酸素の原子数

実際のバイオマス原料からのバイオガス発生率とメタンガス転換率を図１に示す。ガス発生量およびガス組成は有機物によってかなり異なり，また，分解速度は一般に，炭水化物，脂肪，タンパク質の順に速いと言われている。

なお，メタンガスのCOD_{Cr}当量は，標準状態でメタンガス0.35ＬがCOD_{Cr} １ｇに相当することから式(2)，メタン発酵処理ではCOD_{Cr}物質収支を求めることができる。

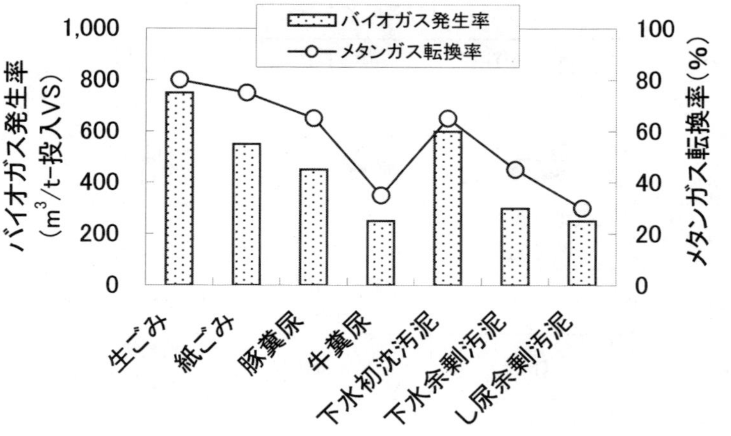

図1　廃棄物系バイオマスのバイオガス発生率とメタンガス転換率[2,3]

$CH_4 + 2O_2 \rightarrow CO_2 + 2H_2O$

$$22.4\,L/64\,g = 0.35\,L\cdot CH_4/gCOD_{Cr} \Leftrightarrow 2.86\,gCOD_{Cr}/L\cdot CH_4 \qquad (2)$$

2.4　バイオマス活用に向けたメタン発酵処理技術

バイオマス活用に向けたメタン発酵処理での技術ポイントは，固形物（SS分）に対する処理方式である[4]。このメタン発酵処理には，①発酵温度により中温発酵（30～40℃）と高温発酵（50～60℃）があり，②投入物の濃度により，乾式発酵（TS濃度25～40%），半乾式発酵（TS濃度10～25%），湿式発酵（TS濃度6～10%）があり，③リアクターとして表1に示す処理方式などが提案されている。以下に各処理方式を概説する。

(1)　完全混合法

完全混合法は，機械攪拌で発酵槽を攪拌する方式で，幅広い廃棄物種に適用可能であり，各種バイオマスの混合処理も可能で，原料の性状変動にも強い。また，大規模な廃棄物処理設備に対応でき，装置の安定運転が容易で槽内汚泥性状も安定している。一方，処理速度をHRT 17日以下に高速化しにくいことも多く，発酵槽の有機物負荷を高くすることが難しい。完全混合法の場合，固形物の分解促進を目的とする可溶化槽または酸発酵槽を前段に設けることが多い。

(2)　膜分離法

膜分離方式では，発酵槽内微生物濃度を高く保持できるためにHRT12～15日での高負荷運転が可能である。さらに，アンモニアによる発酵阻害にも水希釈により回避することができ，分離膜で汚泥濃縮対処が可能である。一方，発酵液の発泡や分離膜の目詰り対策が必要であり，分離膜破損回避のための前処理設備の検討も必要とされる。中温発酵系への膜分離方式は，発酵液粘度が高くなることが多く，適用先が限定されることがある。

表1　バイオマスのメタン発酵処理技術[2)]

処理方式		完全混合法	膜分離法	固定床法	乾式法
処理フロー		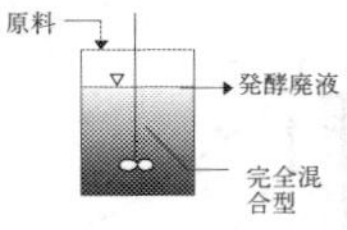	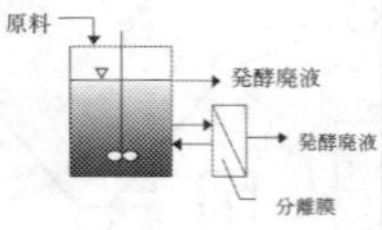	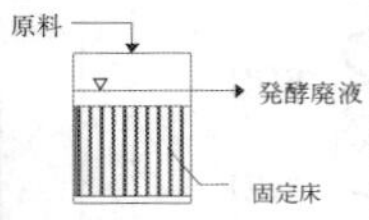	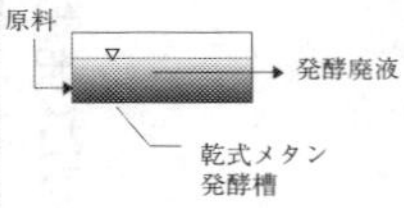
処理速度（HRT）		35℃／20～30日 55℃／17日	55℃／12～15日		55℃／20～40日
装置の特徴	充填材・担体	なし	分離膜を消化装置に付帯	担体を槽内に充填	なし
	撹拌方式	機械撹拌	機械撹拌	機械撹拌 発酵液の循環撹拌	機械撹拌 発酵液の循環撹拌
対象廃棄物	種類	食品廃棄物，畜産廃棄物，余剰汚泥	主に食品廃棄物		食品廃棄物，畜産廃棄物，余剰汚泥
	原料濃度	6～10％	6～10％		10～20％以上

(3) 固定床法

発酵槽に炭素繊維や不織布などを充填し，その表面に嫌気性菌を付着増殖させて処理を行う固定床法も，膜分離法同様，発酵槽内微生物濃度を高く保持できるために高負荷運転が可能とされる。一方，担体閉塞や発泡問題，担体に付着しやすい油脂成分や固形物の処理に対しては注意が必要とされる。

(4) 乾式法

乾式法は，固形物濃度15～20％以上の高濃度で投入し，発酵槽内汚泥濃度を高く保持した状態で，ゆっくりと発酵処理する。食品廃棄物，畜産廃棄物，余剰汚泥，紙ごみなど種々の原料を処理でき，廃液発生量も少ない。乾式法では，混合撹拌装置によりバイオガスを汚泥層から抜くことが重要であり，消化液発泡，スカム対策も必要とされる。また，高濃度原料を投入するため，アンモニアによる発酵阻害も生じやすくなるので注意が必要である。

3　生ごみ系メタン発酵技術の開発事例

3.1　システムフロー

筆者らが1995年頃より研究開発してきたバイオマスのメタン発酵システムについて，生ごみを対象とした開発事例を紹介する。図2は，生ごみをバイオガス化処理してメタンガスに変換し，乾燥熱源やボイラ燃料とすることを特徴とした完全混合法のメタン発酵処理システムである。

収集された生ごみは，ホッパで受け入れ，前処理設備で破砕選別処理した後に可溶化させ，ビニール袋などの発酵不適物は施設外へ搬出する。可溶化した生ごみスラリーは完全混合型メタン発酵槽で中温メタン発酵によりバイオガスを発生させる。メタン発酵液は汚泥脱水機で脱水し，脱水ろ液は，窒素除去機能を持たせた膜分離式活性汚泥方式で処理した後，河川放流をする。バ

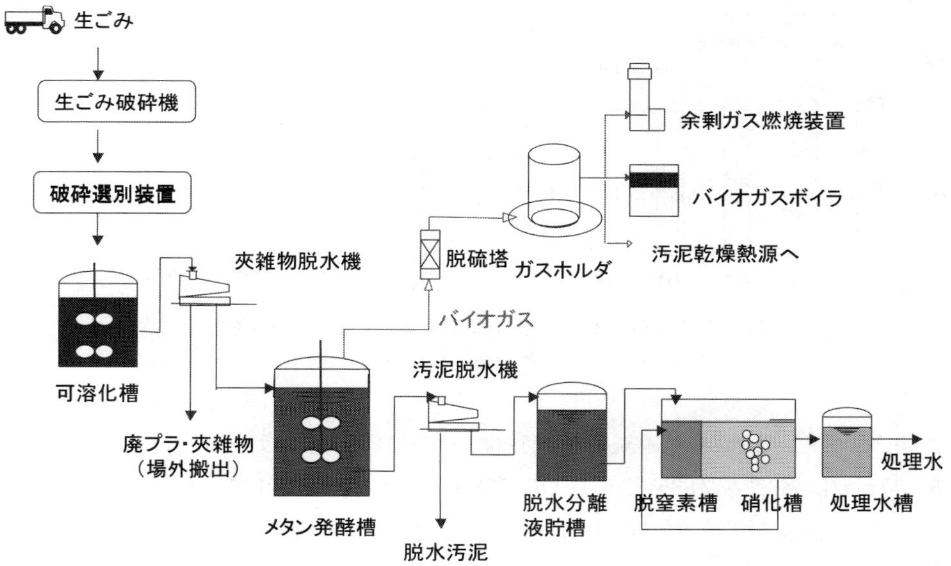

図２　生ごみメタン発酵処理システムのフローシート[2,5)]

イオガスはメタン発酵処理のための加温用熱源および汚泥乾燥設備の燃料として利用し，脱水汚泥を乾燥してセメント原料などにする。

本システムでは，メタン発酵工程の前段で夾雑物を除去することで，メタン発酵処理以降の工程では閉塞などの装置トラブルやスカム発生は起らずに安定した設備運転を実現できている。

3.2　生ごみバイオガス化設備運転結果

A施設の生ごみバイオガス化設備では，家庭系生ごみで受入を開始後，徐々に受入量を増加し，事業系生ごみおよび下水汚泥，廃食油を順次受入れた。図３に，受入生ごみ量，バイオガス発生量，メタンガス転換率の運転結果を示す。生ごみ受入量は約600 t/月，食品工場からの有機物濃度の高い事業系産業廃棄物も受入れていることから計画値以上のバイオガス発生量が得られている。原料生ごみ当りのバイオガス発生率は200 m^3/t（NTP）以上で，月毎でのメタンガス転換率（COD_{Cr}基準）は80～90％で推移した。

メタン転換率は，式(3)で計算した。

$$\text{メタン転換率}(\%)=(\text{メタンガスを}COD_{Cr}\text{換算した値}/\text{メタン発酵槽への投入}COD_{Cr})\times100 \quad (3)$$

式(3)のメタンガスのCOD_{Cr}当量は，式(2)によった。

3.3　生ごみ中温メタン発酵性能の評価（室内実験）

食品工場からの事業系産業廃棄物を受入れているバイオガス化施設での中温可溶化液を原料と

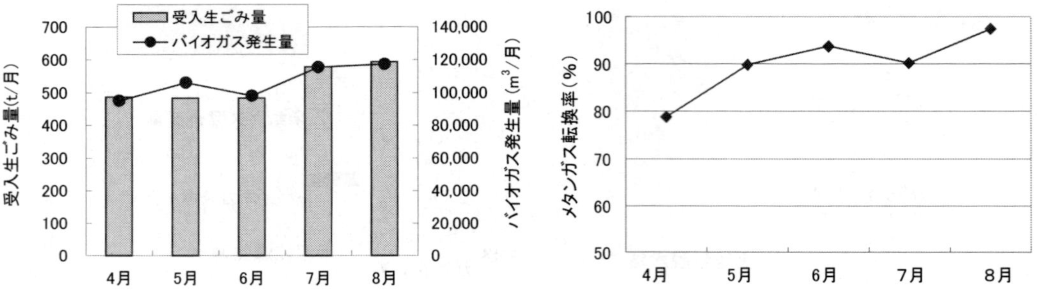

図3 生ごみバイオガス化設備の月毎の運転データ（A施設）[2,6]
受入生ごみ量，バイオガス発生量，メタンガス転換率（COD_{Cr}基準）

して，高負荷メタン発酵の室内連続実験を行った。実験原料の性状は，pH3.3〜4.3，TS 111,000〜133,000 mg/L，強熱減量83〜92%，COD_{Cr}178,000〜206,000 mg/Lであった（表2）。

実験に用いたメタン発酵装置は，耐熱塩化ビニル製，総容積25 L，有効容積20 L，完全混合型の機械攪拌，37℃温水循環方式である。本実験では，COD_{Cr}容積負荷7.4〜9 kg COD_{Cr}/m^3・日の中温メタン発酵で連続処理試実験を行った。

中温メタン発酵実験でのHRT，COD_{Cr}容積負荷，有機物当りのバイオガス発生率を図4に示す。約4ヶ月間の試験結果より，バイオガス発生率0.6〜0.8 m^3/kg-投入VTS，メタンガス転換率64〜74%（COD_{Cr}基準）のほぼ安定したバイオガス化性能が確認された。これより，筆者らが提案する生ごみメタン発酵システムでは，COD_{Cr}容積負荷7.4〜9 kg/m^3・日で安定にメタン発酵処理できると言える。

表3は，実際の生ごみ系廃棄物での完全混合型中温メタン発酵性能について，報告例と比較解析した結果である。両者の原料性状や運転条件が異なるために完全比較はできないものの，COD_{Cr}容積負荷9.0または8.5 kg/m^3・日の高負荷条件で，バイオガス発生率94または80 m^3/t-投入量，COD_{Cr}分解率78または80%というほぼ同レベルで安定した中温メタン発酵性能が得られた。

表4は，実際の生ごみ系廃棄物での中温および高温メタン発酵性能について，報告例と比較解析した結果である。こちらも両者の原料性状や運転条件が異なるために完全比較はできないものの，COD_{Cr}容積負荷9.0または10.5 kg/m^3・日の高負荷条件で，バイオガス発生率0.82または0.88 m^3/kg-投入VS，メタンガス転換率71または68%のメタン発酵性能が比較確認された。よって，生ごみ系原料に対して，COD_{Cr}容積負荷9.0 kg/m^3・日の高負荷条件において，中温発酵でも

表2 実験原料の性状（生ごみ中温可溶化液）

pH	(−)	3.3〜4.3
TS	(mg/L)	111,000〜133,000
VS/TS比	(−)	0.83〜0.92
COD_{Cr}	(mg/L)	178,000〜206,000

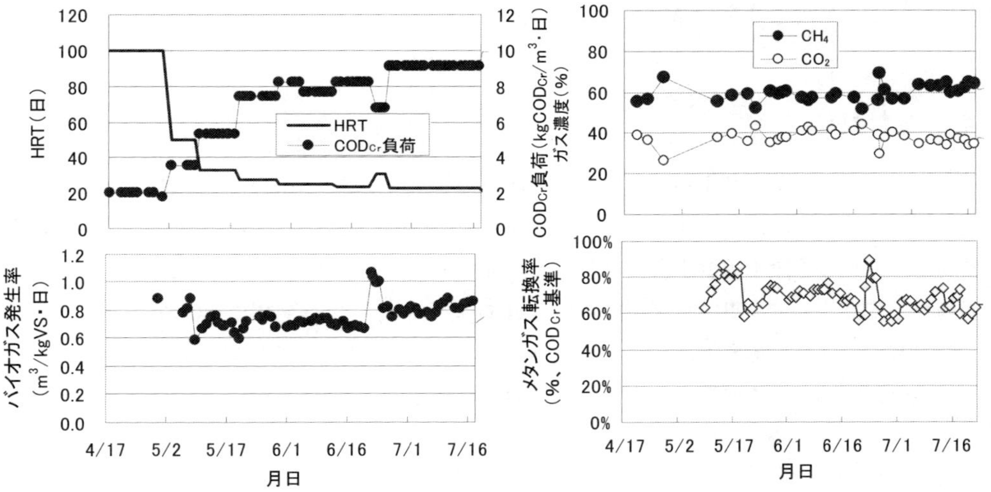

図4　生ごみ可溶化液の中温メタン発酵処理結果[7)]

表3　生ごみ系の完全混合型中温メタン発酵性能の比較解析

		本実験[a)]	報告例[b),8)]
COD_{Cr}	(mg/L)	197,000	159,000
COD_{Cr}容積負荷	(kg-COD_{Cr}/m^3・日)	9.0	8.5
バイオガス発生率[c)]	(m^3/t-投入量)	94	80
COD_{Cr}分解率	(%)	78	80

a) メタン発酵汚泥の返送なし
b) メタン発酵槽から一定量汚泥を引抜き，遠心分離した沈降汚泥の一部を濃縮汚泥としてメタン発酵槽に返送投入
c) メタン発酵実験装置への投入ベースであり，原料濃度調整用の加水量は加味せず

表4　生ごみ系の中温および高温メタン発酵での性能解析

		中温メタン発酵 (本実験)	高温メタン発酵[a),9)]
COD_{Cr}容積負荷	(kg-COD_{Cr}/m^3・日)	9.0	10.5
バイオガス発生率	(m^3/kg-投入VS)	0.82	0.88
メタンガス転換率	(%, COD_{Cr}基準)	71	68

a) 食堂残飯＋シュレッダー紙を原料とした完全混合型高温メタン発酵の連続実験
TS 101,000 mg/L, VS/TS比 0.94, COD_{Cr} 160,000 mg/L
高温メタン発酵槽から一定量汚泥を引抜き，高温可溶化槽に返送投入

高温発酵並みに処理性能を発揮できるものと考えられた。

4 おわりに

低炭素社会に向けた未利用バイオマスの利活用として，高濃度系排水・廃棄物である食品加工残渣や生ごみ，下水汚泥，し尿，浄化槽汚泥などを一体的に処理し，バイオガスの回収や汚泥の有効利用を進める施設や運営事業が今後益々増加すると考えられている。国内のいくつかの下水処理場などでは，モデル事業や実稼動運転も始まっている[10～12]。その中では，安定した処理性能と設備を有するメタン発酵処理システム（バイオガス化システム）が要求され，そうしたバイオマス施設が国内外に広く普及していくものと期待される。

文　　献

1) 平成23年版 環境・循環型社会・生物多様性白書，環境省，p. 134，p. 215（2011）
2) 片岡直明，エバラ時報，第229号，p. 27（2010）
3) 米山豊，エバラ時報，第228号，p. 23（2010）
4) 米山豊ほか，廃棄物学会論文誌，Vol. 15，No. 3，p. 155（2004）
5) 築井良治，エバラ時報，第226号，p. 31（2010）
6) 築井良治ほか，第31回全国都市清掃研究・事例発表会講演論文集，p. 159（2009）
7) 片岡直明ほか，第14回日本水環境学会シンポジウム講演集，p. 84（2011）
8) 三井昌文ほか，住友重機械技報，第167号，p. 17（2008）
9) 片岡直明ほか，環境工学研究論文集，第43巻，p. 15（2006）
10) 遠藤健一郎，川崎重工技報，第165号，p. 70（2007）
11) 小崎敏弘，月刊下水道，Vol. 32，No. 12，p. 59（2009）
12) 藤本晶子ほか，第32回全国都市清掃研究・事例発表会講演論文集，Ⅱ-2-42（2010）

第13章　UASBメタン発酵処理法と実用化例

白石皓二*

1　はじめに

1970年代後半，オランダで開発されたUASB（Upflow Anaerobic Sludge Blanket）法はグラニュール状の嫌気性微生物を用いた高性能な廃水処理装置としてこの４半世紀広く普及してきた。

2　嫌気性生物処理の歴史

地球の歴史が嫌気性生物の登場から始まったように，廃水処理の歴史も嫌気性生物から始まった。廃水の生物処理は好気性活性汚泥というイメージが定着しているが，歴史を遡ってみると嫌気性生物処理から始まっている。フランスのJ. L. モーラスが1860年代に考案した腐敗槽（Mouras Automatic Scavenger）の浄化機能が優れているということで1881年特許を申請した，というのが嫌気性消化の歴史の始まりのようである。その後Septic Tank（1895年），Travis Tank（1904年），Imhoff Tank（1905年）などが開発されている。好気性の活性汚泥法が始まったのはマンチェスターで1914年である。しかし，活性汚泥法はこの後目まぐるしく開発が進み，広く普及していった。この間嫌気性生物処理は下水処理場の余剰汚泥の消化などに採用され，その後国内ではし尿処理施設やアルコール工場廃水の処理にも広まったが技術的な発展はほとんどないまま好気性処理が大勢を占めていた。嫌気性生物処理のイメージを変えたのはUASB法であった。

3　UASB装置の実用化

UASBの開発はワーゲニンゲン農業大学のLettinga教授らが1972年頃から研究を重ね，1976年のパイロットプラントをベースに1977年に200 m^3の実用化装置を甜菜糖の廃水に適用して成功したとされている[1)]。

国内でのUASBの１号機は栗田工業㈱が甜菜糖の廃水に適用したのが1985年であった。同じ頃，富士化水工業㈱は異性化糖，甘蔗糖で実用化に成功。いずれも独自技術であった。その後オランダからの技術導入などで多くのメーカーが参入したことで食品会社を中心に実績が急速に広まっていった。

＊　Koji Shiraishi　㈱関電エネルギーソリューション　技術開発部　担当部長
（元　富士化水工業㈱）

4　嫌気性生物処理の特長

嫌気性生物処理は好気性生物処理にはない多くの特長を備えている。

① 運転動力が少ない

園田[2]によると好気性生物処理でBOD 1,000 kg処理するのに使用するエネルギーは重油換算で245 L，嫌気性生物処理では25 Lと試算している。一方，発生メタンガスを回収すると重油換算で500 Lに相当する。差し引き720 Lものメリットが生じる。

② 運転管理が容易

好気性生物処理では廃水種によっては頻繁にバルキングが生じる。防止対策として活性汚泥の濃度勾配法[3]，嫌気好気処理法[4]などが開発されてきているが現場では苦労する問題である。一方，嫌気性生物処理ではバルキングはほとんど生じない。曝気のコントロール，DO管理，汚泥管理などの複雑な操作からも開放される。

③ 余剰汚泥の発生が少ない

好気性生物処理では処理BODに対して30～50％の余剰汚泥が生じるが，嫌気性生物処理ではこれの1／3～1／10程度である。

④ 高濃度処理が可能

好気性生物処理では比較的高濃度のものを直接処理するには効率が悪く，敬遠されてきたが，従来型の嫌気性生物処理ではBOD濃度が10,000 mg/L以上の高濃度廃水を処理するのに適している。

⑤ エネルギーの回収が可能

分解生成物としてメタンガスと炭酸ガスが発生する。これを回収することで有効なエネルギーとして利用可能である。

5　UASBの特長

従来の嫌気性生物処理の特長を兼ね備えている以外に以下の3点の特長が加わる。

① グラニュール菌体を使用

嫌気性生物が1～2 mm ϕのグラニュールを呈しており，固液分離性に優れ，リアクター内の菌体を高密度に保つことができる。従来型の嫌気処理ではリアクター内部の菌体濃度は3,000～5,000 mg/Lであったのに対しUASBでは20,000～50,000 mg/Lで運転が可能である。

② 高負荷処理が可能

リアクター内に高密度で菌体を維持していることから，通常COD_{Cr}で10～30 kg/m^3・dもの高負荷処理が可能，かつ90％以上の除去率が期待できる。

③ 装置が単純でコンパクト

分離性の良いグラニュール菌体を使用し，高負荷処理が可能であるため，リアクターはよりコンパクトになる。さらに固気液分離性が良いのでリアクター内部の固気液分離装置は実に簡易である。

6　リアクター基本構造

図1にUASB装置の代表例としてトロル®リアクター（富士化水工業㈱製）[5]の概略図を示した。リアクターの下部より上向流で一定の流速のもとに廃水を流入させると，内部の嫌気性菌体が働き，流入廃水を分解するとともに分解生成物のメタンガスや炭酸ガスの上昇流に乗って緩やかに撹拌混合される。この作用は嫌気性微生物に対し，造粒効果を与える。その結果嫌気性生物はグラニュール化し，固液分離性の良い生物群となる。廃水はグラニュール層を上昇する間にさらに生分解を受け，リアクターの上部のメタンガス捕集装置（固気液分離装置）で分離され上部より処理水として排出される。

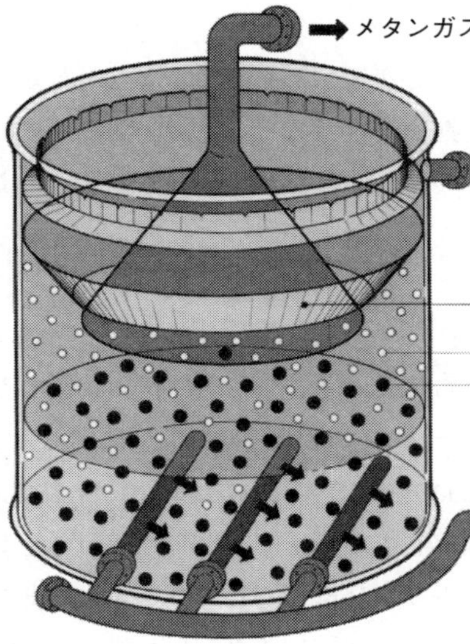

図1　トロルリアクター

7　グラニュール汚泥の生成

グラニュール汚泥は当初下水処理場の嫌気消化脱水ケーキを入手して形成した。写真1に示したようにリアクターに投入した嫌気汚泥は当初ほとんどがフロック状であり固液分離性の悪いものである。しかし廃水を流入させ1週間もするとグラニュールが形成され始め，2週間目には0.2～0.5 mm程度ではあるが明らかにグラニュールが生成した。この状態で負荷をかけることによって処理が進行し，グラニュールは成長する。しかしこの間大半のフロック状の嫌気性汚泥が排出されるため実用上は問題であった。結果として1985年に立ち上げた異性化糖処理のトロル®リアクター（500 m^3）から発生する余剰グラニュールを保存し以後利用することとした。

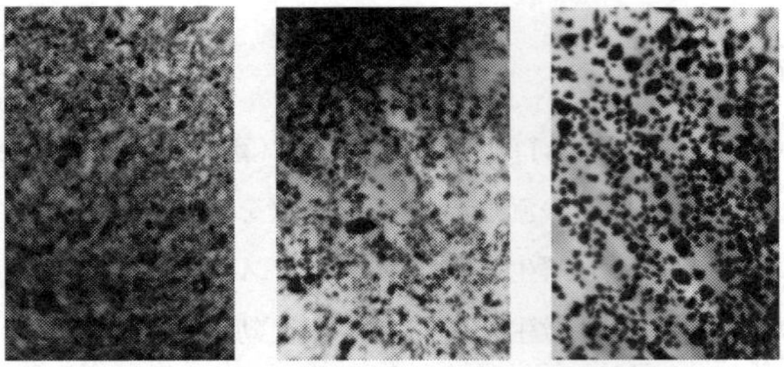

①投入脱水ケーキ　②投入７日後　③投入15日後

写真１　グラニュールの生成

8　食品系廃水への適用

嫌気性菌体の特徴の１つは好気性と違って変質しにくいという点がある。活性汚泥の場合酸素を供給しないと腐敗し，廃水の供給が長期間停止すると自己消化する。したがって年間通じて廃水が安定して排出されるところは問題ないが，季節などによって変動するような産業には不向きである。そこでまず季節産業に導入した。

8.1　サトウキビの製糖工場への適用例

ヨーロッパでは甜菜糖（ビート糖）から始まった。ビートは秋に収穫するために製糖期間は秋口から春先までである。夏は製造しない。サトウキビの製糖期間は国内ではもっと短い。12月末から４月初めの実質３～４カ月である。残りの８～９カ月は廃水が出ない。嫌気性微生物の特徴は，次の製糖開始までリアクター内で常温保存しておくだけで生命維持が可能であるところにある。

サトウキビからの製糖は，収穫したサトウキビを裁断し，プレスして得たジュースを濃縮して糖の結晶を作り分離する方法が一般的である。UASBを導入した製糖工場は糖の回収率を上げるために電気透析で糖蜜から塩を除去する方式を採用していた。その結果，廃水濃度はBODで5,000 mg/Lと高濃度であった。設置した年の廃水は１月中旬から排出された。結果は図２に示し

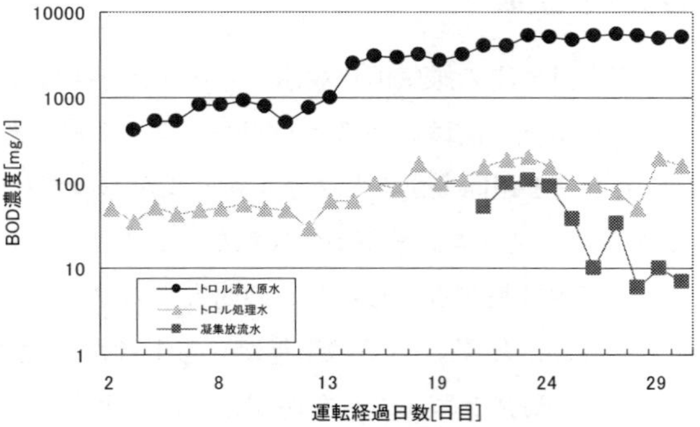

図２　トロルBOD処理経過

たように徐々に負荷を上げ約２週間後に定常運転に入った。廃水は褐色を呈しており，色度およびCOD$_{Mn}$を（海域放流のため規制対象）除去するためにUASBの後には凝集処理を設けた。BODで99％以上，COD$_{Mn}$ 97％の除去率を得た[6]。４月以降12月の中旬まではグラニュール菌体はリアクターの中で自然放置であったが立ち上げに際しての問題はなかった。

8.2　ランニングコストの削減に効果

食酢やドレッシングなどの製造工程廃水への適用例[7]を示した。廃水の成分は主として有機酸，糖，アルコールなどである。日間排水量は150 m^3/d，BODは2,000～4,000 mg/L程度。この廃水を活性汚泥で処理しようとすれば曝気槽は700 m^{3}程度必要になる。しかもこの種の廃水は活性汚泥では常にバルキングに悩まされることになる。

嫌気性処理の場合，70 m^{3}のトロル®リアクターで十分である。ただしトロル®リアクターだけではBODを20 mg/L以下にはできないので仕上げに30 m^{3}の接触曝気槽を設置している（写真２）。

処理性は表１に示したようにBOD除去率 99.9％を達成した。この廃水は２年ほど先には生産

写真２　トロルリアクター

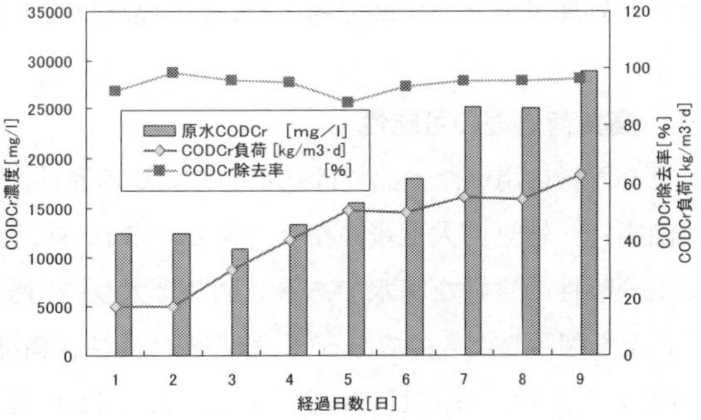

図３　高負荷設計での運転立ち上げ経過状況

表１　装置立ち上げ後の稼働状況

	原水		処理放流水	
	COD［mg/l］	BOD［mg/l］	COD［mg/l］	BOD［mg/l］
13日目	1,040	2,770	18.2	4.0
16日目	816	2,260	16.1	2.8
17日目	934	2,450	14.1	3.4
18日目	1,720	3,820	9.3	2.2
19日目	568	2,110	10.7	2.7
平均	1,020	2,680	13.7	3.0

表2 ランニングコスト比較

項目		トロル＋接触曝気	活性汚泥処理
電気	電気設備容量	14.5kW	98kW
	日間消費電力量	152kWh	770kWh
	日間消費電力費	3,040円/d	15,000円/d
	脱水機用 Fecl 3	3 kg/d	10kg/d
		180円/d	600円/d
	栄養助剤	0	60kg/d
		0	15,000円/d
産廃	余剰汚泥発生量	21.75kg/d	112.5kg/d
		440円	2,250円
管理	維持管理人工	0.1人工	0.5人工
		2,000円/d	10,000円/d
合計	日間ランニング合計	5,660 円/d	42,850円/d
	年間ランニング合計	1,698,000 円/年	12,855,000円/年

＊　年間稼働日数300日とした

量が増加した影響で廃水のBOD濃度は平均で5,000 mg/Lになったが，リアクター内部の菌体濃度を高く保持することで高処理性を維持することができた。表2にランニングコストを試算した。活性汚泥処理単独との比較で約1/8と大幅なコストダウンになった。

8.3　高負荷処理の可能性

大豆を原料に用いた食品では基本的に大豆の煮汁が廃水の主体となっている。味噌[8]，醤油，豆腐，油揚げ，納豆，大豆蛋白などである。これらの廃水は高濃度ではあるが，成分的には糖が主体で生分解性の良好な廃水である。図3は大豆蛋白製造工程からの廃水に適用した時の装置立ち上げ状況を図示したものである[9]。種汚泥は異性化糖廃水処理現場の余剰汚泥。COD_{Cr}負荷17 kg/m^3·dで立ち上げ，9日目には60 kg/m^3·d，COD_{Cr}除去率96%に達している。短期間にここまで負荷を上げ，安定運転できるのもUASBの特長の1つである。*Methanosaeta*の高温菌を使って100 kg/m^3·dの負荷で除去率93%という例[10]もあるが，80日を要している。

8.4　種々の製造業への適用

この4半世紀で食品業界に多くの実績を築いてきた。特に日本の伝統発酵産業[11]（味噌，醤油，酢，漬物，焼酎等酒類など）をはじめとして，米や麦，ジャガイモの澱粉，ゆで麺，製糖，精製糖，蜂蜜，製菓，調味料，惣菜，缶詰，果物加工，酵母，製薬，アルコール，飲料，水産加工など幅広い業種に実績を積み上げてきた。

9　グラニュール汚泥のトラブル

バルキングは活性汚泥処理装置にとって常に付きまとう問題である。UASBはバルキングを生じないというのがメリットの1つであったが，実績が増えるにつれてバルキングと言える現象に遭遇することになった。写真3に見られるように正常なグラニュールのまわりに糸状性細菌がとりつき瞬く間にゼリー状になってグラニュール同士が塊状となる。そうなると発生したメタンガスは菌体内部に閉じ込められてしまい，その結果グラニュール塊を浮上させてしまう。固気液分離部でもガスが抜けず処理水とともにリアクターから越流し，短時間でリアクターの菌体が流出するトラブルが発生した。リアクターから越流した処理水はスクリーン[12]などで粗大グラニュールを分離するがバルキングの場合分離能力をはるかに上回ってしまい機能しない。

グラニュールの周囲に発生する糸状性細菌を究明するために種々培養を試みたが結果的に培養はできず菌体を特定することができなかった。16S rRNAおよびその遺伝子の解析の結果，これまでに未知の微生物であることが明らかになった。以後この微生物はKSB3門細菌と称す[13]。

この微生物は主として異性化糖廃水を処理するリアクターで発生することが明らかになった[14]。増殖誘因物質としてどのような基質が関与しているのか廃水中の種々の成分を取り上げて試験した。その結果フルクトース，スクロースなどに対して高活性を示すことが分かった。また，実装置のリアクター内のグラニュール菌体のKSB 3活性を連日測定したところ排水中の糖濃度の増減に比例していることが明らかになった（図4）。

そこで1.4 m^3のテストプラントを現場に設置し実廃水に種々の糖を加えてKSB3の挙動を追いかけたところ糖濃度が1,000 mg/Lを超えるとKSB3の存在量が急激に増加することが分かった。現場での目安は糖濃度が1,000 mg/Lを超えないようにコントロールすればKSB3の異常増殖を招くことなくバルキング対策になることが明らかになった。

以上のバルキング究明は富士化水工業㈱が㈱産業技術総合研究所と共同実施したNEDOのプロジェクト「生分解・処理メカニズムの解析と制御技術の開発」での成果である。

正常なグラニュール菌体

KSB3 門細菌に覆われた
グラニュール菌体

写真3　正常なグラニュール菌体とパルキングを生じた菌体

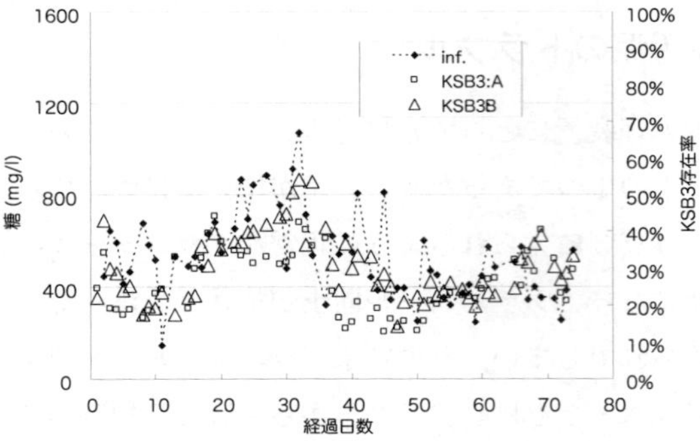

図4　原水中の糖濃度とKSB3の存在量

10　おわりに

省エネ，省資源の世の中で，この4半世紀に実績を広げてきたUASBはまさに省エネ，省資源の最たるものである。今後はさらに適用分野を拡大するとともに，常温低濃度レベルでの実用化などが期待される。（本稿は著者の富士化水工業㈱在職時の知見に基づく）

文　　献

1)　森田陽一，FKK技術報，**10**，14（1991）
2)　園田頼和，廃水の生物処理，p. 167，地球社（1980）
3)　青木眞彩美，柴田政克，白石皓二，産業と環境，**9**，118（1994）
4)　白石皓二，産業と環境，**1**，90（1997）
5)　白石皓二，FKK技術報，**10**，25（1991）
6)　白石皓二，山内敏弘，公害と対策，**10**，39（1990）
7)　白石皓二，産業公害，**9**，13（1993）
8)　白石皓二，有害微生物管理技術第Ⅱ巻，㈱フジテクノシステム，p. 720（2000）
9)　白石皓二，環境技術，**6**，17（2004）
10)　原田秀樹，大橋晶良，水環境学会誌，**10**，11（1998）
11)　K. Shiraishi, M. Aoki, M. Shibata, T. Yamauchi, M. Dazai，8th International Conf. on Anaerobic Digestion, p. 175（1997）
12)　白石皓二，森山徹，*PPM*，**5**，16（1986）
13)　T. Yamada, T. Yamauchi, K. Shiraishi, P. Hugenholtz, A. Ohashi, H. Harada, Y. Kamagata, K. Nakamura, Y. Sekiguchi, *The ISME Journal*, **1**, 246（2007）
14)　富士化水工業㈱，生分解･処理メカニズムの解析と制御技術の開発，㈶バイオインダストリー協会ほか，p. 80（2007）

第14章　固形物含有廃棄物の高効率メタン発酵法と実用化例

後藤雅史[*1]，多田羅昌浩[*2]

1　はじめに

国内で排出される固形物含有有機性廃棄物の量は膨大である。平成22年度版　環境・循環型社会・生物多様性白書[1)]によると，2007年度に発生した一般廃棄物・産業廃棄物・廃棄物統計外を合わせた全廃棄物など約591百万トンの内，320百万トンが有機性汚泥，家畜排泄物，動植物性残渣などのバイオマス系廃棄物などであり，この320百万トンの内，家畜排泄物の一部や，ワラ類，もみ殻などの畜産・農業に伴う副産物約80百万トンは肥料などとして農地に還元されている（自然還元率26%）。また，バイオマス系廃棄物などの脱水・焼却処理などによる減量化率は55%であり，循環利用率（17%）を差し引いた残りの約３%が最終処分量である（2007年度）。一方，廃棄物など全体の自然還元率（14%）と循環利用率（41%）は合計すると50%を超えているが，減量化率は約40%に留まる（同年度）。このことは，バイオマス系廃棄物などは，含水率や可燃性成分の含有率が比較的高く，減量・減容化のために中間処理される割合が大きいが，リサイクル率はやや低いことを意味する。同白書においては，バイオマス系廃棄物などは，農業分野での肥料・飼料としての利用を推進して循環利用量の拡大を図るとともに，メタン発酵によるエネルギー回収後の残渣の再利用や，焼却などによる最終処分量削減が必要であると指摘されている。

メタン発酵プロセス（嫌気性消化プロセス）は，廃水・廃棄物処理プロセスとして長い歴史を有している。19世紀半ばにはすでに有機性汚泥の処理技術の１つとして市場に登場しており，同世紀末までには，メタン発酵プロセスは工業的な廃水や汚泥処理施設として実用化されていた。しかし，初期のメタン発酵プロセスは効率の高いものではなく，メタン発酵に係わる様々な微生物群を高い密度で系内に維持するための技術や，最適な反応温度に制御する技術も存在しなかった。その後，嫌気性微生物反応プロセスの研究やエンジニアリング的な技術開発が進められ，リアクタ内の微生物密度を高く維持するための工夫や，対象とする廃液や廃棄物に適した反応温度やリアクタ構造の多様化がなされてきている。

2　高温下降流型固定床式メタン発酵プロセス

我々は，20数年前に中温メタン発酵とランダム充填した微生物固定担体によるメタン発酵プロ

＊1　Masafumi Goto　鹿島建設㈱　技術研究所　主席研究員
＊2　Masahiro Tatara　鹿島建設㈱　技術研究所　地球環境・バイオグループ　主任研究員

セスの開発を始め，試行錯誤の結果，1997年に高濃度の有機性固形物を含む廃液（スラリー）に対応した高温下降流型固定床式（TDAPR）メタン発酵プロセスを実用化し，食品残渣を処理する計画日処理1トンの小型設備を複合商業施設に導入した[2]。本システムは反応温度を55℃とし，流下方向に微生物担体を規則充填することによって，有機物容積負荷率15 kg-COD/m^3/日以上での安定運転を可能としたものである。回収バイオガス量はもとより投入する廃棄物に含まれる有機物の濃度と性状によるが，本設備では食品廃棄物日投入量1トン（湿重）あたり200 m^3以上のバイオガス回収が可能であった。この設備のリアクタ有効容積は約20 m^3であり，浸漬膜式高濃度活性汚泥法による発酵廃液処理システムの採用と相まって，コンパクトな設備であった。

同型式の高温下降流型固定床式メタン発酵プロセスとしては，環境省・地球温暖化対策実施検証事業（兵庫県，2001～2003年。富士電機㈱と共同実施）の一環として建設・運転した，ホテルなどから排出される生ごみを計画日処理量6トンでメタン発酵処理する実証プラント（有効リアクタ容積約140 m^3）などを経て，2003年には国内数カ所に計画日処理量20トン級の商用の生ごみ・食品残渣メタン発酵処理施設（リアクタ有効総容積400～500 m^3）[3]を，2007年には計画日処理量410トンの焼酎粕メタン発酵処理施設（リアクタ有効総容積約2,300 m^3。バイオガス日回収量は約20,000 m^3）[4]を建設した（写真1）。これらの商用施設は，現在も運転を継続している。なお，バイオガス利活用設備としては，上記の実施検証事業ではバイオガス発電試験のために100 kW級のリン酸形燃料電池を導入したほか，商用機では温水ボイラ，マイクロガスタービン発電機，熱風炉などを導入している。また，焼酎粕メタン発酵施設に関しては，現在，上記の焼酎粕メタン発酵施設に隣接して建設した同じ処理規模の第2施設の立ち上げを行っている（2011年11月現在）。

写真1　焼酎粕メタン発酵処理プロセス
（霧島酒造㈱，宮崎県都城市）

3　下降流型固定床式リアクタの特長と課題

高温下降流型固定床式メタン発酵プロセスは，前述の例に見られるように，高濃度の有機性固形物を含むスラリーを極めて効率よくメタン発酵することができる。したがって，有機物容積負荷率を高く設定した設計が可能であるが，これはリアクタをコンパクトに設計できること，すなわち短い水理学的滞留時間で投入した有機性廃棄物などをメタン発酵処理できることを意味する。しかし，周知の通り，一般に嫌気性微生物の増殖速度は遅く，水理学的滞留時間を短くすれば系内の微生物密度を高く維持することが難しくなり，限度を超えると微生物の流出速度が増殖速度を上回るウォッシュアウト現象が生じる。この状況を防ぐために，例えば自己造粒嫌気性汚泥を利用した上昇流型スラッジブランケット（UASB）式メタン発酵プロセスなどが開発されているが，下降流型固定床式が採用する固定床（微生物担体）もウォッシュアウト対策として極めて有効であることが実験的にも示されており[5)]，さらに，下降流・循環式のリアクタ形式は，高濃度の比較的比重の高い固形物を含むスラリーにも対応できる特長を有している。

一方，下降流型固定床式リアクタは，リアクタ下部から引き抜いた発酵液（スラリー）を上部に循環する構造であるため，投入する有機性廃棄物などがある程度の流動性を有していなければ機能しない。また，円筒状に成形した固定床の内壁・外壁に成長したバイオフィルムに接触しながら発酵液が流下するため，あらかじめ粗大物を粉砕する必要がある。そのため，本方式を採用する実機では，施設に搬入された廃棄物からプラスチックや金属，ガラス片などの非生分解性粗大物を除去し，さらに有機性固形物をスラリー状に微粉砕する前処理設備（回転式廃棄物分別粉砕機など）を設置することが多い。しかし，搬入廃棄物中にこれらの異物が多量に混在する場合には，下降流型固定床式メタン発酵プロセスが必ずしも適しているとは言えない場合がある。なお，下降流型固定床式メタン発酵プロセスは，流動性のあるスラリーであれば固形分濃度（SS）が10％程度の高固形物含有物でも処理可能であるが，これは一般的な食品残渣や残飯などに同量の水を加えて粉砕した混合物の性状に近い。

4　多様な廃棄物への対応

4.1　未分別可燃ごみ対応メタン発酵プロセス

現在，多くの自治体では，「可燃ごみ」を家庭ごみの１つとして収集している。「可燃ごみ」とは，文字通り「燃えるごみ」であり，生分解性の有無は考慮されていない場合が多い。東京都23区を例にとると，2008年度から可燃ごみの定義が変更され，それまでは「燃えないごみ・燃やせないごみ」として分別収集されていたプラスチック類なども「可燃ごみ」扱いとなり，生分解性である生ごみや廃紙（リサイクルできない紙類廃棄物）などと一緒に回収されるようになった。これは，ごみを排出する住民の負担軽減を図るとともに，現在，主流であるごみの焼却処理における発熱量の確保や最終処分場の延命を目的とする施策であるが，メタン発酵処理プロセスを適用するのには不利な条件である。そこで，乾式あるいは固体メタン発酵方式など，ある程度粗大な非生分解性異物が混在した廃棄物にも対応可能なメタン発酵プロセスが開発されている。すでに海外では分別回収生ごみを処理する大型乾式メタン発酵プロセス商用機の稼働例があり，国内でも自治体と民間企業による実証試験プロジェクトの実施例がある。この方式は，搬入廃棄物の前処理工程の簡略化が可能であるが，一方では，バイオガス化効率がやや低いことや異物を多く含む発酵残渣の農地などへの還元利用が限定的になるといった課題もある。

非生分解性の粗大物の混入に対応すると同時に，これらの課題の解決を図ることを目的に，無加水二槽式メタン発酵プロセスを開発した（環境省・循環型社会形成推進科学研究費補助事業，2008～2009年。協和エクシオ㈱と共同実施）。家庭から排出される未分別可燃ごみを対象とする本施設は，搬入された可燃ごみを精密に選別し，加水・粉砕してスラリー状にするのではなく，ごみ袋を破袋して粗く破砕した可燃ごみ中の生分解性有機物を第一槽で可溶化し，溶解性有機物のみを第二槽のメタン発酵リアクタに送ることによって効率的なメタン発酵を行うものである。粗大物，非生分解性異物は，機械装置によって第一槽から系外に排出する。

メタン発酵プロセスを可溶化・酸生成リアクタとメタン発酵リアクタの二槽で構成するシステムは以前から実用化されていたが，本プロセスではメタン発酵リアクタの発酵液の一部を第一槽に還流することで，有機物の可溶化に適した条件を維持することを可能とした。その結果，２つのリアクタの総容積は，一槽式の同等の処理能力を持つメタン発酵プロセスとほぼ同等となっている。本システムは，地方都市の清掃工場において，実際の未分別可燃ごみを用いた長期間実証運転を実施し，異物除去換算した生ごみ１トンあたり約150 m^3のバイオガスを回収できることを実証した[6)]。なお，本システムの第二槽，すなわちメタン発酵リアクタは，中温の完全混合型を採用している。

4.2　下水汚泥と生ごみの混合消化

国内で畜産廃棄物に次いで２番目に大量に発生する有機性廃棄物は下水汚泥である。2008年の下水道事業団資料によれば，その発生量は年間約78百万トンであり，その内22.7百万トンが嫌気性消化槽に投入されている。なお，ここで言う下水汚泥とは濃縮汚泥相当の汚泥であり，固形分濃度約2.8％に換算した発生量である。

下水汚泥は一般に脱水性が芳しくなく，脱水助剤の投入と多量のエネルギーを必要とする脱水設備によらなければ低含水率の汚泥脱水ケーキにはならない。したがって，下水汚泥を単独で焼却処理するためには多量の助燃料が必要であり，しかも汚泥は窒素を含むために，焼却温度を十分に高く維持しないと温室効果ガスであるN_2Oが発生するなどの問題がある。そこで，含水率の高い下水汚泥の減量ならびに脱水性の向上を目的に，嫌気性消化（メタン発酵）処理が広く行われている。しかし，下水汚泥の主な組成である微生物は加水分解を受けにくく，加水分解・可溶化の段階で長い時間を要する。そのために，下水汚泥の中温メタン発酵処理施設は，20日間以上の十分に長い水理学的滞留時間を確保できるように設計されているが，汚泥中の有機物のメタン発酵処理による分解率は決して高くはない。また，上述の通りメタン発酵リアクタに投入される下水汚泥中の固形物（有機物）濃度は一般に非常に低く，その95%以上は水分である。したがって，多大なエネルギーを使って高温メタン発酵条件にまで加温しても対費用効果は低い。一方，投入下水汚泥中の固形物（有機物）濃度が低いということは，リアクタへの有機物容積負荷率が比較的低い値であることを意味する。したがって，系内のメタン生成菌群への負荷は常に低い状態であり，他の加水分解を受けやすい有機物源を同時に処理すれば，メタン発酵リアクタ容積効率の向上が期待できる。下水汚泥と生ごみの混合メタン発酵プロセスの有効性の検証試験は，国土交通省の下水汚泥資源化・先端技術誘導プロジェクト（ロータスプロジェクト，2005～2006年。JFEエンジニアリング㈱，アタカ大機㈱，ダイネン㈱と共同実施）の一貫として実施した。その結果，通常の下水汚泥単独のメタン発酵プロセスに比べて，約2倍の有機物容積負荷率でも安定してメタン発酵処理できることが示された。現在，既存の下水汚泥メタン発酵施設を生ごみとの混合消化施設に改造する工事を実施し，施設の稼働を始めている。なお，本システムは，卵形消化槽などの完全混合型中温メタン発酵処理が主流になっている既存の下水汚泥メタン発酵処理施設を流用することも想定しているので，完全混合型の中温メタン発酵プロセスを採用している。

4.3　下水汚泥の高度減量化

前節では，下水汚泥と生ごみを混合メタン発酵処理することでリアクタ容積効率の向上を図った事例について紹介した。しかし，この事例では下水汚泥そのもののバイオガス化率を大きく改善するものではなく，下水汚泥の減量・減容化率は単独処理の場合と大きくは変わらない。そこで，下水汚泥の減量・減容化率の一層の向上を実現するために，下水汚泥のメタン発酵処理の前処理として水熱反応プロセスを採用することによって，汚泥中の有機物の分解率ならびに最終的な残渣の脱水性の大幅な向上が可能なシステムを構築した（三菱長崎機工㈱との共同開発）[7]。地方都市の下水処理場に設置したパイロットプラント（写真2）による実証試験データによると，

写真2　下水汚泥水熱―メタン発酵処理パイロットプラント
（長崎市西部下水処理場に設置）

水熱処理によって一部の易分解性有機物が酸化されるために後段のメタン発酵プロセスで回収されるバイオガス量は大きくは増加しないが，水熱処理によって難分解性有機物の生分解性が向上するために，システム全体の下水汚泥中の有機物の分解率は，単独メタン発酵処理した場合に比べて大きく向上する。さらに，メタン発酵残渣の脱水性も改善されるために，既存の脱水設備を流用しても最終排出物の発生量（湿重）を大きく低減できることが示された。このことは，残渣を外部に処分委託する場合に大きなコスト削減が期待できること，あるいは，施設内などで焼却処分する場合に必要な助燃料量の削減，ひいては，温室効果ガス発生量の削減への寄与が期待できることを意味する。なお，回収されるバイオガスは，水熱反応プロセスに必要な熱量を供給するためには十分な量であり，本システムは熱エネルギー自立型の下水汚泥処理システムである。また，後段のメタン発酵処理プロセスは，反応塔から排出される水熱処理汚泥が高温になっているため，高温下降流型固定床式リアクタを採用している。

5　おわりに

メタン発酵プロセスは，優れた省エネルギー性，あるいは，有効利用可能なエネルギー源の回収可能性を持つ有機性廃液・廃棄物の処理プロセスである。古代から受け継がれてきた微生物の機能を利用するメタン発酵プロセスは，工業的な応用技術開発の歴史も長く，幾多の新規なリアクタが提案され，実用化が進められてきた。その結果，今では，ある種の有機性廃液，廃棄物に対しては，高い効率で安定したメタン発酵処理が可能になっている。しかし，処理が必要な有機性廃液・廃棄物は極めて多様であり，単一のシステムを汎用的に適用することは恐らく適切ではない。このような観点から，本章では，限られた事例ではあるが，我々が異なった種類の有機性廃棄物を対象として開発してきたメタン発酵システムの一部について紹介した。

メタン発酵プロセスを構成する無数の微生物の機能を理解した上で，それらを積極的・能動的に制御し，活用できるようになるまでには，まだまだ長い時間が必要である。しかし，一方では，近年の分子生物学的な手法を適用することによって，これまでは網羅的，包括的な理解や定性的な推測の域を出なかった微生物菌相の構成や機能，相互作用が明らかになりつつある。いずれは，例えば，担体表面の化学的・電気化学的性質や物理構造，あるいは担体の流体中での配置や表面流速などを選択・設定することで，目的に合った微生物群の優占的な集積・維持が可能になり，対象や目的に合った「オーダーメード」のメタン発酵処理システムを設計できる日が来ることを期待したい。

文　　献

1)　平成22年度版　環境・循環型社会・生物多様性白書，環境省（2010）
2)　東郷芳孝，後藤雅史，多田羅昌浩，年報，鹿島技術研究所，**47**，p.135（1999）
3)　後藤雅史，白松雅文，土木学会誌，土木学会，**89**(4)，41（2004）
4)　福井久智，ヒートポンプとその応用，ヒートポンプ研究会，**77**(3)，36（2008）
5)　多田羅昌浩，第58回講演会講演要旨集，酵素工学研究会，p.15（2007）
6)　遠藤隆志，多田羅昌浩，村上宏，成果発表抄録集，平成21年度循環型社会形成推進研究発表会，p.29（2009）
7)　多田羅昌浩，菊池茂ほか，年報，鹿島技術研究所，**59**，p. 111（2011）

第15章　高負荷メタン発酵排水処理装置「UASB-TLP」

吉村敏機*

1　はじめに

排水の生物処理法は好気性処理と嫌気性（メタン発酵）処理に大別される。嫌気性処理は動力費が低く，発生するバイオガスが燃料として利用でき，汚泥発生量も少ないといった特徴から，特に東日本大震災以降注目を集めつつある。

現在のメタン発酵処理は上向流嫌気性スラッジブランケット法（UASB法），あるいはその変法が主流である。UASB法はメタン生成菌を中心とする嫌気性微生物を，グラニュールと呼ばれる顆粒状に自己造粒させ，原水を上向流で供給して槽内にスラッジブランケット層を形成させる処理法である。メタン生成菌は増殖が遅いため，いかにして槽内に菌を保持するかが重要であるが，UASB法ではグラニュールを形成させることで微生物密度と固液分離性を向上させ，槽内の微生物濃度を高めている（図1）。

UASB法は広く普及したメタン発酵処理法であるが，以下のような原理上避けられない欠点が存在する。

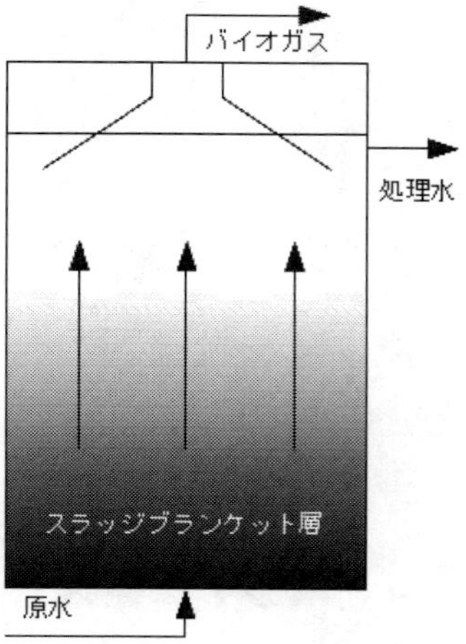

図1　UASB法

*　Toshiki Yoshimura　㈱エイブル　代表取締役社長

① 好気性処理のように曝気を行わないため，必然的に攪拌が弱くなる。排水と微生物の接触が進まないため，反応効率が低下する。また，発生したガスの脱離性が悪くなり，ガスがグラニュール表面を覆って排水との接触が妨げられ，これも反応効率を低下させる。さらに，発生したガスが集合して大きな気泡となり，突沸的にスラッジブランケット層内を上昇することで乱流を引き起し，未処理原水のショートパスが発生して処理水質の低下を招いてしまう。

② ①同様に槽内の攪拌が弱いため，いわゆる「デッドスペース」を生じやすい。好気性処理のような腐敗の恐れはないが，有効に利用できる槽の容積が小さくなり，処理能力を低下させてしまう。攪拌の弱さを補うため，循環ポンプや攪拌機を用いることもあるが，動力費が低いというメリットを損なうことになる。

③ 固液分離を考慮してグラニュールの粒径を大きく管理する必要がある。しかし，粒径が大きくなるほど，排水と接触する有効表面積が小さくなると同時に粒子内拡散距離が大きくなり，反応効率が低下してしまう。また，グラニュール内で発生するガスの脱離ができず，浮力によるグラニュールの浮上・流出を招く。

このように，UASB法は嫌気性処理であることとグラニュール形成の必要性から制約が存在し，その能力に限界があった。

2　高負荷型嫌気性排水処理システム「UASB-TLP」

当社の「UASB-TLP」は前述の欠点を改良することで処理能力を大幅に向上させることに成功した。図2に「UASB-TLP」の概略構造を示す。

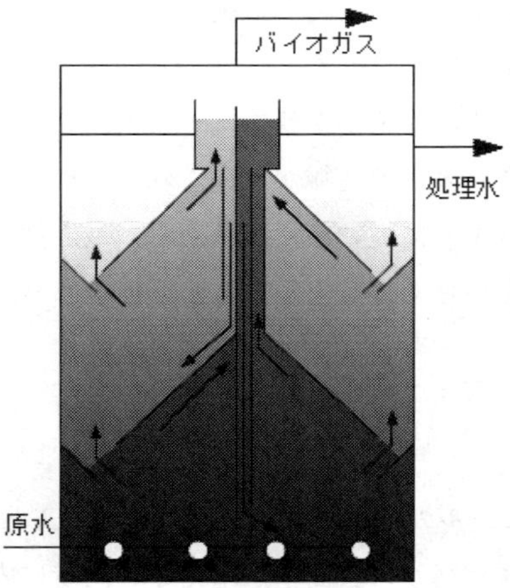

図2　UASB-TLP

2.1　乱流（Turbulent）と層流（Laminar）の組み合わせによる処理水質の向上

「UASB-TLP」では集気板により槽内が３つ（あるいはそれ以上）のエリアに区切られており，上部が層流ゾーン，下部と中間部が乱流ゾーンになっている。発生するバイオガスが槽内を上昇する時，グラニュールおよび槽内水を同伴して上向流が発生するが，「UASB-TLP」ではこの上向流が各ゾーン，別々に上部に到達するようになっている。上部に到達した上向流は脱気されて浮力を失うと，今度は下降流となって各ゾーンに戻っていく。ガス発生の盛んな下部および中間部では，発生する上向流と下降流によって縦方向の循環が形成され，槽内が攪拌される。

攪拌によりデッドスペースが解消されると同時に，グラニュールと排水の接触も盛んに行われ，高い反応効率が得られる。さらに発生したガスの脱離も促進されるため，グラニュール表面はガスで覆われずに常に排水と接触でき，突沸的なガス上昇も発生しない。このように乱流ゾーンでは攪拌により高い処理効率が得られるが，基本的には完全混合系なので必然的に原水の一部は未反応のまま流出し，処理水質は従来のままである。

最上部の層流ゾーンには，乱流ゾーンで処理された排水が流入する。負荷の大半が除去されているので，発生するガスも少ない。また，縦方向の循環流がないため，排水はスラッジブランケット層の中を静かに上昇していく，押出し流れ的な処理となるためショートパスが発生せず，処理水の水質が向上し，グラニュールの流出も抑制される。

このようにUASB-TLPでは，下部および中間部の乱流ゾーンでは攪拌により高い処理効率を実現し，最上部の層流ゾーンでは攪拌を抑えることで良好な処理水質を得ることができる。また，層流ゾーンおよび乱流ゾーン同士は区切られているため，各ゾーン間でのグラニュールの交換が起きにくい。このため各ゾーンでその環境に適した微生物が発生し，処理能力が向上する。

2.2　脈動流（Pulsation）による攪拌

UASB法では反応槽底部より原水を供給して上向流を発生させるが，「UASB-TLP」では上向流を脈動（パルス）させ，反応槽内に間欠的な振動を与えている。この振動は局所的に排水と微生物との接触を促進し反応効率を向上させる。

また，メタン発酵により発生するガスがグラニュール表面を覆うと，排水と微生物の接触を阻害する要因となるが，振動によりガスの脱離が促進されるため反応に有効な表面積を維持することができる。脈動は槽内を上昇するに従い徐々に減衰し，最上部の層流ゾーンにはほとんど影響を与えない。その結果，L/Dを小さく設計することが可能であり，建設コスト低減の面でも有利となる。

2.3　小粒径グラニュール

「UASB-TLP」ではグラニュールの粒径を小さくコントロールしている（図３，４）。グラニュールの粒径は小さいほど同一体積当りの表面積が増えると同時に内部拡散距離が減少し，反応効率を向上させることができる。

図３　従来法UASBのグラニュール

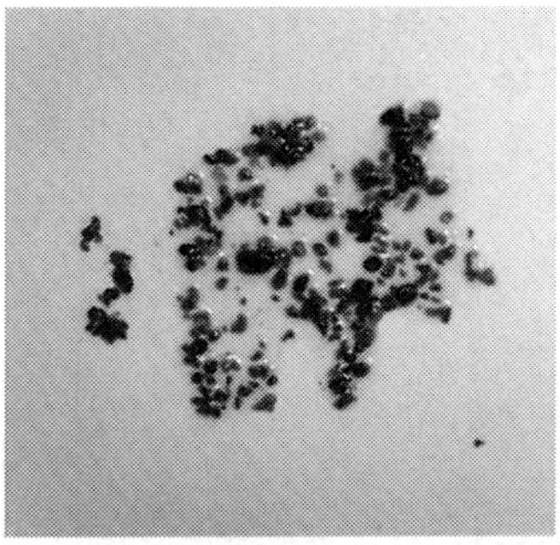

図４　UASB-TLPのグラニュール

以上のような特徴を持つ「UASB-TLP」では原水の基質にもよるが50 kg-COD_{Cr}/m^3・日の高負荷でも98％以上という非常に高い除去率を達成することができる。これは装置を小型化できるだけでなく，メタン発酵の適用範囲を大きく広げるものである。すなわち，「UASB-TLP」では，メタン発酵が従来持つ低い余剰汚泥転換率と，高いBOD除去率を同時に実現することが可能であり，下水放流の場合多くの排水について「UASB-TLP」単独の処理でBOD・SSとも放流基準を下回ることが可能である。排水処理システムは汚泥処分の必要がなく，低コストで簡素化されたものとなる。

3　メタン発酵処理の適用範囲

メタン発酵（嫌気性処理）では酸生成細菌・酢酸生成細菌・メタン生成細菌などの働きにより排水中の有機物がメタンガスに転換される[1)]。好気性とは異なる微生物が反応を司るため，その処理特性も異なる。メタン発酵の処理性については様々な知見が報告されているが[2)]，好気性処理と比較すると知見の蓄積は不足している。このため，当社では１つ１つの排水に対し個別に処理性の検討を行うようにしている。ここでは，処理性の検討方法および現在までに得られた知見について報告する。

3.1　処理性の検討方法

メタン発酵においては，当初は処理が進まない基質であっても，低濃度から徐々に馴養することにより，処理性が向上することがある。処理性が向上するまでの期間は様々であるが，当社の知見では処理性向上の兆しが見られるまでに４ヶ月後，安定した処理特性を獲得するまでにさらに５～６ヶ月を要した例がある。このように，処理性の評価には比較的長い期間を要する可能性があるため，当初は小規模での実験を行うのが望ましい。図５に当社がメタン発酵の可否を判断するために用いている実験装置を示す。振とう式の恒温槽と簡易的な攪拌羽根を組み合わせることで，温度維持と攪拌を行っている。メタン発酵の反応進行の判定は目視と発生するガス量に基

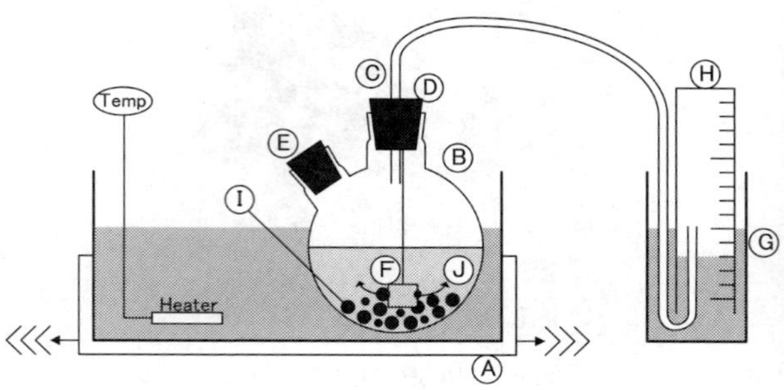

記号 (mark)	品名 (equipments)	
A	振とう恒温水槽	Shaking Water Bath
B	二口フラスコ	2-Neck Flask Glass
C	ガラス管	Glass Pipe
D	ゴム栓	Rubber Plug
E	サンプリング口	Sampling Nozzle
F	撹拌羽根	Mixing wing
G	水封槽	Seal Bath
H	ガス捕集管	Gas Sampler
I	グラニュール	Granule
J	サンプル水	Sample Water

図5　小型メタン発酵実験装置

づいて行う。

3.2　個別排水に対する知見

以下に，当社が個別の排水に対してメタン発酵処理の適用実験を行った際に，得られた知見について述べる。

3.2.1　ホルマリン排水

樹脂・接着剤系の工場排水はフェノールとともに比較的高濃度のホルマリンを含んでいる。ホルマリンは好気性・嫌気性いずれの微生物に対しても毒性を示し，また揮発性が高いため曝気の際に周囲に拡散する恐れがあり，好気性処理では処理が難しい排水である。排水原液の分析値は COD_{Cr} = 100,000 mg/L，BOD = 50,000 mg/L，ホルマリン = 10,000 mg/L，フェノール = 20,000 mg/Lであった。原液を500倍希釈し，ホルマリン濃度を20 mg/L程度に抑えて実験を開始した。なお，フェノールも40 mg/Lまで希釈されるが，この程度の濃度であればメタン発酵による処理が可能なことが分かっているので，特に考慮しなかった。実験開始後2週間程度でメタン発酵によるガスの発生が見られたため，徐々に濃度を上げていったところ50日後には10倍希釈（ホルマリン濃度1,000 mg/L）の原水に対し，COD_{Cr}除去率70%，BOD除去率95%を達成した。この処理水を活性汚泥で処理したところ，BOD＜25 mg/L，フェノール＜1 mg/L，ホルマリン＜1 mg/Lと河川放流可能な水質を得ることができた。

その後，中規模の装置で連続実験を行ったが，処理水を返送することでメタン発酵リアクターに入る濃度が200 mg/L程度であれば，ホルマリンは処理が可能であった。

3.2.2　テレフタル酸排水

ポリエステル繊維の風合い改良するため，苛性ソーダなどのアルカリで処理することを減量加工と言い，その排水にはポリエステルの加水分解物であるテレフタル酸およびエチレングリコールが多量に含まれている。

$$-(OOCC_6H_4COOC_2H_4)_{n-} + 2nNaOH \rightarrow nC_6H_4(COO^-Na^+)_2 + nC_2H_4(OH)_2$$

テレフタル酸はPET樹脂の製造に用いられる原料モノマーで，排水組成中の有機物量の75%を占める。ベンゼン管構造を持つため生物分解性は低いと考えられるが，嫌気性処理では分解が可能との報告もある[3)]。一方のエチレングリコールは比較的分解性が良いことが分かっている。

当該排水について，低濃度から馴養を行ったところ２ヶ月でCOD_{Cr}除去率90%，BOD除去率95%を得ることができた。別の実験でテレフタル酸単独での処理実験を行った時は，処理性を獲得するために６ヶ月以上を要している（十分な馴養後ではテレフタル酸単品でもCOD_{Cr}負荷20 kg/m^3·Dにおいて除去率90%を得ている）。これは処理性の良いエチレングリコールが共存していたため，馴養期間を短縮できたと考えられる。単独では処理性が悪く馴養に長期間を要する物質でも，処理性の良い物質を加えることで馴養期間を短縮できる。

3.2.3　グリセリン排水

一部の界面活性剤製造排水はグリセリンとともに高濃度の塩分を含んでいる。グリセリンは低分子の３価アルコールであり，嫌気・好気両者において生物分解性は良い。しかし，高い塩濃度は嫌気処理においても阻害要因となりうる。検討した原排水はCOD_{Cr}＝130,000 mg/L，BOD＝83,000 mg/L，塩濃度が120,000 mg/L（asNaCl）であった。塩濃度＝6,000 mg/L（20倍希釈）程度から馴養を開始し，徐々に希釈倍率を下げていったところ，塩濃度＝30,000 mg/L程度まではメタン発酵が進行した。しかし，反応効率は塩濃度とともに低下した。本廃液で言えば，COD_{Cr}除去率90%を達成できる容積負荷が塩濃度5,000 mg/Lでは35 kg-COD_{Cr}/m^3·日であり，塩濃度10,000 mg/Lでは20 kg-COD_{Cr}/m^3·日，25,000 mg/Lでは８kg-COD_{Cr}/m^3·日まで低下した。

3.2.4　ペクチン含有排水

従来，生物分解性が良好であると考えられている排水でも，条件によっては処理が困難なものが存在する。主に植物由来で食品にも増粘多糖類として含まれるペクチンがその例である。野菜や果実の搾汁液は適度に希釈すれば処理が難しい排水とは認識されていない。しかし，当社が野菜搾汁液のメタン発酵実験を行った時，処理を進めるに伴い排水中にゲル状の難溶解性物質の析出が見られ，これらがグラニュール表面を覆い反応が阻害されたため，容積負荷を20 kg-COD_{Cr}/m^3·日以上に上げることが困難だった。メタン発酵における析出物としてはMAP（リン酸マグネシウムアンモニウム）などが知られているが，ペクチンの析出による反応阻害についても，考慮すべきである。

3.2.5　隠れ油分の影響

原水BOD測定値が低いにも関わらず，実際に処理設備を運転すると酸素要求量や汚泥発生量が多く，あたかも測定されないBODが隠れていたかのような挙動を示す排水が多く存在する。これらの排水のTODやCOD_{Cr}を測定すると，他の排水と比較して高い値を示すことから，通常のBOD測定法ではカウントされないが，実際の処理設備（十分に馴養されていたり，汚泥に吸着されることで滞留時間が長くなったりする）では生物分解される成分があり，隠れBODとしての挙動を示すと考えられる。

同様のことが油分についても言える。すなわち，UASBにとって油分は，グラニュール表面に付着して反応低下や浮上・流出を招くため重大な阻害要因とされるが，計量分析における油分（ノルマルヘキサン抽出物質）の測定値と，メタン発酵への阻害の程度は必ずしも一致しない。この原因としては，以下のようなことが考えられる。①n-Hの分析法ではヘキサンによる抽出を行った後，80℃で溶媒であるヘキサンを揮発させ，残留抽出物を油分として測定するため，沸点80℃付近あるいはそれ以下の物質は測定されない。②比較的水溶性が高いもののグラニュールに対しては被覆あるいは浮上を誘発する物質が存在する（このような物質を油分と称するのは，適切でないかもしれない）。排水でこのような挙動を示す物質を特定することは容易ではないが，過去の実績・実験結果から類推すると，アルコール類の醸造時に発生するフーゼル油や，植物由来の排水に存在するテルペン，あるいはそれらに類似する物質が候補としてあげられる。アルコール醸造や植物由来の排水はメタン発酵の対象となることが多いので，これらの物質による阻害は認識されているよりも頻発している恐れがある。実装置設計の際には，前段でこれらの物質を除去することが必要であるが，その手法は困難なものではない。

3.2.6　有機塩素系化合物の影響

メタン発酵の前処理として電気化学的な処理を組み合わせた実験を行った。電気化学処理は電解により高濃度の次亜塩素酸を発生させ，発生期の次亜と原水と反応させるものだったが，この時高濃度の有機塩素系化合物が発生していたと推測される。この処理水をメタン発酵に導入した結果，グラニュールは壊滅的な阻害を受け，その後6～12ヶ月をかけても全く回復しなかった。発生していた有機塩素系化合物の種類や濃度は不明であり，またこのような成分が通常流入することも考えにくいが，その影響が甚大であるため一応の注意は必要である。

3.3　運転上のトラブルに対する耐性

次に，運転上のミスあるいは意図的にpHを大きく変動させて，メタン発酵が一度停止した状態からの回復に関する知見を示す。

(1)　アルカリ領域からの回復

実験において，苛性ソーダの過剰添加によりグラニュールをpH＝12.4に３日間暴露させた。グラニュールは部分的に溶解し，メタンガスの発生も止まった。粉末活性炭と粉砕グラニュールを添加して，グラニュールの造粒を促進し装置を回復させたところ，約１ヶ月でもとの反応活性を取り戻した。

(2)　酸性領域からの回復

実験において，高濃度の糖類を流入させプロピオン酸蓄積によりグラニュールをpH＝４以下に３日間暴露させた。この時も粉末活性炭を添加してグラニュールの造粒を促進し，装置を回復させたが，もとの反応活性を取り戻すには約２ヶ月を要した。

4 「UASB-TLP」の実施例

4.1 廃シロップ排水での実施例

以下に食品工場排水に，UASB－TLPを適用した実施例を示す（図7）。

(1) 処理条件

表1に処理条件を示す。原水は主に廃シロップであり，COD_{Cr}/BODは高いもののSS，油分はわずかである。また放流先は下水であった。

(2) 処理フロー

図6に本システムのフローを示す。調整槽に一度貯留された排水は酸発酵槽に送られる。酸発酵槽内には表面積の大きな担体が充填してあり，担体上に保持した通性嫌気性菌により有機酸発酵を行う。排水を有機酸発酵し，基質の低分子化および分子状酸素の除去をあらかじめ行うことで，CO_2の発生を抑えメタンガス転換率を向上させることができる。条件槽でpHおよび温度を調整された後，UASB-TLPに送られた排水はメタン発酵により有機物がメタンガスに転換される。UASB-TLPは内部が多段構造になっているため，ショートパスが抑制され高い除去率が達成される。沈殿槽にてわずかに流出するグラニュールが回収され，処理水はそのまま下水放流される。

(3) 運転結果

原水量・水質とも変動したが平均すると，原水量50 m^3/日，原水COD_{Cr}＝15,000 mg/Lに対し，約320 m^3/日のバイオガスを回収することができた。バイオガスのメタン濃度は約88％程度だった。また，このバイオガスをボイラー燃料とすることで3.8 T/日程度のスチームを得ることができた。処理水質はBOD·SSとも，下水放流の基準を十分に満たすことができた。

バイオガスはボイラー燃料のだけでなくガス発電の燃料として使用することもできる。食品工場排水のメタン発酵から得たバイオガス42 m^3/日（メタン濃度89％）をガス発電の燃料とした場

表1　廃シロップ排水処理設計条件

	原水	放流水(実績値)	規制値
水量	60 m^3/日		
COD_{Cr}	16,000 mg/L	1,300 mg/L	
BOD	10,000 mg/L	150～400 mg/L	600 mg/L以下
S　S	100 mg/L	50～420 mg/L	600 mg/L以下

調整槽 (30 m^3) → 酸発酵槽 (60 m^3) → 条件槽 (1 m^3) → UASB-TLP (38 m^3) → 沈殿槽 (3 m^3) → 下水放流

図6　処理フロー

図7　廃シロップ排水処理装置

合，71 kWh/日の電力を得ている[4)]。

4.2　アルコール排水での実施例

次にアルコール排水にUASB-TLPを適用した実施例を示す。本設備は中国においてタピオカでんぷんおよび砂糖きびを原料に，アルコールを製造した排水を処理しているものであるが，日量80～100 T-COD_{Cr}の流入負荷に対し，COD_{Cr}負荷30 kg/m^3・Dにおいて除去率70％を達成している。当初の想定以上にMAPの生成が見られ，その対策に追われているが運転は順調であり，生産量の増大に伴い現状の2基に加えさらに1基を建設中である。なお，現地ではUASB-TLP処理水を有効な肥料として利用している。約2,000 m^3/Dをタンクローリーで移送し，近隣の畑などに散布している（図8）。廃液からバイオガスとしてエネルギーを回収するだけでなく，肥料として窒素・りんなども再利用しており，完全なリサイクルが達成されていると言える。

図8　UASB-TLP（中国），および肥料としての利用の様子

5　今後の展開

現在，メタン発酵の適用範囲はCOD_{Cr}数1,000 mg/L以上の比較的高濃度な排水に限定されている。これは，低濃度ではグラニュールの造粒がうまく行かず，また反応効率も下がることが原因である。UASB-TLPでも低濃度では確かに除去率は下がるが，達成している除去率と容積負荷は好気性処理と較べ十分優位性がある（図9）。また，グラニュールの形成は絶対条件ではなく，別の方法でメタン菌の保持を行えば，必ずしも強固なグラニュールを形成させる必要はない。現在当社では，メタン菌の保持方法について様々な方法を開発済みであり，メタン発酵の適用範囲を飛躍的に拡大できるものと考えている。

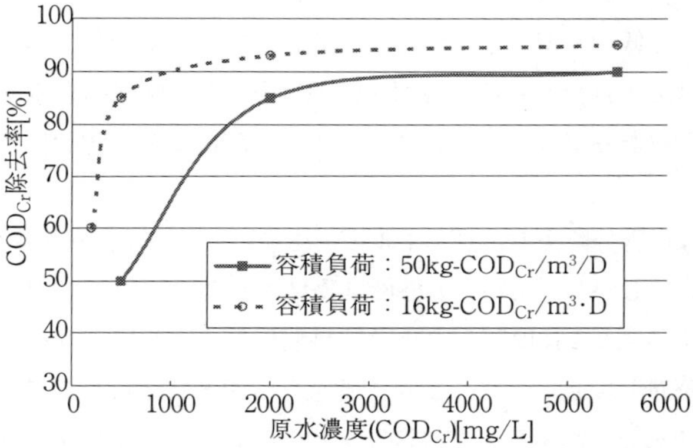

図9　原水濃度と除去率の関係

文　　献

1）R. E. Speece，産業廃水処理のための嫌気性バイオテクノロジー，技報堂出版，p.30（1999）
2）R. E. Speece，産業廃水処理のための嫌気性バイオテクノロジー，技報堂出版，p.265（1999）
3）篠田吉史，*Journal of Environmental Biotechnology*, **5**(2), 73（2006）
4）時秀樹ほか，ソース工場排水を用いたバイオガス発電の連続試験，第21回廃棄物資源循環学会研究発表会，B9-3（2010）

第16章　乾式アンモニア・メタン発酵法

西尾尚道[*1]，中島田　豊[*2]

1　はじめに

生物系有機廃棄物の日本国内における年間排出量は湿重量基準で２億8000万トンもあり（平成11年度調べ），家畜糞尿（湿重量基準），および活性汚泥法に代表される好気性処理により生じる余剰汚泥（濃縮汚泥基準）がその７割を占める[1)]。近年，化石燃料に由来するCO_2排出量削減や資源循環利用を図るため，生物系廃棄物を中心とする未利用バイオマスの有効活用法が盛んに検討されている。木材などの低含水率バイオマスは，高温での水蒸気改質によるガス化が可能である。一方，国内バイオマスの大部分を占める糞尿・汚泥は通常80～90％の含水率を持ち，物理的ガス化には重油などの補助燃料を必要とするため，メタン発酵による生物的処理・エネルギー回収が期待されている。

一方，メタン発酵は炭素分除去およびエネルギー生産にはなるが，富栄養化で問題となる窒素，リン除去には向かない。しかし，生物系有機廃棄物には窒素132万トン，リン酸62万トンが含まれていると推定されており[1)]，これは国内の化学肥料使用量に対してそれぞれ260％，102％に相当するので，これらは廃棄して良いものではなく貴重な資源と言える。筆者らは，これまでに余剰脱水汚泥，生ゴミ，鶏糞など高窒素含有有機廃棄物の乾式メタン発酵法の検討を行い，持続的な乾式メタン生成にはアンモニア濃度の制御が最も重要であることを明らかにし，有機物中のアンモニアを回収・再利用するとともに，持続的なメタン発酵を行うアンモニア・メタン乾式発酵プロセスを開発した。ここにその概略を紹介する。

2　乾式メタン発酵とは

メタン発酵プロセスにおいて処理物中の固形物含量（TS）は発酵リアクターの形状および処理性能に大きな影響を与える。TS濃度の違いで湿式（wet,～10% TS），半湿式（semi-wet，10～25% TS），そして乾式（dry，25～40% TS）メタン発酵に分けられる。ただし半湿式と乾式の

＊1　Naomichi Nishio　広島大学　大学院先端物質科学研究科　分子生命機能科学専攻　特任教授

＊2　Yutaka Nakashimada　広島大学　大学院先端物質科学研究科　分子生命機能科学専攻　准教授

区別は曖昧であり，おおむね20％以上のTS濃度を処理するものを乾式メタン発酵と呼ぶことも多い。乾式メタン発酵では湿式と比較して排水容積当たりの有機物含量が高く，同じ有機物量を処理するための槽容積を小さくできる。さらに，発酵後の消化液量が少なくなるので水処理に関わる処理施設の小型化によるコスト低減が見込めるなどの利点がある。

3　余剰汚泥の二槽式乾式アンモニア・メタン発酵プロセスの開発

日本全国の排水処理場で稼働している活性汚泥法は処理水質が高い優れた有機排水処理法であるが，処理後に必ず余剰の活性汚泥が排出される。その量は濃縮汚泥（固形物含量約２％）で約１億トン，乾物基準で170万トンという莫大なものであり汚泥の減容化が望まれている。そのため，大規模下水処理場では汚泥減容化，エネルギー回収を目的として濃縮汚泥の嫌気消化（メタン発酵）が行われている。一方，中小規模の排水処理施設では施設面積の制約や処理コストから普及が進んでおらず，大部分が汚泥を80％程度まで脱水した後，埋め立てやコンポスト化（肥料化）などの場外処理が行われている。しかし，埋め立てにおいては最終処分場の逼迫，コンポスト化においては堆肥需要の減少など問題があり，小規模施設にも導入可能な効率の良い，コンパクトな装置での汚泥減容化，エネルギー回収が可能な装置の開発が求められている。そこで，筆者らは，既存の脱水汚泥装置から排出される80％程度の脱水汚泥をそのままメタン発酵処理できる乾式メタン発酵プロセスの開発を試みた[2]。

本研究開発では乾式メタン発酵処理用標準脱水汚泥として広島県内の排水浄化センターから排出される余剰脱水汚泥（以下原料汚泥）を用いた。メタン発酵種汚泥としては広島県内の下水処理場にある余剰汚泥の高温嫌気消化脱水汚泥（以下種汚泥）を用いた。各汚泥の性状を表１に示す。

まず，含水率80％の脱水汚泥のメタン発酵の可能性を探るために，メタン発酵種汚泥と脱水汚泥を３：１で混合し，55℃で15日間の乾式メタン発酵を開始した。15日毎に発酵汚泥を1/4引き抜くとともに新たに脱水汚泥を同量添加する反復回分培養を行った。本手順を３回繰り返した結果を図１に示す。初回の回分培養では全湿重量当たり600 mmol/kg-湿汚泥のメタンが生成したので，順調にメタン発酵が行われるかに見えたが，回分培養を繰り返すにつれてメタン生成は徐々に低下し，４回目では完全に停止した。アンモニア濃度の推移を見ると，回分培養を繰り返すに

表１　使用した余剰脱水汚泥，鶏糞およびメタン発酵種汚泥の性状

測定項目	余剰脱水汚泥	鶏糞	メタン発酵種汚泥
固形物含量（TS％，w/w）	20	25	20
有機物炭素含量（％ TS）	57	38	27
有機物量（％ TS）	87	58	56
アンモニア窒素（mg-N/kg-ww*）	1,300	2,600	630
全窒素（mg-N/kg-ww*）	13,000	21,700	6,400

＊　湿重量基準

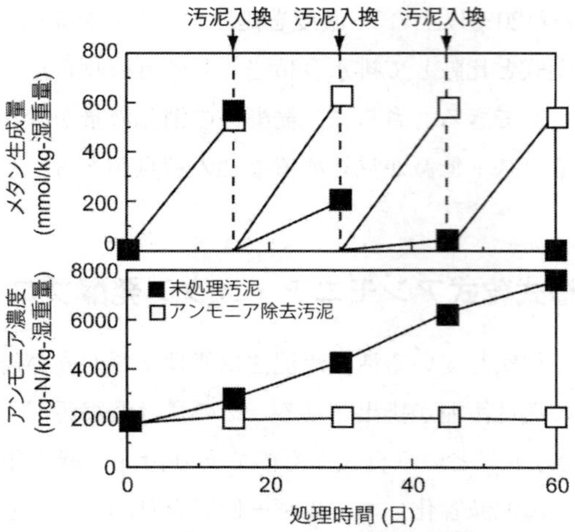

図1　脱水汚泥およびアンモニア除去汚泥の反復回分メタン発酵

つれてアンモニアが徐々に蓄積していることが判った。そこでメタン生成に及ぼすアンモニア濃度の影響を調べたところ，1,800 mg-N/kg-湿汚泥のアンモニア濃度でメタン生成が50％阻害されたことから，脱水汚泥の乾式メタン発酵ではアンモニアの蓄積がメタン生成の主要阻害物質であることが示唆された。

3.1　汚泥中アンモニア濃度の制御方策

アンモニアがメタン発酵における主要阻害物質であることは良く知られていることであるが，乾式メタン発酵では有機物濃度が湿式発酵法と比較して非常に高いことから，タンパク質の分解過程で遊離するアンモニアの蓄積は特に顕著である。アンモニアを低濃度に抑える方法としては，①水や窒素含量の低い廃棄物を混合しアンモニア濃度を低くする希釈法，および②処理物からアンモニアを除去し回収するストリッピング法が考えられた。現在，稼働している実プラントにおいてアンモニア濃度を制御する方法は主に前者の希釈法である[3)]。しかし，希釈はメタン発酵槽の容積増加，水処理施設の大型化による建設コストの増大，余分な添加水を加温するためのエネルギーコストの上昇など乾式メタン発酵の利点を大きく損なう。また，紙や剪定枝など窒素含量の低い廃棄物を混合すれば乾式発酵法の利点を維持することができるが，そのような廃棄物をバランス良く収集できる場所，時期は限られる。

一方，ストリッピング法は乾式発酵法の利点を損なうことなくアンモニアを低濃度に制御でき，アンモニアは高濃度で回収できるので運搬・貯蔵が容易であり，さらにメタン発酵残渣の窒素濃度が低下しているので高次処理が必要な場合でも処理コストの低減が期待できる。そこで，筆者らは希釈法ではなくストリッピング法によりアンモニア濃度を制御する新規乾式メタン発酵プロセスの開発を試みた。

ここで溶液中におけるアンモニアの存在形態を説明するとともに，アンモニアストリッピング

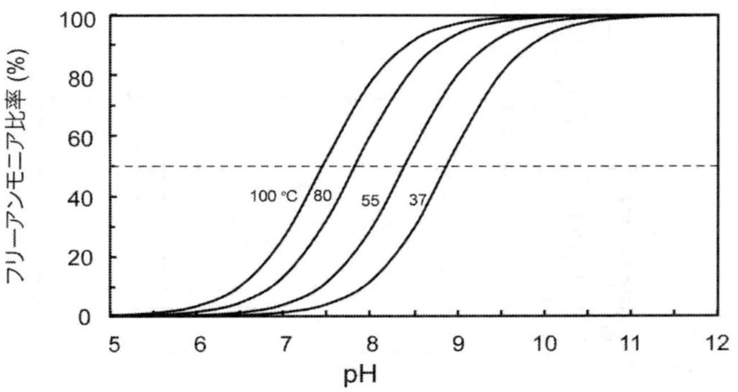

図２　フリーアンモニア比率の温度およびpH依存性

の原理を述べる。通常，水溶液中においてアンモニアはフリーアンモニア（NH_3）とアンモニウムイオン（NH_4^+）の形で存在している。NH_3比率はpHと温度に依存し，純粋なアンモニア水では図２のように示される。pHと温度が高いほど，NH_3比率は高くなり，37℃の場合，pH７では１％程度であるがpH 11になると99％がNH_3となる。55℃の時では，pH９でもNH_3比率は80％に達する。NH_3は溶解度が非常に低いので汚泥へのガス通気により溶液から比較的容易に分離できる。

3.2　乾式メタン発酵に及ぼす脱水汚泥からの遊離アンモニア除去の効果

アンモニア除去によりメタン発酵が首尾良く行えるか確かめるために，種汚泥と原料汚泥の混合比率を１：４としてpH 7.0，55℃で６日間培養することによりアンモニア高蓄積汚泥を調製した。培養後のアンモニア発酵汚泥から図３に示した全容５Lの乾式アンモニア除去・回収装置を用いてアンモニアを除去回収した。本装置は反応槽自体が水平回転するとともに中心軸からずらして設置された撹拌翼により汚泥を混合する仕組みである。本装置にアンモニア発酵汚泥を入れ，水酸化ナトリウムにてpHを12まであげるとともに，反応温度を80℃として，ガス循環を行い，途中５N硫酸に通すことにより硫安としてアンモニアを除去した。その一例を図４に示す。最初に7,500 mg-N/kg-湿汚泥あったアンモニアは反応開始後１時間で2,000 mg-N/kg-湿汚泥，反応４時間で400 mg-N/kg-湿汚泥まで低下した。

この脱アンモニア汚泥を使用して先の実験同様に，反復回分培養を行った（図１）。その結果，予想通り，脱アンモニア汚泥を使用した場合，乾式メタン発酵を連続的に行っても，メタン生成は停止せず，アンモニアの蓄積も起こらなかった。

以上の検討の結果，乾式メタン発酵阻害の主要な原因は，培養初期に生成する高濃度のアンモニアによるものであることが判った。さらに，アンモニア生成の大部分は数日以内で終わることから，アンモニア生成および有機酸生成を担うアンモニア発酵槽，生成したアンモニアを除去・回収するアンモニアストリッピング装置，そしてアンモニア除去汚泥の嫌気消化を行う乾式メタン発酵槽からなるアンモニア・メタン二段発酵プロセスが適当であるとの結論に達した（図５）。

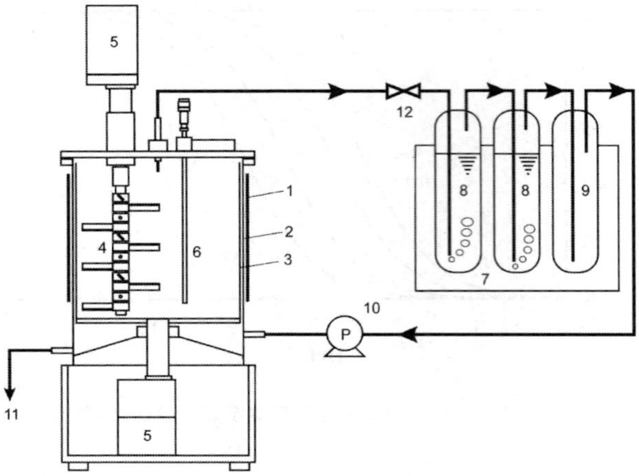

図3　アンモニアストリッピングおよび単槽式乾式アンモニア・メタン発酵装置概要図

(1)ヒーター，(2)反応槽外槽，(3)反応槽内槽，(4)撹拌翼，(5)撹拌用モーター，(6)熱電対，(7)恒温槽，(8)5N硫酸水溶液，(9)トラップ，(10)ガス循環ポンプ，(11)ドレイン。乾式アンモニア・メタン発酵装置として用いる場合，トラップに脱酸素剤を封入した。

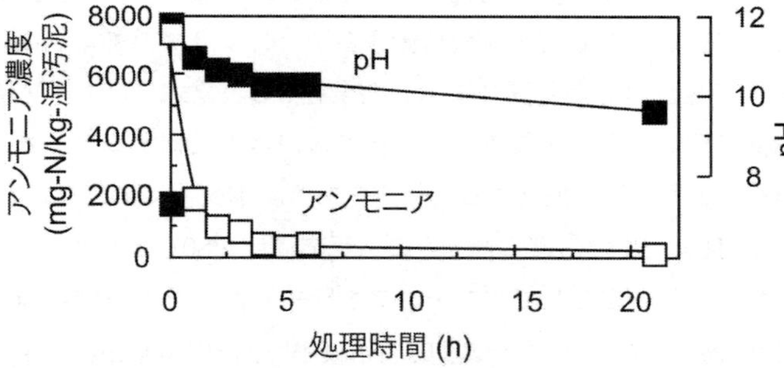

図4　図3のアンモニアストリッピング装置を用いたアンモニア発酵汚泥からのアンモニア除去性能およびpHの経時変化

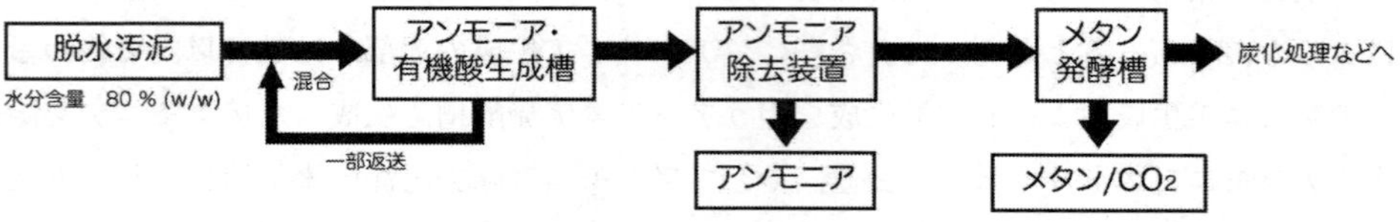

図5　脱水汚泥の乾式アンモニア・メタン二段発酵プロセスフロー

3.3　脱水汚泥のアンモニア発酵

プロセスの構成を決めたので，次いでアンモニア発酵の最適汚泥滞留時間を決定するために，種汚泥：原料汚泥を１：１の比率で混合して10日間培養した後に，全汚泥の半量を引き抜き，原料汚泥（pH７～８に調製）を半量添加して培養を続けた。この操作を設定した汚泥滞留時間（SRT：Sludge Retention Time）の半日毎に繰り返して行った。培養温度を55℃および37℃に設定してアンモニア発酵を行った結果を図６に示す。培養温度37℃の場合，SRTを４日以上とした時，5,500 mg-N/kg-湿汚泥のアンモニア生成，培養温度55℃ではSRT２日程度で6,000 mg-N/kg-湿汚泥の安定したアンモニア生成を確認した。そこで，本プロセスではより短い発酵期間で高濃度かつ安定したアンモニア生成を行える55℃でのアンモニア発酵を採用した。

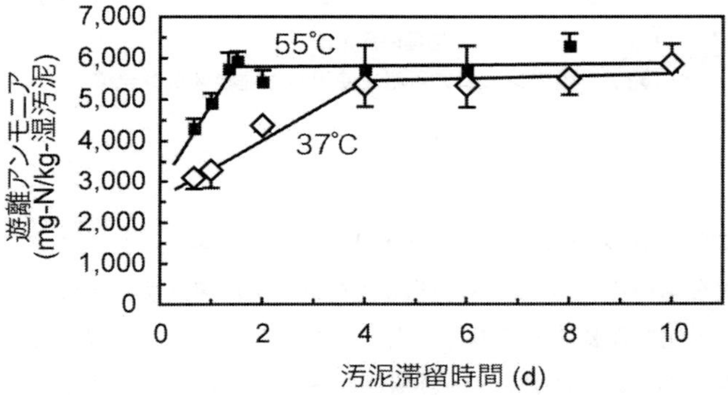

図６　アンモニア連続発酵試験結果

3.4　脱アンモニア汚泥の連続乾式メタン発酵試験

提案した乾式アンモニア・メタン二段発酵プロセスの有効性を確認するために，攪拌機能を持つ槽容量10 Lの乾式メタン発酵用ラボリアクターを製作して，図３の装置を用いてアンモニア除去した脱水汚泥の連続メタン発酵を行った。メタン発酵種汚泥５kgに対し，設定した滞留時間に応じて脱アンモニア汚泥を毎日投入し55℃で培養した。ガス生成による減量分を考慮してリアクター内の汚泥量が５kgとなるように汚泥を適時引き抜いた。その結果を図７に示す。汚泥滞留時間20日で２ヶ月以上の安定したメタン発酵が可能であった。さらに滞留時間を17日に短縮すると，変更した初期ではガス生成は安定していたが，処理時間140日以降，主にプロピオン酸が蓄積し始めた。本実験の滞留時間20日におけるバイオガス収率は平均で0.58 Nm^3/kg-VS（VS：volatile suspension，揮発性固形分），メタン含量は平均で64％アンモニア濃度は2,000 mg-N/kg-湿汚泥前後を推移し[2)]，湿式法と遜色のない発酵が可能であることが示された。

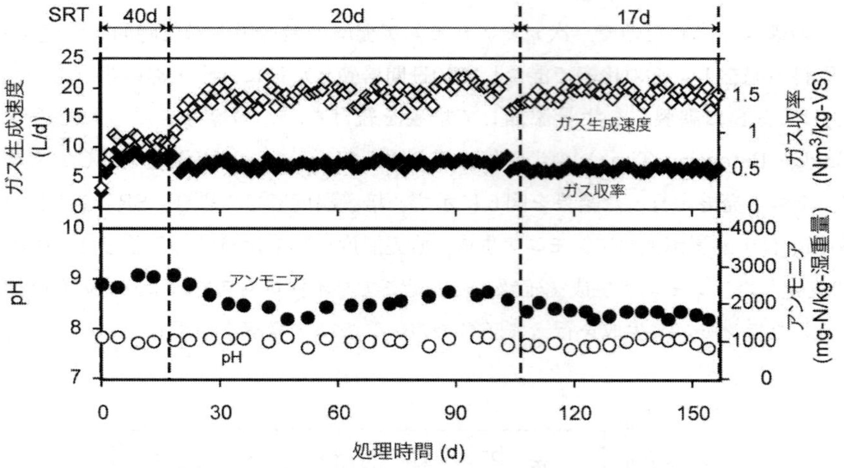

図7　脱アンモニア汚泥を使用した連続メタン発酵

3.5　乾式アンモニア・メタン二段発酵ベンチリアクター試験

脱アンモニア汚泥を用いると汚泥滞留時間20日で長期乾式嫌気消化が可能であることが判ったので，日量100 kgの汚泥処理装置の稼働を目指しベンチリアクターを製作した（図8）。装置は，①脱水汚泥の仕込み，②アンモニア発酵，③脱アンモニア操作，④乾式嫌気消化，⑤汚泥排出などが挙げられる。アンモニア発酵槽は150 kg/日を処理可能な装置を製作，原料汚泥75～100 kgの継続的な仕込みを行った。アンモニア除去は，アルカリ・高温条件にて汚泥を汚泥溜めと放散塔を循環させることにより行う装置を開発した。嫌気消化槽は総容量3.3 m^{3}とし，充填率約60～90

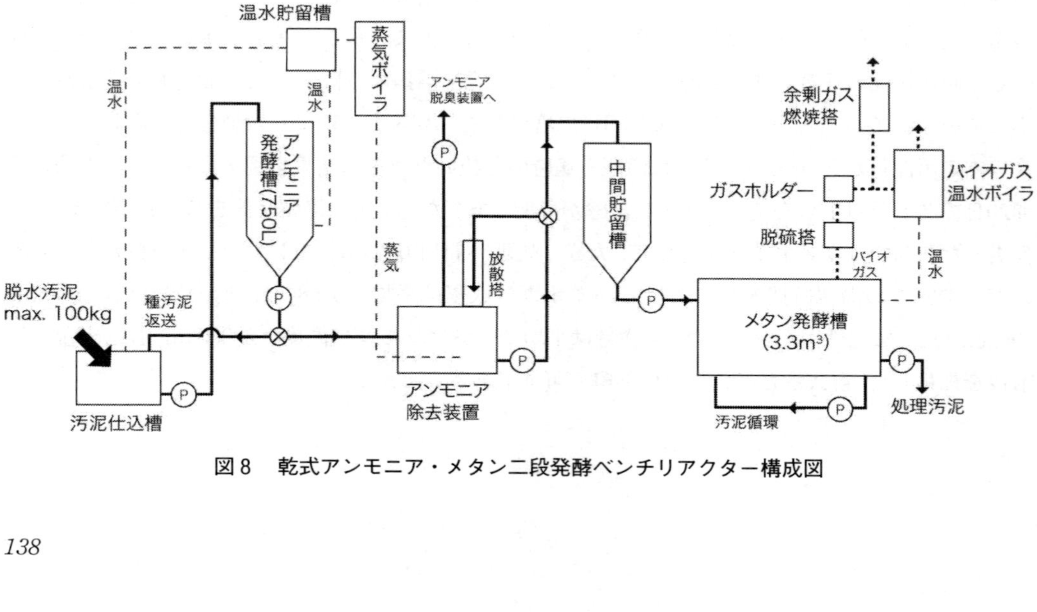

図8　乾式アンモニア・メタン二段発酵ベンチリアクター構成図

％で滞留時間20日での運転可能な容積を持たせた。また槽温度を55℃に保つためにバイオガス焚きの温水循環ボイラー，余剰ガスの燃焼塔などを併設した。

まず，仕込み槽内において種汚泥（メタン発酵汚泥もしくはアンモニア発酵終了後汚泥）と原料汚泥を１：４で混合，55℃，pH７～８に調製した後に，アンモニア発酵槽に移送して55℃で２日以上のアンモニア発酵を行った。アンモニア発酵後の汚泥を脱アンモニア槽に移送後，85℃以上，pH 11以上の条件下で汚泥中に含まれるアンモニアをガスとして放散させて，脱アンモニアを行った。汚泥中アンモニア濃度が1,000 ppm以下となった時点で処理を終了，pH７付近に調整後中間貯留槽に移送した。メタン発酵槽への脱アンモニア汚泥の供給は，中間貯留槽から設定汚泥滞留時間に応じた量を毎日自動的に供給した。メタン発酵槽からの発酵残渣の引き抜きは，メタン発酵槽に設置したレベル計により，２m^3のベッド量が維持されるように自動的に排出を行った。メタン発酵種汚泥は広島県内の下水処理場の嫌気消化脱水汚泥を使用し，総汚泥容積2.0 m^3，55℃で連続乾式メタン発酵を行った。

約半年の運転の結果，アンモニア発酵後の汚泥アンモニア濃度は平均5,600 mg-N/kg-湿汚泥，全窒素分からの変換率は60％であった。汚泥中アンモニアを1,000 mg-N/kg-湿汚泥以下にまで低減した脱アンモニア汚泥を乾式メタン発酵した場合，滞留時間20日で汚泥アンモニア濃度は3,000 mg-N/kg-湿汚泥以下で推移し，アンモニア阻害のない安定した発酵処理が可能であった。バイオガス発生速度は汚泥投入負荷と比例して変動し，バイオガス収率は0.42 Nm^3/kg-VS（メタン含量64％）となり，研究室での結果よりも低くなった[4)]。この原因の１つとして，発酵槽内の汚泥循環速度を速くすることでバイオガス収率が改善する傾向が見られたことから，装置内での不十分な汚泥混合が考えられた。乾式発酵では処理物の粘性が高いので装置規模が大きくなるにつれて均一な混合撹拌がより困難になるが，バイオガス収率のさらなる改善のためには大規模装置での混合撹拌機構の工夫が重要であろう。このような問題点は見いだされたものの，今回開発した乾式アンモニア・メタン二段発酵プロセスは汚泥処理量100 kg/日，滞留時間20日のベンチ規模でも十分機能することが明らかとなった。

4　鶏糞の単槽式乾式アンモニア・メタン発酵プロセス

脱水汚泥のみを基質としてアンモニアおよびメタンを回収利用できるプロセスとして乾式アンモニア・メタン二段発酵法を開発できたので，全国の排水処理場の約半数に当たる汚泥排出日量２tの処理規模の装置について事業性に関わるフィージビリティースタディーを行った。しかし，アンモニア除去工程における加温に必要な燃料コストおよびアルカリ，酸などの薬液コストなどの運転コストがエネルギー収率および経済性を悪化させることが判った。また，アンモニア発酵槽，アンモニア除去装置，そしてメタン発酵槽からなる装置構成は複雑であり装置コストを上昇させる。そこで，アンモニアを除去回収しメタン発酵を行うというコンセプトは変えず，アンモニア発酵・除去とメタン発酵を単一槽で行える新規発酵装置の開発を，脱水汚泥よりさらに高い窒素含有量を持つ鶏糞を対象として行った。使用した鶏糞の代表的な性状を表１に示したが，湿重量当たり脱水汚泥の約２倍の窒素含量を持っておりハードルはより高い。しかし，国内養鶏業は大規模化しており大型処理施設での実用化が期待できるとともに，世界的にも畜産業の中で宗教的な制約が少なく健康指向の高まりから鶏肉の需要は年々高まっており，将来，国際的な展開も見込めることから鶏糞を処理ターゲットとして選定した。

4.1 無加水鶏糞からの二段発酵法によるメタン生成

まずは，鶏糞発酵物からアンモニアを除去することにより本当にメタン発酵が可能であるかを先に開発した二段発酵法により検討した。まず，脱水汚泥処理時に用いたメタン発酵種汚泥と鶏糞を等量ずつ混合し37℃，55℃，65℃で８日間回分培養したがメタン生成はほぼ見られず，平均で約16,000 mg-N/kg-鶏糞ものアンモニアが生成した。そこで，脱水汚泥と同様の方法でアンモニアを除去後，高温メタン発酵種汚泥と等量で混合しメタン発酵したところ，1.2 L/kg-湿汚泥のメタン生成が見られた[5)]。しかし，本実験の終了時点でアンモニアが再蓄積していたので，再度アンモニア除去しメタン発酵試験を行ったところ，さらに7.3 L/kg-湿汚泥ものメタンが生成した。以上の結果から，鶏糞においてもアンモニアがメタン発酵の主要阻害因子であり，アンモニアを除去・回収することにより乾式メタン発酵が可能となることが示唆された。

4.2 単槽式乾式アンモニア・メタン発酵の基本コンセプト

単一発酵槽でアンモニア生成・除去とメタン発酵を行うためには，鶏糞からのアンモニア生成速度に見合う速度でアンモニアを除去・回収できるプロセスを発酵槽に組み込めば良い。アンモニアはフリーアンモニア（NH_3）の状態になると溶解度が低下し，気体を吹き込むことにより容易に気化する。図２に示したようにフリーアンモニア存在率は温度とpHに依存し，高温メタン発酵の至適温度である55℃の時，pHが8.5あればフリーアンモニア存在率は56％もあり，ストリッピングによるアンモニア除去は可能である。都合の良いことに，メタン発酵における最適なpHは7.5～8.5の弱アルカリ性であることから，従来の高温発酵法にアンモニア除去機構を組み込むことにより，簡単に単槽式乾式アンモニア・メタン発酵法が可能となると考えた。

4.3 単槽式乾式アンモニア・メタン発酵試験

図３に示したアンモニアストリッピング装置はもともと，乾式メタン発酵槽として設計されており，アンモニア回収機構を組み込んだ高温乾式メタン発酵装置としても使用可能であった。そこで，バイオガスリサイクル時に混入する酸素を除去するために図３，番号９のトラップに除酸素材を入れた程度の仕様変更で鶏糞の単槽式乾式アンモニア・メタン発酵装置として用いることとした[6)]。本試験では3.2 kgのメタン発酵種汚泥を培養槽に充填後，120 gの生鶏糞を添加することにより発酵を開始した。撹拌スピードは発酵槽および撹拌翼とも10 rpmとした。ヘッドスペースガスは常時５L/分で循環され，途中の硫酸トラップでアンモニアは硫安として回収・除去され

た。発酵開始後，10日目以降に旺盛なメタン生成が観察されたので，メタン生成速度が低下した時点で適時，生鶏糞を添加，同時に同量の発酵汚泥を抜き出すことにより半連続的乾式メタン発酵試験を行った。約130日間の発酵試験の結果を図９に示す[7]。途中60～80日目でガス流量計のトラブルによりバイオガス生成量が計測できなかったが，その後は平均60 L/kg-鶏糞（メタン含量58%）という安定したバイオガス生成が見られた。培養期間中，アンモニア濃度はほぼ3,000 mg-N/kg-湿汚泥に保たれていることから，本装置によるアンモニア除去機構が良好に作動していることが示唆された。また，汚泥pHも培養開始後20日以降，ほぼ8.5に安定して維持されていたことも，安定したアンモニア除去に寄与したと考えられる。

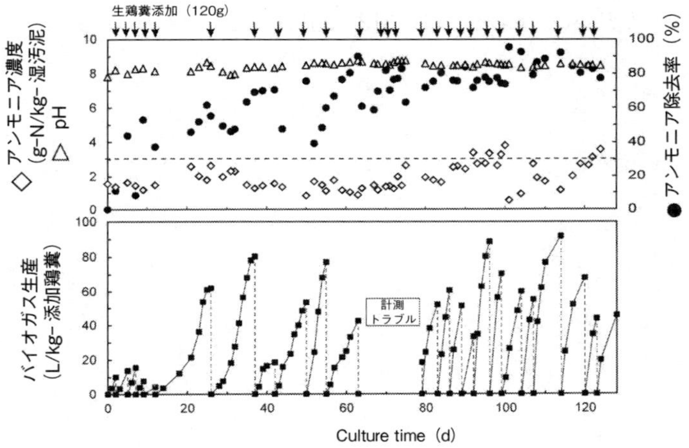

図９　生鶏糞の単槽式乾式アンモニア・メタン発酵試験結果

5　まとめ

本章では，高窒素含有有機廃棄物の嫌気消化処理プロセスにおいて不可避的に生成するアンモニアを前もって除去することにより持続的な乾式メタン発酵が可能なことを，余剰脱水汚泥および鶏糞を用いて示した。また，乾式メタン発酵槽にアンモニア回収機構を設けることによりアンモニア生成，除去，メタン発酵を同時に達成する単槽式乾式メタン発酵が可能であることを述べた。さらに誌面の都合上割愛したが，同様のコンセプトをモデル生ゴミにも適用できることを報告している[8]。これらの成果から筆者らは，生物系有機廃棄物のエネルギー資源化技術として今回開発したアンモニア・乾式メタン発酵プロセスが汎用的に活用できると考えている。アンモニアは，現在，ハーバーボッシュ法などの化石エネルギーの大量消費型プロセスで製造されており，アンモニアを高濃度に回収できる本プロセスは，窒素資源の効率的な回収・再利用技術としても重要な位置付けを占めることを期待したい。

文　献

1) 生物系廃棄物リサイクル研究会，生物系廃棄物のリサイクルの現状と課題：循環型経済社会へのナビゲーターとして，p.85（1999）
2) Y. Nakashimada *et al.*, *Appl. Microbiol. Biotechnol.*, **79**, 1061（2008）
3) M. Kayhanian, *Environ. Technol.*, **20**, 355（1999）
4) 九軒右典ほか，日本製鋼所技報．**57**，105（2006）
5) F. Abouelenien *et al.*, *Appl. Microbiol. Biotechnol.*, **82**, 757（2009）
6) F. Abouelenien *et al.*, *Biores. Technol.*, **101**, 6368（2010）
7) Y. Nakashimada *et al.*, Proceedings of Renewable Energy 2010, P-Bm-33 on CD-ROM, Yokohama, Japan（2010）
8) H. Yabu *et al.*, *J. Biosci. Bioeng.*, **111**, 312（2011）

第17章　低濃度有機性廃水の無加温メタン発酵処理システム

珠坪一晃*

1　はじめに

近年，廃水処理システムに求められる要件として，処理水質の確保に加え，処理に関わるエネルギーや温室効果ガスの削減の重要性が増している。微生物の働きを利用した生物学的廃水処理技術は，消費エネルギーや維持管理コストを物理化学的な手法と比べて低減可能であることから，様々な分野（都市下水処理，産業廃水処理など）において主要な技術として位置付けられている。

日常生活や産業から排出される廃水の量は膨大であり，それぞれ約160億トン，120億トンが排出されている。また，これらの廃水の大部分は，低有機物濃度（1 gCOD/L未満）かつ，常温（15～25℃）であり，一般的に好気性微生物（活性汚泥法）による処理が施されている。好気性処理は処理水質が良好であるという利点があるが，曝気動力などの多大な電力消費を伴い，廃水処理の結果，多量の余剰汚泥が発生することが問題となっている。

嫌気性廃水処理（メタン発酵）は，省エネルギー，余剰汚泥の発生量が少ない，メタンエネルギー回収可能などの優れた特徴から再注目されており，中・高有機物濃度の産業廃水処理への適用についての研究と実用化が進行している。また，上向流嫌気性汚泥床法（Upflow Anaerobic Sludge Blanket：UASB法）に代表される生物膜利用嫌気性廃水処理技術の実現により，保持汚泥の滞留時間を廃水滞留時間と別々に制御することで，従来数十日かかった処理時間を数時間にまで短縮できるようになった。しかし，現状の生物膜利用嫌気性処理技術は，嫌気性細菌の増殖とそれらの高密度集合体であるグラニュール汚泥（嫌気性生物膜）の形成が容易な中・高濃度（2～10 $gCOD_{Cr}$/L，以下CODと略す）の易分解性廃水のみに適用が限られており[1]，運転温度もメタン生成細菌の至適温度である37℃（中温）や55℃（高温）に維持するのが一般的である[2]。すなわち，UASB法などの従来型嫌気性処理技術による低有機物濃度・低温の廃水処理では，高効率メタン発酵の鍵であるグラニュール汚泥の形成・維持が困難（低温による微生物不活性化，生成ガスの不足によるグラニュールの浮上や崩壊などの原因）であり，技術の適用が難しいとされてきた。

しかしながら近年，廃水（処理水）循環を行いグラニュール汚泥床を流動化し，廃水と保持グラニュールの接触の向上を図る膨張グラニュール汚泥床法（Expanded Granular Sludge Bed：EGSB法）の低濃度廃水，無加温処理への適用に関する研究が進行しつつある。本章では主に低濃度産業廃水を対象とした生物膜利用嫌気性廃水処理技術に関する研究動向や，反応を司る嫌気性微生物群に関する知見について概説する。

＊　Kazuaki Syutsubo　㈱国立環境研究所　地域環境研究センター　主任研究員

2　グラニュール汚泥床法の原理と特徴

嫌気性廃水処理では，増殖速度の遅いメタン生成細菌を高密度かつ長い滞留時間で装置内に保持する必要がある。それゆえ，嫌気性微生物群の自己造粒体であるグラニュール汚泥の形成・利用を図るUASB法が産業廃水の主要なメタン発酵処理技術として定着している。嫌気性廃水処理の安定性向上と許容有機物負荷の上昇のため，嫌気性流動床（Anaerobic Fluidized Bed：FB）とUASB法の特徴を生かしたEGSB法が欧州を中心に開発されてきた。その許容有機物負荷の高さと比較的メタン発酵が不適な条件下においても安定した処理が可能であることなどの特徴から産業廃水処理への適用は年々拡大しており，1998年以降EGSB法はUASB法の導入基数を上回った[3)]。国内においても産業廃水処理へのEGSB法やIC（Internal Circulation）法の導入が活発化している。

図1にEGSB法（グラニュール汚泥床法）の概要を示す。EGSB法では，一般的にグラニュール汚泥を植種源として用いる。そのためFB法のように付着担体（砂，粒状活性炭など）からの生物膜の剥離というリスクを回避でき，装置内への微生物高濃度保持の点でも有利である。本章後半でも述べるが，植種源としてグラニュール汚泥を用いることで，装置運転開始時の汚泥滞留時間（Sludge Retention Time：SRT）を十分に確保できるため，メタン発酵不適条件下における汚泥馴致の点からも有利である。

UASB法では処理対象廃水のみを装置下部よりワンパスで流入させるため，汚泥床部での揮発性脂肪酸（Volatile Fatty Acid：VFA）の蓄積，pHの低下などが生じやすく，高負荷条件では処理性能が不安定化しやすい。一方，EGSB法では廃水（処理水）循環を行って汚泥床部で4～

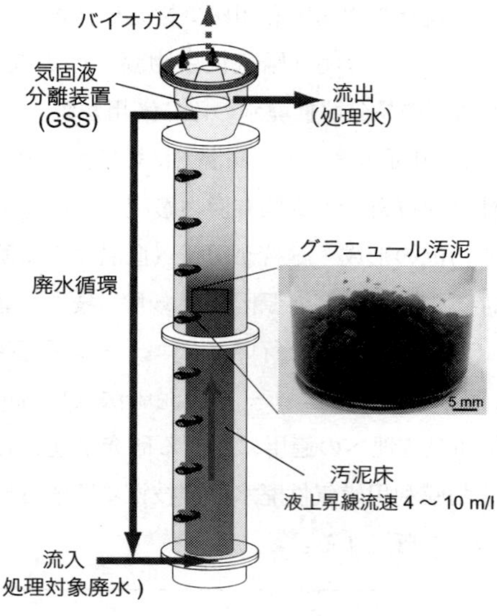

図1　EGSB（グラニュール汚泥床）法の概要図

10 m/h程度の液上昇線流速を与えるため，汚泥床部でのVFA濃度の低減（処理水による希釈効果），アルカリ度を多く含む処理水循環によるpH低下防止，汚泥床における短絡流の防止（微生物との効率的な接触）など装置の安定運転に有効である。

一般的に低濃度廃水は，常温条件下で排出されており，効率的な嫌気性処理のためには廃水の加温（30～37℃に維持）が望ましい。例えば，廃水1Lの水温を10℃上昇させるためには，理論的に約3.2 gCOD/L 等量のメタンガスの回収が必要である。そのため，低有機物濃度廃水処理では，回収したメタンの燃焼により廃水の加温を行うことは困難である。すなわち低濃度廃水処理では，無加温条件での処理への対応が必要である。低温下では水の粘性が増し，汚泥と廃水との接触効率の低下や，生成したバイオガスの分離性悪化（汚泥浮上など）が生じやすく，メタン発酵槽内の嫌気度（低酸化還元電位）の維持も困難となる。それゆえ，低濃度廃水の低温下でのメタン発酵処理では，廃水（嫌気処理水）の循環により汚泥床（保持汚泥）に物理的な攪拌を与えるEGSB法などの適用が望ましいと考えられる。

3　グラニュール汚泥床法による低濃度廃水の低温処理に関する研究動向

3.1　EGSB法の低濃度・低温廃水処理への適用

EGSB法による低濃度廃水の無加温（低温）処理の可能性評価は，欧州の研究グループにより1990年代後半より開始され，近年は国内においても積極的な研究が展開されている。表1にグラ

表1　グラニュール汚泥床法（EGSB法）による低濃度廃水の低温下での処理性能

No.	廃水種（有機物組成）	装置形式	運転温度（℃）	廃水COD濃度（gCOD/L）	有機物負荷（$kgCOD/m^3/d$）	HRT（h）	装置容量（L）	COD除去率（%）	発表年	文献
1	VFA	EGSB	10 to 12	0.5～0.8	10～12	1.6～2.5	4	90	1995	4
2	Sucrose+VFA	two stage EGSB	8	0.5～1.1	5～7	4	4.3×2	80～90	1997	5
3	Brewery	EGSB	15	0.9	9	2.4	225	70	1997	6
4	Malting	EGSB	20	0.3～1.4	9～15	1.5～2.4	225	66～72	1997	7
5	Malting	EGSB	16	0.3～1.4	4～9	2.4	225	56	1997	7
6	Malting	EGSB	10 to 15	0.2～1.8	3～12	3.5	70×2	67～78	1998	8
7	Malting	EGSB	6	0.2～1.8	3～6	4.9	70×2	47	1998	8
8	VFA	two stage EGSB	8	0.5～0.9	5～12	2～4	4.3×2	90	1999	9
9	VFA	two stage EGSB	3	0.5～0.9	5	3	4.3×2	65～70	1999	9
10	Brewery	EGSB	20	0.63～0.7	12.6	1.2～2.1	225	80	1999	10
11	Brewery	EGSB	13	0.55～0.83	11～16.5	1.2	225	35	1999	10
12	Sucrose+VFA	EGSB	20	0.6～0.8	12	1.5	16.8	60～75	2008	11
13	Whey	EGSB+AF*	20	1	1.3	18	4	83	2006	12
14	Whey	EGSB+AF*	12	1	1.3	18	4	71	2006	12
15	Sewage	EGSB	ambient（10～25）	0.28	3.4	2	71	44	2007	13
16	Sucrose+VFA	EGSB	20	0.25～0.4	6～9	1	2	61～65	2008	14
17	Sucrose+VFA	IR**−GSB	20	0.25～0.4	6～9	1	2	91	2008	14
18	Sucrose+VFA	EGSB	15	0.6～0.8	6	3	2.1	80	2008	15
19	Sucrose+VFA	EGSB	10	0.6～0.8	6	3	2.1	70～75	2008	15
20	Sucrose+VFA	EGSB	5	0.6～0.8	3	6	2.1	65～70	2008	15
21	Sugar refinery	IR**−GSB	20	0.4～0.5	5.5	2	8.8	80～83	2010	16

*Anaerobic filter, ** Intermittent effluent recirculation

ニュール汚泥床法（EGSB法）による低濃度廃水の低温条件下での処理性能を示す。

ここでは，流入廃水のCOD濃度が平均で1gCOD/L以下，運転温度20℃以下の実験結果を中心にまとめた。ここに示したEGSB法による廃水処理試験では，グラニュール汚泥を植種源に用い，カラム部で5～10m/hの上昇線流速を廃水循環により与えている。EGSB法による低濃度廃水の低温条件下での処理試験は，糖（Sucrose）やVFA（酢酸，プロピオン酸）を含有する人工廃水，比較的易分解性の醸造廃水（ビール製造，麦芽製造），ホエー（乳清）廃水，精製糖廃水について行われている。中温条件での中高濃度有機性廃水のメタン発酵処理と比較して，有機物容積負荷は5～12kgCOD/m^3/dayと若干低いものの，流入COD濃度0.3～1gCOD/Lの低濃度廃水に対して低温条件下（8～20℃）で良好なCOD除去性能が得られている。

また表1には示さないが，平均気温が低い欧州地域において高濃度産業廃水（5～10gCOD/L）の低温処理（10～20℃）にEGSB法を適用した研究例[17]や産業廃水処理中温UASB法の後段処理としてEGSB法が適用された例[18]（流入CODは1gCOD/L未満であるが，水温は30℃程度と高い），有機溶媒系廃水の処理に適用された例[19]も報告されている。

代表的な低濃度廃水である都市下水の嫌気性処理については，UASB法の実用的な適用例が圧倒的に多く，比較的温暖な地域の開発途上国（ブラジル，インドなど）では，下水処理の技術の主流となっている[20]。都市下水へのグラニュール汚泥床法の適用例は少ないが，ラボスケールのEGSB法による都市下水の無加温処理試験（水温10～28℃）では，年平均でCOD除去率は44%（HRT 2時間での運転）に留まった[13]。比較系であるUASB法では，COD除去率60%程度（HRT 6時間での運転）を示しており，都市下水などの固形性有機物を多く含む廃水の無加温処理にEGSB法を適用することは困難であると考えられる。

3.2 廃水の水温低下が処理性能に及ぼす影響

VFAあるいはSucroseとVFAを主体とする人工廃水を用いた処理実験（表1，No. 1，12，18，19）では，水温10℃から20℃の範囲で，COD除去率70～90%の高い処理性能を示している。van Lierら[5]（表1，No. 2，8），Lettingaら[9]の実験では，EGSBリアクターを2槽直列に組み合わせることで，8℃という低温下においてCOD除去率80～90%を達成している。また2週間と非常に短い時間ではあるが，水温3℃においてもCOD除去率65～70%を示したとの報告もある（表1，No. 9）。

Syutsubo[15]らは，処理温度（廃水温度）の低下がEGSB法の廃水処理性能に及ぼす影響を連続処理実験により評価した（表1，No. 18，19，20）。図2に各運転温度条件下におけるCOD除去速度の変化を示す。運転温度の15℃から10℃への低下は，一時的にCOD除去能の悪化を招いたが，その後COD除去性能は回復し，10℃条件では15℃と同等のCOD除去量（3.72kgCOD/m^3/day）を示した。一方，運転温度を5℃に低下させたところCOD除去量は徐々に低下し，最終的には15℃時の44%程度のCOD除去量（1.77kgCOD/m^3/day）となった。また5℃での運転に伴い，保持グラニュール汚泥濃度の減少や沈降性の悪化も観察され，EGSB法による易分解性廃水

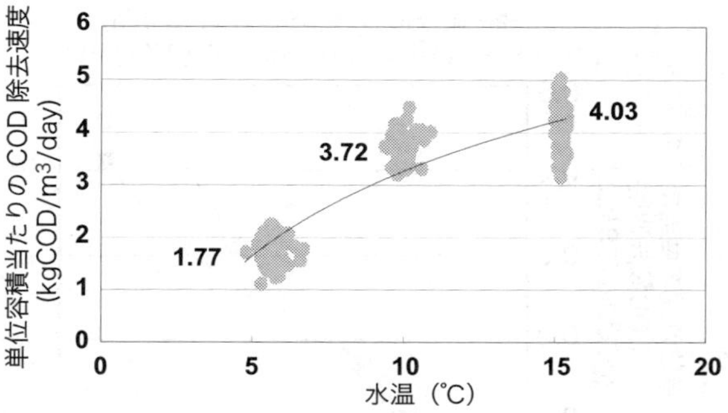

図２　各運転温度条件下におけるCOD除去速度の変化

の処理においては，水温を少なくとも10℃以上に保つことが必要であると示唆された。

EGSB法による実産業廃水の処理においては，水温低下は大幅なCOD除去性能悪化を招く傾向にあることが報告されている。Katoら[10)]（表１，No. 10，11）の実験では醸造廃水の処理において，20℃から13℃への運転温度低下により，同一負荷条件においてCOD除去率は，80％から35％へと大幅に減少している。Rebacら[8)]（表１，No. 6，7）の麦芽廃水処理実験においても，有機物負荷を半減したにも関わらず，10～15℃から６℃への水温低下に伴いCOD除去率は67～78％より47％へと大きく低下した。このように，複雑な成分の有機物を含む実廃水のEGSB法による処理では水温低下の処理性能への影響がより大きいことが分かる。

3.3　廃水の有機物濃度低下が処理性能に及ぼす影響

現在，都市下水などの低濃度廃水の処理は，主に好気性細菌によって行われている。その１つの理由として，嫌気性処理では微生物（メタン生成細菌）の基質親和性が低く，十分な処理水質を得ることができないことが挙げられる。例えば，メタン発酵において有機物分解とメタン生成，グラニュール汚泥の形成などに重要な役割を果たすことが知られている酢酸資化性メタン生成細菌*Methanosaeta*の酢酸に対する半飽和定数は，0.1～0.2 g/Lと比較的高い[21)]。加えて，低有機物濃度廃水の低温下での処理では，微生物活性の低下，廃水への酸素混入のリスクの増大により装置内の酸化還元電位を低く保つことが困難になるため，さらなる水質悪化が懸念される。EGSB法では，酸化還元電位の低い嫌気処理水を循環することで，低有機物濃度の廃水（0.2～0.5 gCOD/L）に対しても比較的安定した処理性能を示している（表１）。

Yoochatchavalら[14)]（表１，No.16）は，廃水の有機物濃度の低下がEGSB法のCOD除去性能に及ぼす影響を20℃条件下において調査した。その結果，流入COD濃度が0.25～0.4 gCOD/L程度に低下しても，HRT　１時間の条件下で安定した処理が行われたが，COD除去率は61～65％と低かった。この要因として処理水循環による汚泥床部でのCOD濃度の低下が考えられた。そこで，異なる廃水循環条件，流入COD濃度条件における汚泥床部の単位汚泥濃度当たりのCOD除去速度の変化を調査した（図３）。これより，処理水循環を行わないUASB方式（上昇線流速0.7 m/h）

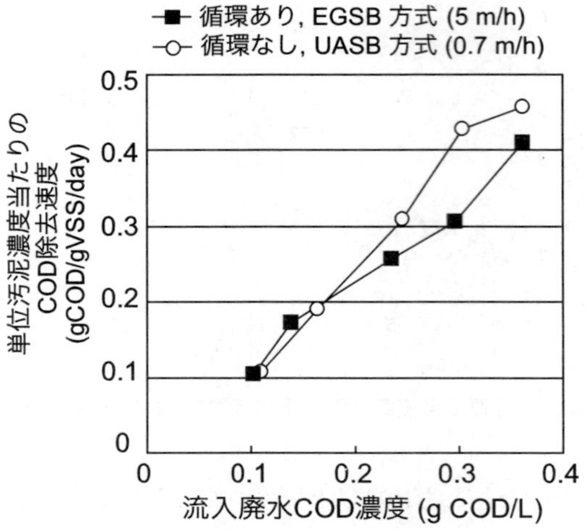

図3　異なる廃水循環条件下，流入COD濃度条件下における汚泥床部でのCOD除去速度

の運転では，常時循環を行うEGSB方式（上昇線流速　5 m/h）よりも高いCOD除去性能を流入COD濃度0.25～0.4 gCOD/Lの範囲で発揮できることが分かった。これは，UASB方式での運転では汚泥床部のCOD 濃度が増加することで，メタン生成細菌が活性化されたためと考えられる。一方，流入COD 濃度が，0.1～0.2 gCOD/Lの範囲では，両方式でのCOD除去性能に差は見られなかった。なお，同実験において，UASB方式で運転を継続したところ，グラニュール汚泥からの生成ガスの分離が困難となり，保持汚泥の浮上と処理性能の悪化を招いた（データ示さず）。そこで，以上の結果から処理水の循環あり（上昇線流速　5 m/h：グラニュールからのガス分離促進・短絡流防止），なし（0.7 m/h：COD 濃度維持による微生物の活性化）の２つの条件を繰り返して運転を行うIntermittent effluent Recirculation-Granular Sludge Bed（IR-GSB，間欠廃水循環グラニュール汚泥床法）を考案し，運転を継続したところ流入COD濃度 0.25～0.4 gCOD/Lの低濃度廃水に対してCOD除去率91％の高効率処理を達成した（表１，No.17）。また，同方式の処理システムを精製糖廃水に適用した結果（表１，No.21），20℃での連続処理において高い処理能力（有機物負荷5.5 kgCOD/m^3/day，COD除去率80～83％）を発揮した[16]。

Rebacら[8]のEGSB法による麦芽廃水処理実験では，廃水の最低COD濃度は0.2 gCOD/Lとメタン生成細菌の不活性化が生じる程度に低いが，廃水COD濃度の変動は大きく（0.2～1.8 gCOD/L），結果的に微生物が不活性化することなく安定した運転が継続可能であったと推測される。

4　低温廃水処理グラニュール汚泥の微生物学的特性

一般的に化学的，微生物学的な反応速度は，温度の減少に伴い低下する傾向にある。表２には，各温度条件下における嫌気的な有機物分解反応の自由エネルギー変化を示す。酢酸からのメタン生成反応（表2，反応1）およびプロピオン酸分解反応（反応3）は，温度の低下に伴い，その自由エネルギー変化の値は，よりプラス側に移行する（反応が進行しにくくなる）。一方，興味深いことに，水素（H_2/CO_2）からのメタン生成反応（反応2）は，水温の低下によって，より進行しやすくなる傾向にある。

メタン発酵廃水処理システムの運転温度の低下（水温低下）は，微生物の増殖速度，基質消費速度の低下を招くが，一方，汚泥（微生物）の増殖収率の増加をもたらす[22]。SucroseとVFAを炭素源とする低濃度廃水のEGSB法による20℃条件下における処理試験[11]においても（表1，No.12），実験期間を通じた保持汚泥の増殖収率は0.13 gVSS/gCOD-removedと一般的な中温条件下（35～37℃）での増殖収率の2倍以上高い値を示した。これは，メタン発酵処理に不適な低温条件下において，メタン生成微生物群が生存していくために，より多くのエネルギーを細胞合成に利用したためと推測される。

近年，低濃度廃水の低温メタン発酵処理汚泥の微生物学的知見に関しての報告がなされてきている。Syutsuboら[15]（表1，No. 18，19，20および図2）は，廃水温度の低下がEGSB法の廃水処理性能に及ぼす影響を評価する過程で，保持汚泥のメタン生成活性の測定や微生物群集構造の解析を実施した。表3に，10℃運転時の保持汚泥のメタン生成活性の増加率（種汚泥の活性を基準とした増加率）を示した。なおメタン生成活性の測定は，セルムバイアルを用いた回分試験により行い，試験温度は10～45℃の間で複数設定した。これより，低温（10℃）での長期運転の結果（表3，196日目），全ての試験基質（酢酸，H_2/CO_2，プロピオン酸），全ての試験温度条件（10～45℃）において1.6～6.4倍の活性増加が確認され，装置の運転に伴いメタン発酵不適条件下（低

表2　嫌気条件下での有機物分解反応の自由エネルギー変化に及ぼす温度の影響

Reactions	ΔG′（kJ reaction^{-1}）		
	37 °C	25 °C	10 °C
1. $CH_3COO^- + H_2O \rightarrow CH_4 + HCO_3^-$	−32.5	−31.0	−29.2
2. $4H_2 + HCO_3^- + H^+ \rightarrow CH_4 + 3H_2O$	−131.3	−135.6	−140.9
3. $CH_3CH_2COO^- + 3H_2O \rightarrow CH_3COO^- + HCO_3^- + H^+ + 3H_2$	+71.8	+76.1	+82.4

表3　低温培養に伴う各試験温度条件下での保持汚泥のメタン生成活性の増加率
（植種汚泥と10℃培養汚泥との比較）

試験温度	試験基質		
	Acetate	H_2/CO_2	Propionate
10℃	3.0	2.2	1.9
15℃	3.9	6.0	2.3
20℃	2.3	6.4	2.0
35℃	2.3	2.8	1.8
45℃	2.6	1.6	2.0

有機物濃度，低温）においても，保持汚泥へのメタン生成細菌の集積が生じることが明らかになった。この時，酢酸からのメタン生成活性値は20℃で0.6 gCOD/gVSS/dayと一般的な中温グラニュール汚泥と遜色ない値をした。Yoochatchaval [11]は，EGSB法による低濃度廃水の20℃での連続処理試験において保持汚泥の滞留時間を算定した。その結果，HRT 1.5時間（負荷12 kgCOD/m^3/day）の高負荷条件においても40日以上の汚泥滞留時間を維持できることが明らかになり，EGSB法の優れた汚泥保持能が，メタン発酵不適条件下においても増殖の遅いメタン生成細菌の汚泥中への集積化を可能にしたと考えられる。

表3において試験基質ごとの活性増加率に着目すると，特にH_2/CO_2基質では，試験温度15℃，20℃での活性増加が著しく（種汚泥活性の6倍以上に増加）水素資化性メタン生成細菌相の低温への馴致が示唆された。なお，本実験系列で水温5℃での運転後に保持汚泥の活性を測定したところ，大幅な活性低下が観察され，図2に示したCOD除去速度低下の様相と一致した。

低濃度廃水処理EGSB法の水温低下の影響評価[15]において，保持汚泥のメタン生成細菌相（古細菌）のDGGE法（Denaturing Gradient Gel Electrophoresis，16S rRNA遺伝子標的）による解析を行った結果，酢酸資化性メタン生成細菌として*Methanosaeta concilii*の近縁種の優占化を確認した。また興味深い現象として，水温の低下に伴い水素資化性*Methanobacterium*属細菌が減少し，代わりに*Methanospirillum*属に属する細菌の優占化が確認された。そこで，*Methanospirillum*属を含む*Methanospirillaceae*科細菌の16S rRNA遺伝子に基づくクローン解析を行った結果，汚泥中に集積した*Methanospirillum*属細菌のクローン（図4中太字，D242で表示）は，系統樹上で水田土壌から20℃でのH_2/CO_2基質を用いた培養により単離された*Methanospirillum*

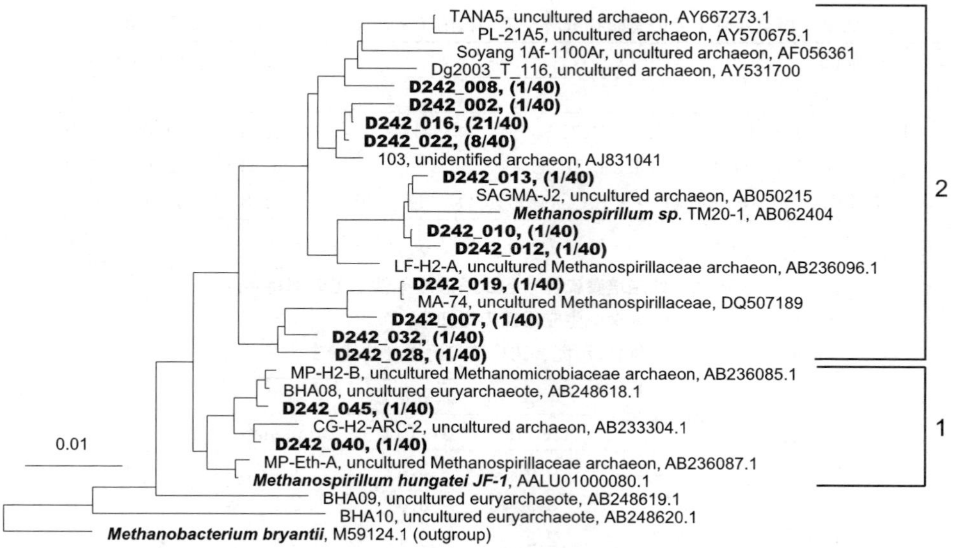

図4　低温馴致グラニュール汚泥中の*Methanospirillaceae*科細菌の系統解析結果
（16S rRNA遺伝子）

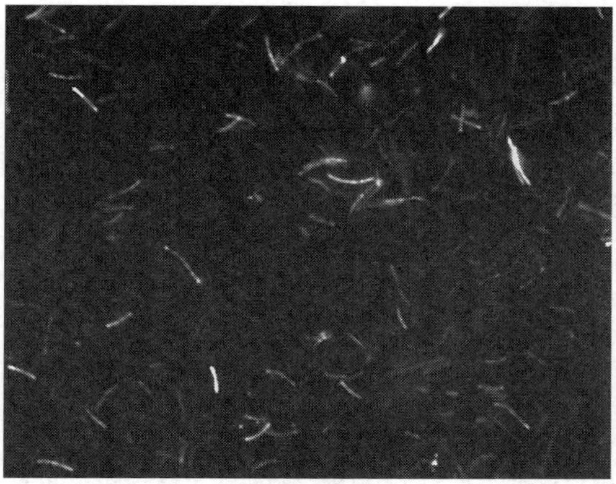

図５　FISH法による低温対応*Methanospirillum*属の検出

sp. TM20-1株[23]を含む低温対応の水素資化性*Methanospirillum*属細菌と明確な集団（図４，クラスター２）を形成した。そこで，低温対応の水素資化性*Methanospirillum*属細菌のFISH法（Fluorescence *In Situ* Hybridization）による特異的な検出（図５）と細菌数計測を行ったところ，低温での長期運転に伴うポピュレーションの増大（全菌細胞数に対する割合が0.5％（植種汚泥，０日目）から6.7％（346日目）に増加）を確認した[24]。

以上のように，グラニュール汚泥を植種に用い，比較的長い汚泥滞留時間を容易に維持できるEGSB法では，その優れた汚泥保持能から，細菌群集構造の最適化（順応化）のための場を提供することができるため，メタン発酵不適廃水処理への優れた適用性を持つと考えられる。

5　まとめとグラニュール汚泥床法の今後の展望

グラニュール汚泥を植種源に用い，廃水循環を行ってグラニュール汚泥床を流動化し，処理対象廃水と保持グラニュールの接触性向上・バイオガス分離促進を図る膨張グラニュール汚泥床法（Expanded Granular Sludge Bed：EGSB法）とその改良法の研究開発などにより，今まで嫌気性処理が困難であった低有機物濃度（0.3～１gCOD/L）廃水の低温処理（10～20℃）の実現化が現実味を帯びてきた。同技術の実用化により，廃水処理に関わる消費エネルギー（化石燃料由来CO_2）の大幅な削減が可能になるであろう。また同技術は，増殖速度が遅く，利用が困難であった嫌気細菌群をグラニュール汚泥という微生物集積化の場を効果的に維持することで，様々なメタン発酵不適廃水処理にも対応できる可能性を秘めている。一方，生成したメタンの一部は溶存メタンとして系外に排出されるため，エネルギー回収と温室効果ガスの発生抑制という観点から，溶存メタンの回収に関する実用的な研究[25]が必要であると考えられる。グラニュール汚泥床法を中心とするメタン発酵廃水処理技術の今後のさらなる展開を期待したい。

謝辞

本研究成果の一部は，㈱国立環境研究所 特別研究・環境都市システム研究プログラム，㈱新エネルギー・産業技術総合開発機構 産業技術研究助成事業の助成を受けて実施した。またデータの取得においては，Wilasinee Yoochatchaval氏（King Mongkut's University of Technology Thonburi, Thailand），窪田恵一氏（長岡技術科学大学），對馬育夫氏（国土交通省 国土技術政策総合研究所）他の協力を得た。記して深謝いたします。

文　　献

1) 原田秀樹，微生物固定化法による廃水処理（須藤隆一編），産業用水調査会，220（1988）
2) G. Lettinga, L. W. Hulshoff Pol, *Wat. Sci. Tech.*, **24**, 87（1991）
3) R. J. Frankin, *Wat. Sci. Tech.*, **44**(8), 1（2001）
4) S. Rebac *et al.*, *J. Ferment. Bioeng.*, **80**, 499（1995）
5) J. B. van Lier *et al.*, *Wat. Sci. Tech.*, **35**(10), 199（1997）
6) M. T. Kato *et al.*, *Wat. Sci. Tech.*, **36**(6-7), 375（1997）
7) S. Rebac *et al.*, *J. Chem. Tech. Biotechnol.*, **68**, 135（1997）
8) S. Rebac *et al.*, *Biotechnol. Prog.*, **14**(6), 856（1998）
9) G. Lettinga *et al.*, *Appl. Environ. Microbiol.*, **65**(4), 1696（1999）
10) M. T. Kato *et al.*, *Appl. Biochem. Biotechnol.*, **76**(1), 15（1999）
11) W. Yoochatchaval, K. Syutsubo *et al.*, *Int. J. Environ. Res.*, **2**(4), 319（2008）
12) S. McHugh *et al.*, *Bioresouce Technol.*, **97**(14), 1669（2006）
13) 大河原正博，珠坪一晃ほか，環境工学研究論文集，**44**, 579（2007）
14) W. Yoochatchaval, K. Syutsubo *et al.*, *Wat. Sci. Tech.*, **57**(6), 869（2008）
15) K. Syutsubo *et al.*, *Wat. Sci. Tech.*, **57**(2), 277（2008）
16) W. Yoochatchaval, K. Syutsubo *et al.*, *Water Prac. & Technol.*, **5**(3), doi:10.2166/WPT.2010.055（2010）
17) C. Scully *et al.*, *Wat. Res.*, **40**(20), 3737（2006）
18) 則武繁ほか，第41回日本水環境学会年会講演集，330（2007）
19) A. M. Enright *et al.*, *Syst. Appl. Microbiol.*, **32**(1), 65（2009）
20) B. Heffernan *et al.*, *Wat. Sci. Tech.*, **63**(1), 100（2011）
21) J. Dolfing, *Appl. Microbiol. Biotech.*, **22**, 77（1985）
22) C. Y. Lin *et al.*, *Wat. Sci. Tech.*, **19**(1-2), 299（1987）
23) A. Tonouchi, *FEMS Microbiol. Lett.*, **208**, 239（2002）
24) I. Tsushima, K. Syutsubo *et al.*, *J. of Environ. Sci. and Health Part A*, **45**, 754（2010）
25) N. Matsuura *et al.*, *Wat. Sci. Tech.*, **61**(9), 2407（2010）

第18章　焼酎蒸留廃液などの高濃度廃水・廃棄物の処理法と実用化例

木田建次*

1　はじめに

わが国では大量生産に伴い廃棄物の年間総排出量は5.8億tonに達し，そのうちの3.2億tonが廃棄物系バイオマスとされており[1]，このうち食品系廃棄物量は2,200万ton/yにも達している[2]。そのために食品リサイクル法により平成18年度末までに20％の削減および再生利用が目標設定されただけでなく，年間発生量100 ton以上の事業者は，毎年度，当該年度の基準実施率を上回る取組を行うことと改正された。具体的な再生利用として，従来の堆肥化だけでなく，飼料化やメタン発酵によるバイオガス化などによるリサイクルが進められている[3,4]。焼酎業界においても同様で，特に平成19年４月から焼酎蒸留廃液の海洋投棄は原則禁止されたこともあり，南九州における平成20酒造年度の焼酎蒸留廃液処理状況は，海洋投棄は約３％に減少し，その代わりに約45％もの焼酎蒸留廃液がメタン発酵により処理されるようになった[5]。

そこで，本章では焼酎蒸留廃液のような高濃度有機性廃水や生ごみを主体とする食品系廃棄物，さらにはバイオマスタウン構築のための汚泥や家畜糞尿を含む生ごみのメタン発酵の実用化例を紹介する。

2　固形分を除去した蒸留廃液のメタン発酵と窒素除去

三上らの調査により[6]，1986～1995年の10年間で建設された新規なメタン発酵リアクター（UASBリアクターや固定床型リアクター）は129基にものぼることが分かった。この目的は省エネ型廃水処理技術としてだけでなく，余剰汚泥量の削減やエネルギー回収など多岐にわたっている。しかし，タンパク質を含有する廃水をメタン発酵するとNH_4^+が増加するので，これらの廃水への採用は限られていた。そこで筆者らは，メタン発酵処理液のNH_4^+を効率的に除去するプロセスを，固形分を除去した焼酎蒸留廃液やウィスキー蒸留廃液を用いて検討し確立した（図１）。すなわち，硝化処理液を脱窒槽に循環することにより，脱窒槽においてメタン発酵で残存した有機酸と硝酸イオンを同時除去するものであり[7]，これらの研究成果に基づいた実用化例を以下に紹介する。

2.1　ウィスキー蒸留廃液の処理[8]

蒸留工程からはアルコール１に対して約10倍量の蒸留残液が副産物として発生する。この蒸留

＊　Kenji Kida　熊本大学　大学院自然科学研究科　産業創造工学専攻　物質生命化学講座　教授

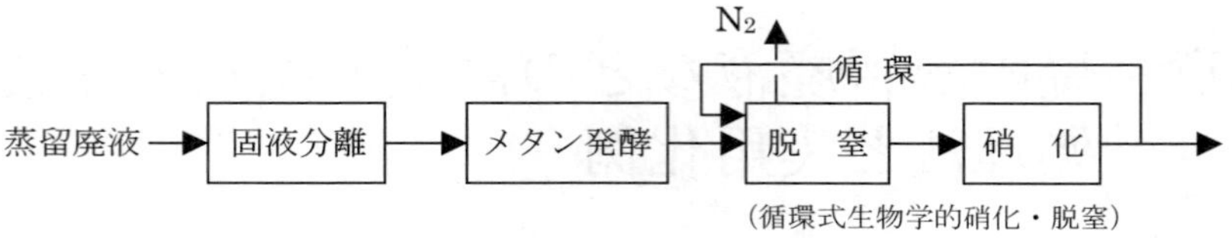

図１　メタン発酵処理後のNH_4^+の効率的除去

表１　蒸留廃液のメタン発酵によるサーマルリサイクル

	バイオガス発生量（Nm^3/m^3-廃水）	メタン含量（％）	エネルギー回収（kcal/m^3-廃水）	参考文献
固形物を除去した廃液				
ウィスキー	19.8	60	102,200	8
芋焼酎粕	19.7	65	109,700	9
固形物を含んだ廃液				
泡盛（＋米洗汁）	10.2〜11.5（10.9）	65	60,700	10
芋焼酎廃液	45	60	231,300	11
芋焼酎廃液	39	60	200,400	12
麦焼酎廃液	49	60	251,800	12

メタンおよびＡ重油の低位発熱量をそれぞれ8,567 kcal/m^3，10,200 kcal/kgとした。

残液は，濃縮機により約10倍まで濃縮され飼料として売却されてきた。しかし，円高の影響で海外から安い飼料が輸入されることによりその飼料価値が下落し，それに伴って濃縮処理そのものの経済性が崩れた。

そこで，この蒸留廃液（pH３〜４；COD_{Cr}：60,000 mg/l，BOD：33,000 mg/l，全窒素：2,300 mg/l，全リン：1,000 mg/l，SS：7,500 mg/l）を固液分離した後，固定床型（UAFP）リアクターで高温メタン発酵処理，その後リン除去（MAP法によるリン回収），さらに循環式生物学的硝化・脱窒法（図１）により窒素除去後，凝集沈殿により脱色した。本プラントの処理能力は300 m^3/dで，メタン発酵槽の滞留日数は約2.5日である。その結果，処理水目標値（pH：６〜8.5，BOD＜20 mg/l，全窒素＜170 mg/l，全リン＜８mg/l，SS，30 mg/l，色度＜50度）を達成するだけでなく，飼料化に比べ環境負荷を大幅に削減した。また発生するバイオガス量は，エネルギー換算すると蒸留廃液100 m^3あたり約１tonの重油に相当している。バイオガス発生量をメタン含量を60％として算出し表１に示した。

2.2　焼酎蒸留廃液の処理[9]

第３次焼酎ブームにより焼酎蒸留廃液排出量が大きく増えており，主としてメタン発酵法により処理されるようになってきた。芋焼酎蒸留廃液の組成は，全COD_{Cr} 57,700 mg/l，S-COD_{Cr}

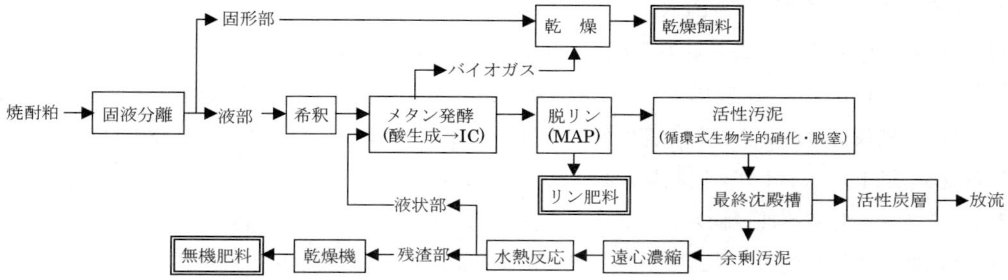

図２　サザングリーン協同組合の再資源化システム

35,400 mg/*l*, SS 28,000 mg/*l*と高濃度有機性廃水である。薩摩酒造を中心としてサザングリーン協同組合が設立され，平成14年６月から芋および麦焼酎蒸留廃液のメタン発酵処理が開始された。図２は，プロセスの概要を示しており，処理能力は芋焼酎蒸留廃液換算で500 ton/dである。焼酎蒸留廃液は固液分離された後，ICリアクターによりメタン発酵，処理水のPおよびNはウィスキー蒸留廃液と同様な方法により処理された。メタン発酵（COD_{Cr} 容積負荷23 kg/m^3/d）により発生するメタンガス量は，芋焼酎蒸留廃液300 ton/dに対して3,840 Nm^3/d（表１）である。このバイオガス（メタン含量65％程度）を用いて，固液分離工程から出る固形分は乾燥され飼料に，MAP法で回収されたリン酸マグネシウムアンモンはリン肥料として利用されており，まさに再資源化システムでもある。

3　固形分を除去しない蒸留廃液のメタン発酵処理

3.1　機械撹拌型リアクターによる泡盛蒸留廃液のサーマルリサイクル[10)]

蒸留廃液は，もろみ酢や飼料，肥料に利用されているが，需要と供給の問題や腐敗しやすいなどの問題で全量リサイクルするに至っていない。そこで比嘉酒造合資会社では，泡盛蒸留廃液（COD_{Cr}，80,000～90,000 mg/*l*，8 ton/dの内5.7 ton/d）と米洗汁（10 ton/d）や冷却水を一緒にして（投入液のCOD_{Cr}，30,000 mg/*l*）固液分離することなく高温メタン発酵処理を行っている。メタン発酵処理日数は15日間（メタン発酵槽液容積，約180 m^3），バイオガス発生量は160～180 Nm^3/d，メタン含量は65％である。表１に示したように，廃液あたりのガス発生量の少ないのは米洗汁の混合比が高く有機物濃度が低下したためである。バイオガスは脱硫された後，ガスエンジンでのコージェネ（本プラントの電力と加温）に使用するだけでなく，泡盛製造で使用されているボイラー３基のうち１基の燃料として使用されていた。また，平成18年には膜型メタン発酵システムを導入したとのことである。

3.2　固定床型リアクターによる芋焼酎蒸留廃液のメタン発酵[11)]

霧島酒造㈱新工場から排出される焼酎蒸留廃液の利活用としてメタン発酵プロセスが導入され

た。固定床型リアクター（AFFR）を用いて芋焼酎蒸留廃液を固液分離することなく高温メタン発酵（55℃）するものである。処理能力は420 ton/d（焼酎蒸留廃液400 ton/d，芋くず10 ton/d，洗米廃水10 ton/d）で，平成18年7月から稼動し，10月には最大処理能力に達した。達成した最大COD_{Cr}容積負荷は22 kg/m^3/d（滞留時間5日間）で，この時のCOD_{Cr}除去率は80％以上，SS分解率は65％以上，バイオガス回収量は45 Nm^3/m^3-原料（メタン含量約60％）である。本処理条件で現在まで安定して連続運転されている。表1に示したように，従来の固形分を分離するメタン発酵と比較して約2倍のエネルギー量を効率的に回収できている。また，メタン発酵消化液は脱水された後，その脱離液は廃水処理施設で好気的に処理され下水道に放流されている。

3.3　膜型リアクターによる芋焼酎蒸留廃液のメタン発酵処理[12)]

田苑酒造㈱は，平成19年に麦焼酎および芋焼酎蒸留廃液の利活用として膜型メタン発酵システムを導入した。前者の処理は1～8月，後者の処理は8～12月で，高温条件（55℃）で嫌気的に処理されている。ここでは芋焼酎蒸留廃液のメタン発酵処理について紹介する。芋焼酎蒸留廃液（TS：5.7％，VS：5.2％，COD_{Cr}：77,000 mg/l，T-N：2,600 mg/kg）は，固液分離することなく酸発酵槽（100 m^3）に20 ton/d投入され，カッターポンプにより繊維分を分断しながら槽内を循環し，メタン発酵槽（100 m^3）に供給され有機物はメタンに還元されている。COD_{Cr}容積負荷はメタン発酵槽に対して15.4 kg/m^3/d（両槽に対して7.7 kg/m^3/d）で，この時のCOD_{Cr}除去率は85～90％と高く，バイオガス発生量も固形物を除去しないためか39 Nm^3/ton-蒸留廃液と大きく，メタン含量も約60％であった（表1）。COD_{Cr}除去率の高いのは，メタン発酵槽に併設する浸漬型膜（平均細孔径0.4 μm）分離装置によりSS分の滞留時間を長く取れるためと考えられる。メタン発酵で発生したバイオガスは全量，蒸気ボイラーで蒸気に変換した後，メタン発酵槽の保温，蒸気駆動式吸収式冷凍機で焼酎製造の冷却工程に利用，また焼酎製造工程の蒸気ボイラ用水の加温に利用されている。メタン発酵処理液は，浸漬型膜を有する膜分離式高負荷硝化脱窒法により処理されている。

4　高濃度のタンパク質を含む蒸留廃液のメタン発酵処理

高濃度にタンパク質を含む廃液・廃棄物のメタン発酵処理ではアンモニア阻害を軽減しなければならない。先駆的に取り組まれている実証試験や実用化例を紹介する。

4.1　膜型リアクターによる常圧蒸留麦焼酎廃液のメタン発酵処理[12)]

田苑酒造㈱では，麦焼酎も常圧蒸留されており，その蒸留廃液の組成は，TS：6.2％，VS：6.0％，COD_{Cr}：81,000 mg/l，T-N：4,300 mg/kgである。麦焼酎蒸留廃液のT-N/COD_{Cr}比は，5.3％と芋焼酎蒸留廃液の3.4％に比較して高いので，アンモニア阻害を受けやすい。高温メタン発酵処理では，一般的にNH_4^+が2,500 mg/l以上になると阻害されるので，本プロセスでは，麦焼酎蒸留廃液はスクリュープレスで繊維分（ヘコと呼ばれるもの）を除去後，14 ton/dで酸発酵槽に供給し処理した後，２倍希釈されメタン発酵槽でガス化される。希釈に伴い滞留時間が短縮されるので，浸漬型膜分離装置でメタン発酵槽内のメタン生成に関与する微生物濃度を高めることにより，COD_{Cr}容積負荷10.4 kg/m^3/d（両槽に対して5.2 kg/m^3/d）の条件で安定して処理されている。この時のCOD_{Cr}除去率は93％，バイオガス発生量は平均で49 Nm^3/ton−蒸留廃液で，バイオガス中のメタン含量は約60％であった（表１）。

4.2　膜型リアクターによる麦焼酎蒸留廃液のメタン発酵処理

三和酒類㈱は，排出される蒸留廃液の一部140 ton/dを拝田事業所で利活用している。焼酎蒸留廃液をスクリュープレスで固液分離した後，固形分は乾燥し飼料として，液分は約３倍に濃縮した後，飼料として利活用している。残った液部約40 ton/dは，濃縮工程で排出される凝縮水と地下水で３倍希釈された後，膜型メタン発酵槽で嫌気的に処理されている。高温でメタン発酵処理するので，NH_4^+濃度が約2,000 mg/lになるように希釈した後，処理するとのことであった。膜型メタン発酵処理装置は，メタン発酵槽２基（１基の容積330 m^3）と膜装置５基（１基は予備）から構成されており，麦焼酎蒸留廃液のCOD_{Cr}を160,000 mg/lとするとCOD_{Cr}容積負荷は10 kg/m^3/dとなる。年間のガス発生量は834,000 Nm^{3}で，焼酎蒸留廃液の濃縮に要するエネルギーの70％をバイオガスで賄っているとのことであった。また膜洗浄は，膜ユニット１基について１ヶ月に一度，クエン酸で洗浄している。メタン発酵処理水は活性汚泥槽で処理されているが，装置の洗浄水を含めると最大で300 ton/dが活性汚泥槽で処理されることもある。その後，下水道に放流されているが，下水道への放流規制は，BOD規制（＜300 mg/l）以外に窒素およびリン規制（N＜150 mg/l，P＜20 mg/l）がある。

4.3　漁業系廃棄物を含む事業系食品廃棄物の無加水メタン発酵[13)]

タンパク質濃度の高い肉や魚を含む食品廃棄物のメタン発酵処理技術である。原料は若干変化するが，野菜果実類が最も多く（30～65％），次いで残飯類，パン類，肉魚類，漁業系廃棄物，紙類である。これらの食品系廃棄物を無加水で中温メタン発酵処理するもので，本プロセスは破砕工程，アンモニア生成工程，脱アンモニア工程，アンモニア回収工程およびメタン発酵工程から構成されている。約１mmに粉砕された原料は，アンモニア生成工程で複合微生物によりタンパク質を強制的にNH_4^+に変換させ，脱アンモニア工程においてアルカリ条件下でアンモニアストリッピングさせ，アンモニアガスはスクラバー方式の装置内でリン酸と反応させリン安として回収している。アンモニア生成槽にアンモニア生成微生物群を投入し，30℃，pH無制御下で，タンパク質成分からなる原料を基質として馴養後，定常運転を行うことにより，原料のT-Nから算出したNH_4^+転換率は平均80％に達した。また，酢酸やプロピオン酸が生成され，その濃度はCOD_{Cr}換算で約200,000 mg-COD/kg-湿潤に相当していた。アンモニアストリッピング工程でのアンモニア除去速度は，一般的に言われるように反応容量と温度，pHに大きく依存している。窒素負荷を軽減した原料をメタン発酵槽に供給し，滞留時間40～50日，37℃の条件でpH制御することなく処理した。肉・魚の高タンパク質系原料の混合割合は，湿潤あたり投入量の20～25％であったが，アンモニア除去することによりメタン発酵槽内のNH_4^+濃度は2,000～3,000 mg-N/kg-湿潤原料の範囲で推移し，この時のバイオガス発生量は150～215 m^3/tonで，メタン含量は平均60.5％であった。投入COD_{Cr}あたりのメタン発生量は0.32 m^3-CH_4/kg-COD_{Cr}であり，理論量0.35 m^3-CH_4/kg-COD_{Cr}の91％に相当し，食品廃棄物から高いメタン転換率が得られている。

5　生ごみを主体とする食品系廃棄物のメタン発酵

有機系固形物を含む廃棄物系バイオマスのメタン発酵処理には湿式メタン発酵と乾式メタン発酵がある[14]。湿式メタン発酵法では，一般的に有機系固形物濃度は10％程度であり，乾式メタン発酵では固形物濃度は20％以上である。また，乾式メタン発酵槽の形状と構造によって，縦型と横型に区分できる。

5.1　食品系廃棄物の湿式メタン発酵[15]

砂川クリーンプラザでは，家庭系・事業系分別生ごみ22 ton/d（計画値）を高温メタン発酵（55℃）処理し，発生するバイオガスをマイクロガスタービンで発電し施設内で使用している。運転実績（2005年9月～2006年2月）は，バイオガス発生量174 Nm^3/ton-生ごみ，メタン含量64％，発電量2,070 kWh/d，余剰残渣0.6 ton/d（含水率85％）であり，余剰残渣は土壌改良剤として利用しているとのことである。

5.2　厨芥類，草本系，食品残渣および一般廃棄物の乾式メタン発酵[16]

カンポリサイクルプラザ㈱では，厨芥類，草本系，食品残渣および一般廃棄物を横型の乾式メタン発酵槽（コンポガスシステム）で処理している。廃棄物系バイオマスは破砕機で破砕され，磁選機で金属類が除去されるが，プラスチックなどの異物は除去されないまま中間槽を経て固形物濃度15～30％に調整後，乾式メタン発酵槽（滞留日数，約20日間）に投入され機械的な構造と動力によって排出されていく。破砕機出口での組成は，紙および厨芥類が65～75 wet％，プラスチック，布，ビニールなどが15～25 wet％である。バイオガス発生量は，投入ごみ（基質）1トンあたり175～223 Nm^3/ton（平均205 Nm^3/ton）であり，従来報告されている約170 Nm^3/tonより高かった。これは紙類が多く含まれているのが大きな要因と考えられている。メタン発酵処理液は，発酵槽下部から引き抜かれ，脱水・濃縮され固形物を除去後，遠心濾液は廃水処理設備に送られる。メタン発酵で発生したバイオガスは，ミスト除去→脱硫された後，ガスエンジンおよびガス精製装置に送られ，コージェネで，また精製された高濃度メタンガス（メタン濃度≧98％）はCNG自動車（フォークリフト）の代替燃料として有効利用されている。

5.3　焼却ごみ中のメタン発酵適物の乾式メタン発酵[17)]

中小規模ごみ焼却施設（200 ton/d以下）として約530箇所存在しているが，発電によるエネルギーが回収できているのは約30箇所で発電効率も平均11％に止まっている。中小規模のごみ焼却施設において効率的なエネルギーシステムを構築するために，穂高広域施設組合が中心となり可燃ごみからメタン発酵適物（生ごみ，紙ごみ，草本類）を分別収集し，縦型の乾式メタン発酵装置（KURITA DRANCO PROCESS）を用いて実証試験を行っている。図３は，システムのフローを示している。１日約７tonの原料を破砕機で約４cm以下に粗粉砕した後，定量供給装置で一定量投入装置に供給する。供給した原料と発酵槽下部から引き抜いた汚泥とを均一に混合し，蒸気加温により55℃にして，高圧ピストンポンプでメタン発酵槽（容量455 m^3，7.2 m φ ×18.7 mH）上部に投入している。平成20年度1,022 ton/y，平成21年度970 ton/yの原料（原料中紙ごみ比率28％）を処理することにより，原料１tonあたり平均242 Nm^3（メタン濃度56％）のバイオガスが発生した。乾式メタン発酵では，槽内汚泥のアンモニア濃度が2,000 mg/kg以上になると阻害があるとされているが，NH_4^+濃度約3,300 mg/kgでも安定して運転できていた。また，槽内汚泥の含水率はおおむね80％を維持し，安定した縦型乾式メタン発酵の運転ができており，水処理設備は不要である。

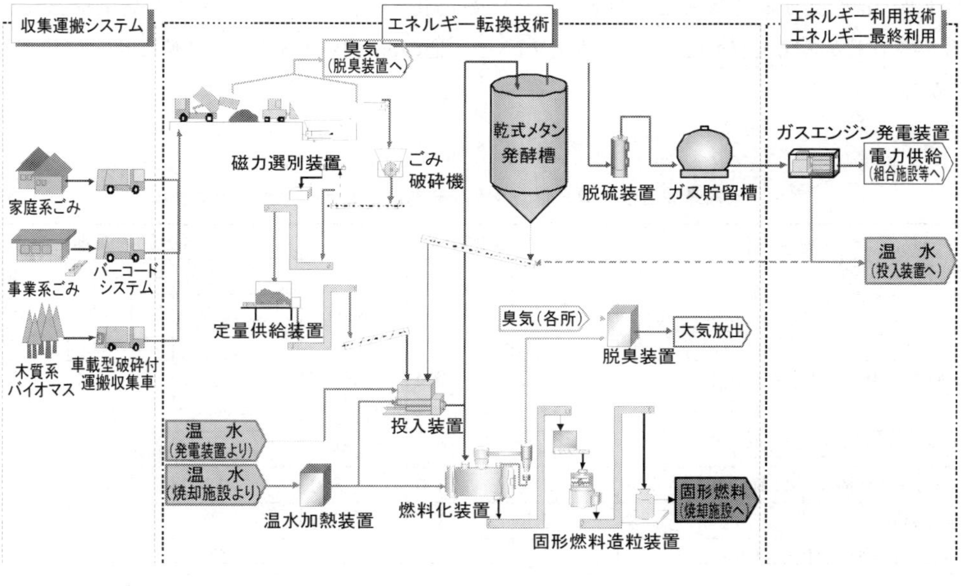

図３　高効率縦型乾式メタン発酵システムのフロー図

6　家畜糞尿および糞尿搾汁液のメタン発酵

家畜糞尿は，一般的には堆肥化により肥料として利用されているが，九州では供給量が需要量を大きく上回っている。農業環境三法で効率的な家畜糞尿処理法の開発が謳われ，北海道を中心として家畜糞尿のメタン発酵が行われるようになってきた。例えば，豚の糞尿をメタン発酵するとバイオガス発生量は400～500 *l*/kg-VS，メタン含量は65％，H_2S濃度は1,500～4,000 ppm，牛の場合，バイオガス発生量は330 *l*/kg-VS，メタン含量は60％，H_2S濃度は1,500～4,000 ppmと報告されている[18]。また，最近では単独処理よりも家畜糞尿の混合処理や，生ごみを混入した処理も行われ始めた。

このような現状を踏まえ，熊本県の調査資料から畜産業の盛んな阿蘇および菊池管内の人口および家畜頭数（豚，乳用牛）からそれぞれの混合比を決定し（表２），メタン発酵によるバイオガス化の検討を行った[19]。表２は，単独処理および混合物の処理結果も示している。生ごみと乳牛搾汁液（機械攪拌型リアクター）以外は不織布を充填した固定床型リアクターを用いて高温メタン発酵処理した。生ごみのガス発生量は875 ml/g-VTSと高かったが，家畜糞尿搾汁液ではガス発生量は低下し，特に乳牛用搾汁液ではVTS消化率が28％と低かったために250 ml/g-VTSと非常に低かった。また，消化された有機物あたりのガス発生量（ガス生成収率）を示したが，乳用牛搾汁液のガス生成収率は893 ml/g-消化VTSと低かった。単独処理からも予測されたが，乳用牛搾汁液の混合比が高くなると（菊池管内）VTS消化率も低下し，バイオガス発生量250 ml/g-VTS，バイオガス発生収率625 ml/g-消化VTSと，他の混合物のバイオガス値に比べて悪くなることが分かった[19]。

表２　家畜糞尿および混合物のメタン発酵によるサーマルリサイクル

処理条件	個別処理			混合物の処理		
				生ごみ：SW	生ごみ：SM：DCM	
項目	生ごみ	SM	DCM	1：1	1：16：27（菊池）	1：19：12（阿蘇）
投入物の性状　VTS（g/l）	195.2	49.4	52.7	110.1	54.4	50.0
粘度（cp）	NM	200	4,900	NM	NM	280
消化槽タイプ，処理温度53℃	機械撹拌	固定床	機械撹拌	固定床		
最大VTS（有機物）負荷（g/l/d）	8.0	15.0	8.0	12.0	8.0	10.0
処理日数(d)	12.5	3.2	10.4	9.2	6.8	5.0
VTS（有機物）消化率（％）	82	42	28	78	40	47
バイオガス中にメタン含量（％）	50	58	59	50	58	58
バイオガス発生量（ml/g-供給VTS）	875	460	250	730	250	464
バイオガス発生収率（ml/g-消化VTS）	1,067	1,095	893	936	625	987
メタン発生量（ml/g-供給VTS）	440	267	148	365	145	270

SM：豚糞尿搾汁液，DCM：乳用牛搾汁液，VTS：全有機物，NM：未測定

以上の結果から家畜糞尿のメタン発酵によるサーマルリサイクルを実施する場合，他のバイオマス種との混合比を考慮する必要がある。

7　バイオマスタウン構築のための汚泥や家畜糞尿などを含む生ごみのメタン発酵[20,21]

バイオマス・ニッポン総合戦略の柱の１つに，「バイオマスタウン構想」というのがある。2010年までに全国300市町村を目標に進められており，公表数は303地区となった（2011年３月）。九州７県では熊本県水俣市や山鹿市，大分県日田市，福岡県大木町など，現在52ヵ所が認定されている。ここでは大木町，日田および山鹿のバイオマスセンターを紹介する。

7.1　おおき循環センター「くるるん」

循環センター「くるるん」は，福岡県大木町の中心に環の交付金で2006年に建設された。これまで生ごみの処理は，隣接する大川市の清掃センターに焼却処理を委託していたが，処理費用の高騰やし尿処理の問題もあり，「バイオマスタウン構想」による循環型まちづくりを目指すことになった。図４に示したように，生ごみ，浄化槽汚泥，し尿をメタン発酵槽で処理するものであり，本プロセスの開発は大木町と当研究室の共同で実施したものである。本プロセスの特徴は，生ごみや浄化槽汚泥を60℃の高温で２日間液化処理（高温可溶化槽）した後，可溶化物と家庭から出

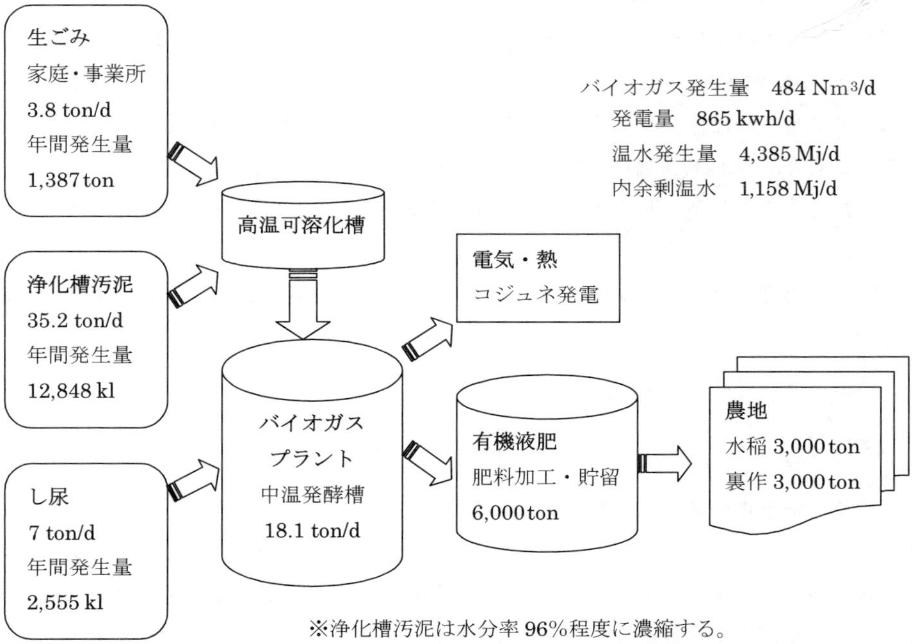

図４　バイオマスタウン構築のための生ごみを含む廃棄物バイオマスのメタン発酵

るし尿と混合しメタン発酵させることである。高温可溶化することにより，単独でメタン発酵処理するよりもガス発生量は約1.2倍に向上した。また，バイオガスプラントは中温メタン発酵であるが，菌叢解析の結果，高温性のメタン生成に関連する細菌が優占していることが分かった。そのため，季節による槽内温度変動（37℃→42℃，42℃→37℃）にも影響を受けないことが分かった。発生するバイオガスはガスエンジンによるコージェネで発電や温水（発電効率：30数%，総合効率：80%）として利用されており，場内電力の70%を賄っている。また，メタン発酵消化液は全て液肥として農地に還元（水稲：6 ton/10 a，麦：5 ton/10 a.）され，栽培された農産物は学校給食で食されたり，直売所で販売されたりしている。なお，実プラントの立ち上げ時に手違いがあり，高温可溶化槽が機能していない状態であるが，3年間以上安定して稼動している。

7.2　山鹿市バイオセンター

家畜排泄物27,046 ton/y（乳牛糞尿52.4 ton/d，豚糞尿43 ton/d），食品系廃棄物（生ごみ）1,100 ton/y，農業集落汚泥730 ton/yの廃棄物系バイオマスはメタン発酵により処理され，発生するバイオガスは場内の発電用の燃料として利用されている。また，メタン発酵槽から排出される嫌気性処理液は一旦貯留槽にプールされた後，水稲や麦栽培の液肥（17,336 ton/y）として利活用されている。さらに，家畜排泄物の搾汁残渣や肉牛糞尿は堆肥化され，その量は年間4,380 tonとのことである。

7.3　日田バイオマス利活用施設

平成21年度は廃棄物系バイオマス19,879 ton（豚糞尿7,684，農業集落汚泥1,357，生ごみ6,201，市外ごみ119，その他産廃4,637）を受け入れメタン発酵により処理し，嫌気性処理液はさらに活性汚泥により処理された後，下水道放流されていた。メタン発酵により発生するバイオガスによる総発電量は1,785,000 kWh，使用量は1,643,000 kWhと自給率は100%に達している。また，処理コストが高くつくことから平成21年度は嫌気性処理液のうち1,900 tonを液肥として利用することになった。

以上，嫌気性処理液は，ドイツやスウェーデン同様[15]，わが国においても利活用されるようになってきた。

8　おわりに

高濃度廃水・廃棄物のメタン発酵による処理と実施例の紹介だけでなく，メタン発酵を中核技術とするバイオマスタウンの紹介も行った。メタン発酵法は環境浄化だけでなく廃棄物系バイオマスからエネルギーを生産できる，またメタン発酵槽から排出される嫌気性処理液は液肥として利用できる。わが国を持続可能な社会にするためには，顕在化した環境問題やエネルギー問題を解決する手段の1つとして，高濃度産業廃水・廃棄物のメタン発酵によるエネルギー回収は勿論のこと，地域特性を活かしたメタン発酵を中核技術とする資源循環型まちづくりを広げていかなければならない。

文　　献

1) 環境省，平成20年環境・循環型社会白書，日経印刷，p. 175（2008）
2) 農林水産省website，バイオマス・ニッポン総合戦略（平成18年3月31日策定），p. 6（2006）；http://www.maff.go.jp/j/biomass/pdf/h18_senryaku.pdf（2010年9月26日，最終閲覧）
3) 農林水産省website，食品リサイクル法（平成19年6月13日最終改定），食品循環利用の再生利用（法第2条第5項）（2007）；http://www.maff.go.jp/j/soushoku/recycle/syokuhin/s_about/pdf/data2.pdf（2010年9月26日，最終閲覧）
4) 財団法人 食品産業センター編，食品関連事業者のためのよくわかる食品リサイクル法，食品産業センター，p. 2（2009）
5) 熊本国税局，平成20酒造年度 しょうちゅう調査書
6) E. Mikami *et al.*, Proc. 8th International Conf. on Anaerobic Digestion, Vol. 2, p. 293（1997）
7) K. Kida *et al.*, *J. Ferment. Bioeng.*, **75**(4), 304（1993）
8) 徳田昌嗣，ゼロエミッション型産業をめざして，シーエムシー出版，p.120（2001）
9) 鮫島吉広，醸協，**98**，481（2003）
10) 木田建次，食品と技術，**08**，1（2006）
11) 小林努ほか，第16回日本生物工学会九州支部飯塚大会講演要旨集，p. 29（2009）
12) 池田浩二，松下尚治，クリーンエネルギー，4月号，p. 61（2010）
13) 帆秋利洋，天石文，小笠原邦洋，電力土木，344，97（2009）
14) 益田光信，バイオマス・エネルギー・環境，㈱アイピーシー，p. 369（2001）
15) 東郷芳孝，エコバイオエネルギーの最前線―ゼロエミッション型社会を目指して―，シーエムシー出版，p. 235（2005）
16) 河村公平ほか，第16回廃棄物学会研究発表会講演論文集 2005，p. 496（2005）
17) 二條久男，再生と利用，**130**，37（2011）
18) （財）畜産環境整備機構，畜産排泄物を中心としたメタン発酵処理施設に関する手引き（2000）
19) K. Liu, Y. Q. Tang, T. Matsui, S. Morimura, X. L. Wu, K. Kida, *J. Biosci. Bioeng.*, **107**, 54（2009）
20) 木田建次，電子材料7月号別冊，85（2010）
21) 木田建次，見直されるオールドバイオ技術による地球温暖化対策および資源循環型まちづくり，バイオガス事業推進協議会会報（第7号），1（2010）

第19章　家畜排泄物のメタン発酵の実用化例

帆秋利洋*

1　はじめに

資源循環型社会の構築は，日本に不可欠な環境保全を考慮した社会的課題である。平成12年度の環境白書によれば，産業廃棄物の総排出量の内17.8%が動物ふん尿であり，畜産業からの環境負荷が極めて高いことが伺える[1)]。特に北海道は，乳牛と肉牛合わせて約130万頭が飼育されており，全国第1位である（平成11年度のデータ）[2)]。牛1頭当たりのふん尿量を約60 kg/日[3)]とすると，北海道全域の牛ふん尿の発生量は78×10^3 t/日にもなり，その早急な処理・対応が望まれている。こうした中，我が国では平成11年11月に「家畜排泄物の管理の適正化および利用の促進に関する法律」が施行され，家畜排泄物の適正処理ならびに有効利用が課題となっている[4)]。

廃水・廃棄物のメタン発酵処理は，汚泥，し尿，農業・畜産廃棄物の処理方法として長い研究と応用の歴史があり，国内外で多くの実機が稼動している。特に畜産廃棄物の処理技術としてのメタン発酵は，バイオガスを加熱・ガス発電などに有効利用できる他，比較的衛生的で肥料価値の高い消化液を得ることができるなど，ゼロエミッション型の畜産ふん尿処理技術として注目されている。例えば，乳牛100頭から1日当たりふん尿6 tが排出されるが，それをメタン発酵することで，化学肥料で9,000円相当の消化液が得られ，また一般家庭20戸に相当する電気と一般家庭45戸分の風呂給湯に相当する熱水を得ることが可能となる[5)]。

本章では，牛排泄物を対象としたメタン発酵施設について，①施設計画時の留意点，②立上げ時の植種源の選定事例，③施設管理の留意点，④消化液の調査事例についてそれぞれ概説すると共に，⑤メタン発酵普及の課題について述べる。

2　牛排泄物の特性から見た施設計画時の留意点

メタン発酵は，様々な有機性廃棄物を対象に適用が可能であるが，対象原料の化学組成とその性状を事前に把握することが，メタン発酵の適合性の評価と施設計画時の課題抽出のために重要となる。特に，バイオガス発生量は受入原料の化学的性状に支配されるため，売電や熱利用を重要視する場合には，バイオガス発生量が多い牛排泄物以外の原料受入も考慮する必要がある。一方，メタン発酵槽への移送方法や槽内での撹拌方法と槽形状を検討する際には，固形分の含有率と流動性などについて事前調査することが，実際の施設計画では必要である。

---

*　Toshihiro Hoaki　大成建設㈱　環境本部　環境開発部　新エネルギー開発室　室長

以下に，実際の乳牛排泄物について化学的性状の分析結果に基づいて，施設導入計画で検討した事例を要約する。

2.1　原料の流動性

排泄直後に採取した乳牛ふんは，固形分量が約10～13%，含水率が87～90%程度で，粗繊維含有量が63.1～83.7%もあることから粘性が高いという特徴がある（表1）。そのため，流動性が悪く移送に問題を生じたり，メタン発酵槽内で十分な撹拌が行えないことが懸念される。しかしな

表1　排泄直後に採取した乳牛排泄物の化学的性状

項　　目	A	B	C	D
pH	7.60	5.84	6.27	6.24
含水率（%）	87.3	89.6	86.8	87.5
全固形分TS（%）	12.7	10.4	13.2	12.5
灰分（%）	1.9	1.2	1.4	2.0
有機物含有量VS（%）	10.8	9.2	11.8	10.5
VS/TS	0.9	0.9	0.9	0.8
COD_{Cr}（g-COD/g-DW）	1.5	2.3	1.5	1.5
BOD_5（g-BOD/g-DW）	0.7	0.6	0.2	0.4
BOD/COD	0.5	0.3	0.1	0.2
粗繊維含有量（TS%）	63.1	83.7	77.2	70.3
藁含有量（TS%）	16.1	33.3	31.4	32.1
タンパク質量（g-COD/g-DW）	0.7	0.8	0.5	0.5
炭水化物量（g-COD/g-DW）	0.6	0.3	0.4	0.4
脂質量（g-COD/g-DW）	N.D.	N.D.	N.D.	N.D.
硫黄量（mg-S/gDW）	2.4	1.5	0.5	0.7
全炭素量TC（%）	43.6	43.8	44.4	42.7
全窒素量TN（%）	1.9	1.5	1.5	1.8
C/N比	22.9	29.4	30.4	24.4

表2　各酪農家の牛舎ふん尿ピット内における化学的性状の比較

項　　目	A	B	C	D	E	F	G	H	I	J	K	L
pH	7.1	7.1	6.1	8.3	7.9	9.0	8.9	7.2	7.9	6.7	7.9	7.5
ORP（mV）	-372	-56	-117	-410	-282	-492	-462	-283	-353	-144	-428	-356
DO（mg-O_2/L）	0	5	0	0	0	0	0	0	0	0	0	0
含水率（%）	97.4	99.7	94.8	86.0	88.7	96.2	96.3	84.4	88.5	90.1	88.1	89.7
全固形分TS（%）	2.6	0.3	5.2	14.0	11.3	3.8	3.7	15.6	11.5	9.9	11.9	10.3
灰分（%）	1.1	0.1	1.8	3.1	2.0	2.2	2.1	2.8	2.3	1.3	5.0	2.1
有機物含有量VS（%）	1.6	0.2	3.4	10.9	9.3	1.6	1.6	12.8	9.2	8.6	7.0	8.2
VS/TS	59.1	66.7	65.4	77.9	82.1	42.4	42.7	82.1	79.9	86.6	58.4	79.5
S-COD_{Cr}（mg-COD/L）	33,900	6,800	12,000	49,900	67,400	33,400	35,500	81,600	61,200	64,000	46,900	55,100
NH_4-N（mg-N/L）	4,610	201	773	4,498	3,643	5,483	6,264	2,236	2,576	402	70	875

がら実際の乳牛ふん尿は，牛舎に設置してあるふん尿ピットに回収される際に，牛舎床の洗浄水で希釈される。そのため，実際の乳牛ふん尿は含水率が90％以上（表２）で施設に搬入されており，粘性が低下してふん尿自体の目詰まりは生じ難い状態である場合が多い。むしろ，後述する敷き藁の影響に留意する必要がある。

2.2　藁の混入

藁は，飼料として未消化分が粗繊維として牛ふんに含まれるのみでなく，牛舎での敷き藁の一部が混入する。乳牛ふんには，藁そのものが16.1～33.3％も含まれている（表１）が，5 cm径程度の藁であれば細断化は不要である。一般的に，藁は生分解しづらいため，処理スラリー中に未消化物として含有される可能性が高い。これが，配管やポンプの目詰まり要因となり，施設のメンテナンスに支障を及ぼす場合がある。そこで，極端に径の長い藁などの夾雑物は，前処理段階でできる限り取り除き，堆肥とするなどの対策が必要である。

2.3　アンモニアの影響とその対策

一般的に，メタン発酵では，原料に窒素成分が高濃度に含有すると発酵過程でアンモニア（NH_4-N）が生成され，アンモニア阻害を引き起こしてメタン発酵槽内の菌叢が変化するためバイオガスが発生しなくなることが知られている[6,7]。乳牛舎ピットによって牛ふんのアンモニア（NH_4-N）濃度は異なるが，高い場合は中温メタン発酵のアンモニア阻害が生じる4,000 mg-N/Lを超えるケースもある（表２）。しかしながら，実際の発酵槽では高濃度のNH_4-Nが蓄積してもアンモニア阻害が生じておらず，牛ふん尿の場合，その影響は考慮する必要がない。これは，牛がルーメン内にメタン菌を保有しており，牛ふん尿には常に新鮮なメタン菌が含まれ，メタン発酵槽へ植種源として供給されるためと考えられる。

一方，消化液を液肥として施肥する際には，毎回残留アンモニア濃度をはじめとした栄養塩類の濃度が異なると，その散布量によって作物の成長に影響を及ぼす。したがって，消化液のアンモニア濃度は一定濃度であることが望ましい。そのため，定期的なアンモニア濃度の分析による消化液の適正な散布量の把握が必要である。

2.4　硫酸イオンの影響とその対策

牛ふん中の硫黄分は0.5～2.4 mg-S/g-DW含まれている（表１）。これら硫酸イオン（SO_4^{2-}）をはじめとした硫黄化合物は，最終的に硫酸還元菌によって硫化水素（H_2S）を生じさせるため，施設の腐食防止対策が必要である。また，バイオガスに含まれるH_2Sは，生物脱硫などによって除去する技術があるが，その場合，回収された単体硫黄（S^0）の用途についても検討しておく必要がある。豆科の植物は，硫黄要求性が高いため，そのような畑への散布も一案である。

3　メタン発酵槽立上げ時に供する植種源

メタン発酵施設では，所定の性能を発揮するまでの立上げ期間として半年程度を要する。この立上げ期間内で順調に立上げるためには，初期段階での負荷上昇のタイミングの判断や，日々のメタン発酵の性能について，詳細な各種分析結果に基づいた対応が要求される。すなわち，現状の状態をいち早く理解し，しかるべく対応を採ることが重要である。一方で，立上げ時に供する植種源の性状や特性を事前に知っておくことも重要である。

植種源には，通常は近隣で稼動している下水処理場などのメタン発酵施設（嫌気性消化槽）より嫌気性汚泥を入手して種菌として利用する方法が採用されている。しかしながら，一般的にメタン発酵プラントを建造する場合，施設が大規模になるため所定量の植種源の確保が困難であったり，地域によっては，植種源の長距離輸送に必要なコストが問題となる。

そこで，本節では，牛ふんのメタン発酵実プラントのスタートアップに適用するための事前評価という位置づけで，植種源の酸素感受性について空気暴露試験を行った結果と，ラグーン汚泥を植種源として使用することの可能性について検討した事例を紹介する。

3.1 空気暴露によるメタン生成活性の低下

植種源にはメタン菌を含む嫌気性汚泥を使用するが，メタン菌は絶対嫌気性であるため酸素感受性が強い。そのため，長期間の保存や輸送によって空気に暴露されるとメタン生成活性が失活してくる。そこで，酸素の影響を把握するため，4℃の恒温室内に下水処理場の嫌気性消化汚泥

写真1　メタン菌の酸素感受性試験の状況

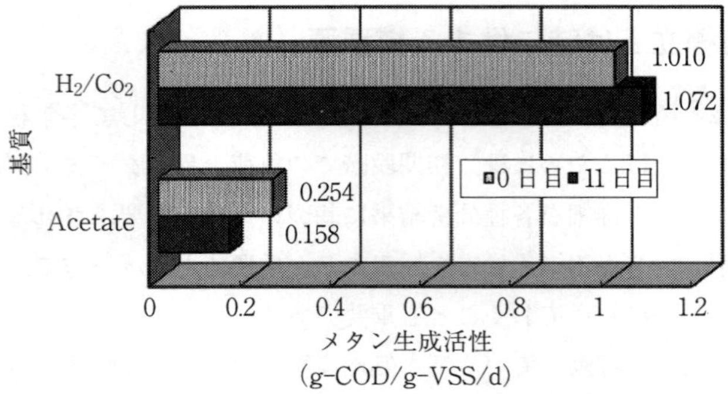

図1　空気暴露下での酢酸資化性メタン活性と水素資化性メタン活性の変化

を空気に接触するようマグネティックスタラーにて汚泥内を攪拌し（写真1），汚泥内の酢酸資化性メタン菌と水素資化性メタン菌の活性変化を調べた。メタン生成活性は，空気暴露後1日目と11日目において35℃のバイアル試験で測定したところ，水素資化性メタン菌の活性は変化が見られなかったのに対して，酢酸資化性メタン菌の活性は，38%減少する結果となった（図1）。このことから，植種源の採取から移送，メタン発酵槽への供給に際しては，極力空気と接触をさせない工夫が植種源の活性維持に必要であると言える。

3.2 植種源としてのラグーン汚泥の検討

多くの酪農家では，畜舎ピットに溜まった牛ふんを屋外の肥溜めに移してラグーン処理（自然発酵）している事例が多い。またその場合，畜舎の衛生管理を目的に消石灰でアルカリ処理した牛ふんをラグーンへ投入しているケースもある。これらが，植種源として利用できれば，入手の容易性と汎用性や輸送費用の節減といった面から実用的と言える。そこで，メタン発酵施設の建設予定地の近場で大量入手が可能な嫌気性素掘りラグーン汚泥と2%の消石灰を含む嫌気性素掘りラグーン汚泥の2種類を用い，それぞれ35℃温度条件下でバイアル試験によるメタン生成活性

表3　植種源の評価試験に供した汚泥性状

項　　目	牛ふん	ラグーン汚泥	2%消石灰添加ラグーン
pH	7.52	7.53	7.62
含水率（%）	91.80	88.62	88.45
TS（%）	8.20	11.38	11.56
VS（%）	6.91	9.68	8.85
VS/TS	0.84	0.85	0.77
COD_{Cr}（g-COD/g-DW）	0.00	0.00	0.00
全炭素量（%）	43.39	44.07	41.22
全窒素量（%）	1.91	1.92	2.46
C/N比	22.68	22.84	16.67

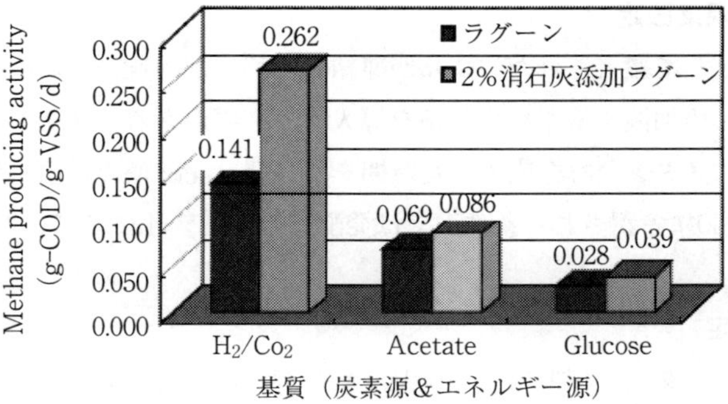

図2　植種源としての基質別メタン生成活性比較

の比較を行った。その結果，2種類のラグーン汚泥はほぼ同様の成分組成であるが（表3），メタン生成活性は消石灰添加ラグーン汚泥が高く，特に水素資化性メタン生成活性においてその傾向が顕著であり，酢酸資化性メタン生成活性の約3倍であった（図2）。ちなみに，比較として下水処理場の嫌気性消化汚泥についても同様の試験を行ったが，消石灰添加ラグーン汚泥のメタン生成活性は嫌気性消化汚泥と比較して5倍程度高かった。本結果を踏まえ，消石灰ラグーン汚泥を実施設でのメタン発酵槽立上げ時の植種源として利用することで順調な立上げを可能とした。

4　施設導入と運転管理の留意点

一般的なメタン発酵施設は，受入槽，メタン発酵槽，殺菌槽，貯留槽および堆肥化施設，ガスホルダー，コジェネレーション設備で構成される。メタン発酵施設は，建造コストが高価になり易いため，酪農家個別対応での導入は経済的に成立しづらい。そのため，国内では，複数の酪農家による集合処理施設が一般的である。

ここで，メタン発酵施設を導入する際には，適用対象と用途に応じて，施設自体のシンプル化による建造コストの低減を図る工夫が要求される。処理性能の安定を原則として，必要最小限の設備で最大限の処理性能を発揮するための施設設計が必要である。欧州では，非常にシンプルなシステムで安定した処理性能を維持している実機が数多く稼動している[8)]。

一方，施設建造後の維持管理において，施設の全自動化システムは技術的には導入可能であるが建造コストに直接影響するため，マニュアル稼動のシステムが導入されるケースが多い。その際，維持管理を担当するオペレーターの知識と技術が施設運営の成否を左右する。メタン発酵のメカニズムを理解し，適正負荷の下で何を制御する必要があるのか，その詳細について熟知させるためのオペレーターの養成が必要となる。

ここでは，家畜排泄物のメタン発酵施設を管理する上での留意点の一部を以下に概説する。

4.1　原料受入槽の温度設定

寒冷地では，原料として搬入された牛ふんが凍結して移送が困難になる厳寒期には，ふん尿を受入貯留槽であらかじめ加温するための設備を導入する必要がある。メタン発酵槽内の温度制御への影響に関しては，メタン発酵槽内の滞留時間を30日間，発酵槽の保温対策を取り入れた設計であれば，原料が１/30に希釈される条件下では発酵槽の温度変化にさほど影響を与えない。

4.2　発酵温度の選定

施設の心臓部となるメタン発酵槽は，一定温度に制御する必要があり，中温発酵（37℃）と高温発酵（55℃）の２ケースがある。通常，高温発酵は，中温発酵と比較してメタン生成活性が２倍以上になる[9]ため，短い発酵日数で処理ができ，発酵槽のコンパクト化が可能となる。一方で，高温発酵では，プロピオン酸からの反応速度が著しく低下するため効率的とは言えない[9]という報告があるように，高温になるほど発酵に関与する微生物の種類が制限されるため発酵制御が困難になる[10]。

制御温度を計画する際は，地域特性にも留意する必要がある。特に，寒冷地では高温になるほど発酵槽の加熱に要するエネルギーロスも大きくなる。そこで，処理効率のみならず回収されたバイオガスのエネルギーの利用効率も考慮した上で発酵温度を選定する必要がある。これは，事業収支に影響することから事前に十分な試算を行うことが重要である。ちなみに，家畜排泄物を対象とした国内の多くの施設は中温発酵を採用している。

4.3　バイオガス発生量

バイオガスの発生量は，原料の成分と量によって変化するため，受入原料の計画を綿密に行うことが施設設計にとって重要である。また，発生したバイオガスを電気や熱として施設外利用（販売）する場合は，事業収益に直接結びつくため十分な計画が必要である。例えば，生ごみなどの食品系廃棄物の場合，牛ふんと比べて単位投入量当たりのバイオガス発生量は４倍以上に増大する。したがって，将来的に牛ふん以外の原料を受入れる可能性がある場合は，それによって発生するバイオガス量を加味した設備仕様にしておく必要がある。酪農地において，受入れの可能性のある原料としては，周辺地域で発生する廃棄牛乳および乳製品をはじめ，水産加工残渣，農業残渣，食品加工残渣などが挙げられる。

4.4　発酵制御

実際の運転管理においては，牛ふんの成分に含まれるメタン発酵の阻害要因とその影響についてあらかじめ知ることが必要である。家畜ふん尿におけるメタン発酵の阻害要因としては，牛ふんに混入するトウモロコシなどの残留飼料や敷き藁などの夾雑物の影響が考えられる。メタン発酵では，固形分の可溶化（加水分解過程）が重要な要素となる。未消化の固形分がメタン発酵槽内に残留することで，中間代謝物の低級脂肪酸（VFA）が高濃度に蓄積し，ある時不意にバイオガス発生量が低下するケースがある。また，水産加工残渣などの高タンパク質成分が原料として大量に混入する場合は，高濃度アンモニア阻害に留意する必要がある[6,7]。これらの影響を回避するためには，メタン発酵槽の適正負荷を見出すと共に，必要に応じて滞留時間や原料希釈の操作による有機物負荷の低減運転が要求される。

4.5 副産物の適正利用

これまでの大型施設の場合，生産されたバイオガスは，コジェネレーションシステムにより発酵槽の加温および施設稼動用電気としてその一部が利用され，余剰電力は売電されているケースがある。一方，余剰バイオガスはフレアスタックにて燃焼処分されてきたケースも多い。2012年7月からは再生可能エネルギーで発電した電力の全量買取制度が施行されるため，分散型電源として回収されたエネルギーのさらなる有効活用が期待できる。

一方，メタン発酵の消化液は，直接液肥として土壌還元が可能であるが，土地の制約がある場合は，脱水後にコンポスト化して田畑などへ還元できる。脱水工程で生じた処理液中には，高濃度の窒素，リン酸が含まれている。これらの除去方法としては，pHが9.5以上の条件でマグネシウム（$MgCl_2$）を処理液中に添加することでMAP（Mg-Ammonium-Phosphate析出物；Mg：NH_4：PO_4-P = 1 mol：1 mol：1 mol）を形成させることにより水中から減少させることが可能である。資源循環利用を推進するには，地域特性を考慮して得られた有価副産物を廃棄物とすることなく，適正に利活用するための運営方法まで含めた総合的な計画が必要である。

5　消化液の殺菌特性

病原菌の多くは，60℃付近で死滅するため（表4），55℃の高温メタン発酵の場合は，大部分の病原菌が殺菌されるものと考えられる。一方，中温メタン発酵で処理する場合においては，メタン発酵を終えた消化液を加熱殺菌して農場へ還元利用しているケースが多い。消化液を液肥とし

表4　病原菌の死滅温度

微生物名	学術名	病原	死滅温度（℃）	時間（min）
大腸菌	*E. coli*	乳幼児溶血性胃腸炎など	60	20
サルモネラ	*Salmonella* spp.	チフス症，急性胃腸炎，食中毒	60	30
マイコバクテリウム	*Mycobacterium* spp.	結核症	66	20
ストレプトコッカス	*Streptococcus* spp.	鼠咬症，ヨーロッパ腐蛆病	54	10
エンダモエバ　ヒストリティカ	*Endamoeba histolytica*	ウマの盲腸と結腸に寄生するアメーバ	68	
ブルセラ　アボータス	*Brucella abortus*	ウシ流産菌，ブルセラ症，マルタ熱	61	3
トリキネラ　スピラリス　ラーバエ	*Trichinella spiralis larvae*		72	
タエニア　サジナタ	*Taenia saginata*		71	5

出典：C. G. Golueke (1975)；In Composting., A study of the process and its principles, Ro dale press, Inc. (Emmaus, Pa)

て使用する場合，農作物が消費者の健康に与える影響を考慮すると，消化液中に含まれる病原菌の存在量の把握が重要となる。一般的に，様々な種類の病原菌をそれぞれ個別に測定することは，測定にかかる労力，時間，費用などの点から効率が悪い。そのため大腸菌群をはじめとするいわゆる指標微生物を測定することで代替している。例えば，アメリカ環境保護局（USEPA）では，消化下水汚泥を農地に還元する場合の規制値としてふん便性大腸菌群を採用し，その数を2.0×10^6個/gTS以下と規制している。そこで，乳牛廃棄物を対象としたメタン発酵施設において，その運転の最も不安定な初期スタートアップ期間において，牛ふん尿中の大腸菌群，大腸菌ファージ，ふん便性大腸菌群およびふん便性連鎖球菌などの指標微生物が，最終的にメタン発酵過程およびそれに続く殺菌槽においていかに除去されるかについて調査した事例を紹介する[11)]。

受入槽の牛ふん尿スラリー，発酵槽後の消化液，殺菌槽後の殺菌消化汚泥の各３段階における指標微生物の挙動を調査した。各段階における指標微生物の調査項目は，国際的に排水基準として定められている大腸菌群，USEPAにおいて下水汚泥を土壌還元する際に基準が設けられているふん便性大腸菌群[12)]，デンマークにおいて畜産廃棄物のバイオガスプラントの衛生学的指標として推奨されているふん便性連鎖球菌[13)]，および病原性ウィルス指標である大腸菌ファージ[14,15)]とした。

その結果，メタン発酵槽あるいは施設全体においても，大腸菌ファージの除去率が最も低く，次いで大腸菌群，ふん便性連鎖球菌，ふん便性大腸菌群の順で除去率が高かった（図３）。また本施設における殺菌消化汚泥のふん便性大腸菌群はUSEPAの基準を十分に達成しており，衛生学的に安全な液肥であることが証明された。熱による殺菌試験では，大腸菌ファージが最も不活化しにくく，次いでふん便性連鎖球菌，ふん便性大腸菌群の順で不活化する傾向にあった。殺菌試験結果をチックの法則に当てはめたところ，最も温度変化の影響を受けるのが大腸菌ファージであり，ふん便性大腸菌群とふん便性連鎖球菌はほぼ同程度であった（図４）。各指標微生物の温度

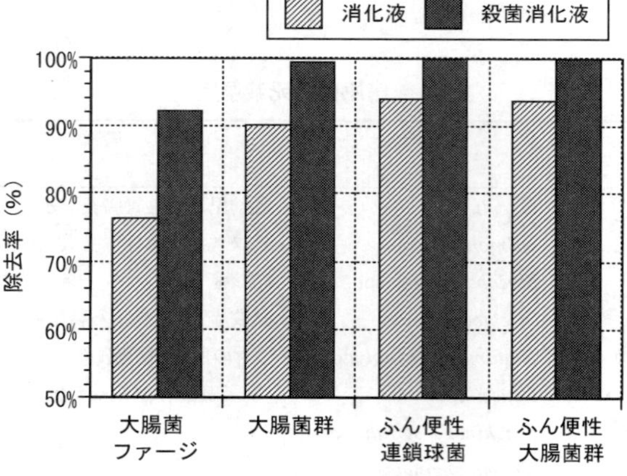

図３　指標微生物の除去率

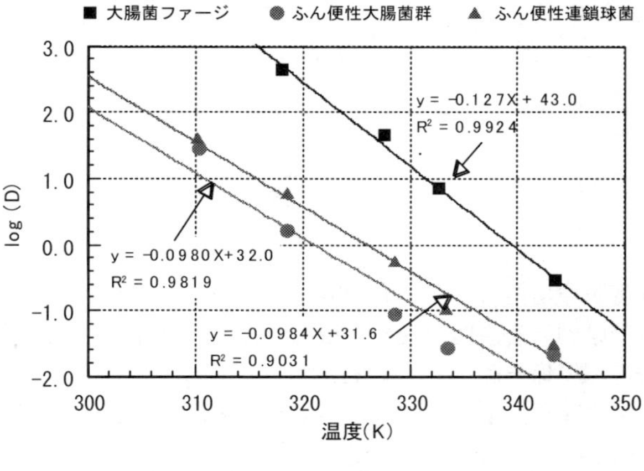

図4　指標微生物と死滅温度の関係

と死滅時間の関係が得られたことから，本結果は今後，家畜排泄物を対象としたメタン発酵施設の殺菌槽の設計指針として活用できる。

6　メタン発酵普及の課題

東日本大震災によって原子力の安全神話が崩壊された昨今，地球温暖化防止対策とも相まって，再生可能エネルギーに対する関心が高くなっている。バイオガスは，まさに再生可能エネルギーの1つであり，ごみ処理分野で問題となっている有機性廃棄物を対象としてエネルギーを生産できるという特徴を有している。メタンガスは，天然ガスを代表する炭化水素ガスであり，都市ガス（LNG）の主成分でもある。石油をはじめとした化石燃料の枯渇が懸念されて久しいが，一方で，シェールガス採掘の技術開発が進んだことから，天然ガスは世界規模での需要がまだまだ続きそうである。そのような社会情勢の中，有機性廃棄物のメタン発酵で生産されたメタンガスは，都市ガスと混燃利用するための技術開発も進んできており，将来的には様々な有機性廃棄物からバイオガスを生産し，都市ガスインフラに組み込む社会基盤づくりが期待されている。将来的には，都市部では集合生ゴミや下水汚泥を，農村部では家畜排泄物や農産廃棄物，海産廃棄物，浄化槽汚泥などを対象として，様々な場所にメタン発酵施設を建造することが検討され，各自治体でバイオマスタウン構想が取り入れられている。これらの施設から発生したバイオガスは，地域分散型エネルギーとしての利用や非常時用エネルギー源として備蓄するなどの活用方法が考えられる。一方，消化液は，地産地消の一環として農村地帯において化成肥料の代替としての活用を普及させることも重要である。メタン発酵普及のためには，各要素技術のさらなる研究開発もさることながら，国の環境政策とエネルギー政策，農業政策の基で有機性廃棄物の収集システムや生産エネルギーの公共利活用システム，消化液の有効活用システムをはじめとしたインフラ整備が必要であろう。21世紀はまさに，官民学が一体となって今後の国内における環境整備の在り方について見直す時代と言えよう。

文　献

1) 環境省，平成13年度版環境白書，58-59，207-208（2001）
2) 中央畜産会，都道府県別の畜産関連統計（http://cali.lin.go.jp/）
3) 押田敏雄ほか，畜産環境保全論，養賢堂（1998）
4) 農林水産省，生産部畜産局，家畜排せつ物の管理の適正化及び利用の促進に関する法律について（http://lin.lin.go.jp/maff/maff.htm）
5) 北海道開発土木研究所，積雪寒冷地における環境・資源循環プロジェクト（http://dojyo.ceri.go.jp/project/index.html）
6) 帆秋利洋ほか，電力土木，**344**（11），97（2009）
7) 帆秋利洋ほか，月刊クリーンエネルギー誌（2010）
8) 四蔵茂雄ほか，廃棄物学会誌，**10**，241（1999）
9) 原田秀樹ほか，環境バイオテクノロジー学会誌，**4**（1），19（2004）
10) 重松亨ほか，生物工学会誌，**87**（12），570（2009）
11) 上村繁樹ほか，用水と廃水，**46**（5），68（2004）
12) U. S. Environmental Protection Agency, Environmental regulation and technology, Control of pathogens and vector attraction in sewage sludge, EPA/625/R-92-013, USEPA, Office of research and development, National risk management research laboratory, U.S.A（1999）
13) H. J. Bendixen and A. Ammendruo, Veterinary research, monitoring and consulting on establishment and operation of joint biogas plants, Safeguards against pathogens in biogas plant, Ministry of agriculture Danish Veterinary Service, Denmark（1992）
14) 神子直之ほか，環境微生物工学実験法（土木学会衛生工学委員会編），技報堂出版，p.309（1993）
15) 神子直之ほか，環境微生物工学実験法（土木学会衛生工学委員会編），技報堂出版，p.233（1993）

第20章　ANAMMOX反応を利用した窒素除去技術

徳富孝明*

1　はじめに

従来，窒素除去と言えば硝化菌による硝化，従属栄養脱窒菌による脱窒であったが，1990年代に無酸素条件下でアンモニアと亜硝酸を窒素ガスに転換する新たな窒素除去反応（アナモックス反応，ANoxic AMMonium OXidation嫌気条件下でのアンモニアの酸化反応）を行う微生物が発見され，近年では実際に廃水の窒素除去に適用されてきている。

ANAMMOX反応は窒素除去に際して有機物を必要としないため，有機物濃度が低く窒素成分を高濃度に含む廃水からの窒素除去に適しているが，有機物が高濃度に含まれている場合でも前処理（好気，嫌気）によって有機物を除去すれば窒素処理を行うことができる。

最近では嫌気性微生物を用いた廃水処理がバイオガスによるエネルギー回収，省エネルギー化，およびCO_2排出量の削減の点から見直されているが，嫌気処理は栄養塩（特に窒素）除去への対応が難しいことが欠点の１つである。このような場合においては，有機物は嫌気処理でエネルギーに，残った窒素成分はANAMMOX反応を利用して除去することが最も効率的であると考えられる。

本章では，ANAMMOX反応を利用する窒素除去技術の原理と廃水処理への適用検討例についてまとめた。

2　ANAMMOX反応とは

ANAMMOX反応は1990年代にオランダ，デルフト工科大学の研究グループにより，偶然発見された反応である。地球上の窒素代謝に関係する新しい微生物反応であり，現在応用に向けた様々な研究開発が進められている。この反応を廃水処理に利用した場合，前述の硝化・脱窒法とは代謝経路が異なるため，硝化・脱窒の欠点とされている硝化時の曝気動力，脱窒時の有機物，および余剰汚泥の発生量を大幅に削減できるという多くのメリットが明らかにされている[1)]。

また，ANAMMOX微生物はグラニュールと呼ばれる自己造粒体を作ることができ，これにより従来法よりも高負荷で運転可能なことが指摘され[2)]，新たな窒素除去方法として非常に期待されている。当初この微生物はデルフト工科大学以外の研究者が見つけることができず，その存在も疑われていたが，遺伝子の分析により菌種，DNAの配列が解析され[3)]，非常に少ない存在量で

＊　Takaaki Tokutomi　栗田工業㈱　開発本部　装置開発第二グループ　第一チーム　主任研究員

も検出することが可能になり，海中[4)]，廃水処理設備[5)]，湖[6)]など，様々な環境で，また，地球上の至る所で発見されるようになった。合わせて反応経路についても研究が進み，アンモニアと亜硝酸から窒素ガスを生成するという式(1)の反応式が提案された[7)]。

$$1.0NH_4^{+} + 1.32NO_2^{-} + 0.066HCO_3^{-} + 0.13H^{+}$$
$$\rightarrow 1.02N_2 + 0.26NO_3^{-} + 0.066CH_2O_{0.5}N_{0.15} + 2.03H_2O \quad (1)$$

3　硝化脱窒との比較

硝化菌，従属栄養脱窒菌を用いる従来の窒素除去（硝化脱窒）と，ANAMMOX反応を用いる窒素除去の反応経路を比較したものを図1に示した。処理工程に，①硝化（NO_2^--NあるいはNO_3^--Nの生成），②脱窒（N_2ガスへの転換）の2つの反応があることは共通であるが，反応経路は大きく異なっている。

(1)　必要酸素量と消費エネルギー

従来型の硝化脱窒では，排水中のNH_4^+-N成分は全てNO_3^--Nに酸化する必要があるため，N 1 kgに対して酸素が約4.6 kg必要となる。これに対し，ANAMMOX反応を用いる場合には，約半分量のNH_4^+-NをNO_2^--Nまで酸化すれば良い。これにより，必要酸素量は半分以下となり，ブロワに必要な消費電力も半分以下とすることが可能である。

(2)　脱窒時の基質と汚泥発生量

従来型の硝化脱窒では有機物と硝酸を基質として脱窒反応が進行し，脱窒菌の菌体（余剰汚泥）が発生する。脱窒菌は従属栄養型の微生物であるため，増殖速度は速いが，余剰汚泥の発生量も多くなる。これに対し，ANAMMOX反応では，NH_4^+-NとNO_2^--Nを窒素ガスに転換するが，炭素源としては水中の無機炭酸イオンが利用されるため，有機物を必要としない。また，無機炭素を利用して増殖する独立栄養性細菌は菌体（余剰汚泥）の発生量が少ないという特徴がある。こ

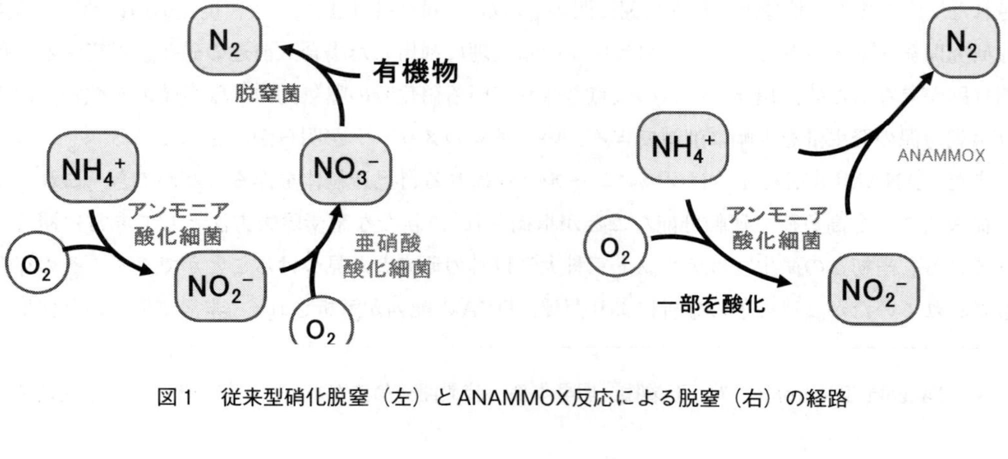

図1　従来型硝化脱窒（左）とANAMMOX反応による脱窒（右）の経路

のため，余剰汚泥の発生量は1/4～1/5程度になる。

(3)　生物膜，グラニュールの形成と反応槽の大きさ

ANAMMOX微生物は自己造粒化（グラニュール化）の能力があり，非常に沈降性の良いグラニュールを形成することが知られている。この性質により反応槽内部に高濃度の菌体を保持することができ，かつ処理水を得るための固液分離工程が非常にコンパクトにできる。

また，各種担体表面にもANAMMOX微生物は生物膜を形成することができ，反応槽当たりの除去能力を示す槽負荷は，5 kgN/m^3/d以上の非常に高い数字が報告されている。これは従来型の硝化脱窒の5～10倍以上の能力に相当する。

4　プロセスの構成

ANAMMOX反応を用いて窒素除去を行う場合，①反応に必要なNO_2^--Nを生成させる亜硝酸型硝化工程と，②生成したNO_2^--NとNH_4^+-NをN_2ガスに転換するANAMMOX工程に分けられる。①と②は別々の反応槽で行う場合と，単一の反応槽で行う場合がある（図2）。前者を二槽型ANAMMOX，後者を一槽型ANAMMOXと呼んで区別している。

4.1　亜硝酸型硝化

硝化反応をNO_2^--Nで停止させ，安定して亜硝酸を生成させる方法については技術的な課題であったが，活発に研究がなされ，2種類の微生物群（アンモニア酸化細菌，亜硝酸酸化細菌）の性質の違いを利用して亜硝酸を安定して生成させる方法が提案されている。

具体的には，①基質（NH_4^+-N），生成物（NO_2^--N）の阻害を利用する[8]，②増殖速度の温度特性の違いを利用する[9]，③溶存酸素への親和性の違いを利用する，④短期的なショックへの耐性の差を利用する[10]，といった方法が検討され，実用化に至っている方法もある。

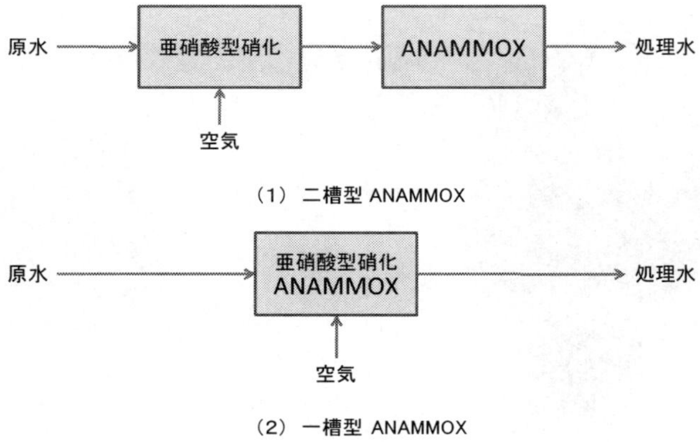

図2　ANAMMOXプロセスの構成（二槽型と一槽型）

ANAMMOX反応でのNH_4^+-NとNO_2^--Nの反応比率は決まっているため，全体の除去率を上げるためには亜硝酸型硝化において亜硝酸の過不足をできるだけ少なくすることが重要となる。

我々のグループでは，担体添加型の曝気槽において，槽内無機炭素の濃度を高く保つことにより，アンモニア酸化細菌を優占化させ，亜硝酸酸化細菌の増殖を抑制できることに成功した[11]。この方法では，入口窒素濃度や溶存酸素濃度の影響をあまり受けずに，硝化反応の型（亜硝酸型，硝酸型）を自由に操作することができる。後述する実規模設備においては，容量300 m^3規模の装置が稼働しており，長期的にも安定して亜硝酸型を維持できた。

4.2 ANAMMOX

嫌気処理におけるUASB，EGSBと同様に，ANAMMOX微生物も菌体が凝集した顆粒（グラニュール）を形成することが知られている。

グラニュールを形成させる方法としては，UASBと同じように上向流型反応槽を用いる方法，SBR（Sequencing Batch Reactor）を用いる方法などがあり，いずれも沈降速度の遅い分散状態の菌体を反応槽から排除することにより，沈降性の良いグラニュールを反応槽内に蓄積させている。

グラニュールは特徴的な赤い色を呈しており，外観はカリフラワーのように多くのクラスターが凝集した形を取っている。内部も嫌気グラニュールのように年輪状にはなっておらず，小さなクラスターが集まった構造となっている（図３）。

グラニュール以外の汚泥保持方法としては，通常の分散状汚泥として保持する方法，不織布などの担体表面に微生物を付着させる方法，また，菌体をPEG（ポリエチレングリコール）などの高分子で包括固定する技術も提案されている。

4.3 一槽型ANAMMOX

一槽型ANAMMOXでは，槽内に酸素を供給してNO_2^--Nを生成させつつ，同時に生成したNO_2^--NとNH_4^+-NをANAMMOX微生物が利用してN_2ガスに転換する。通常，反応槽内の溶存酸

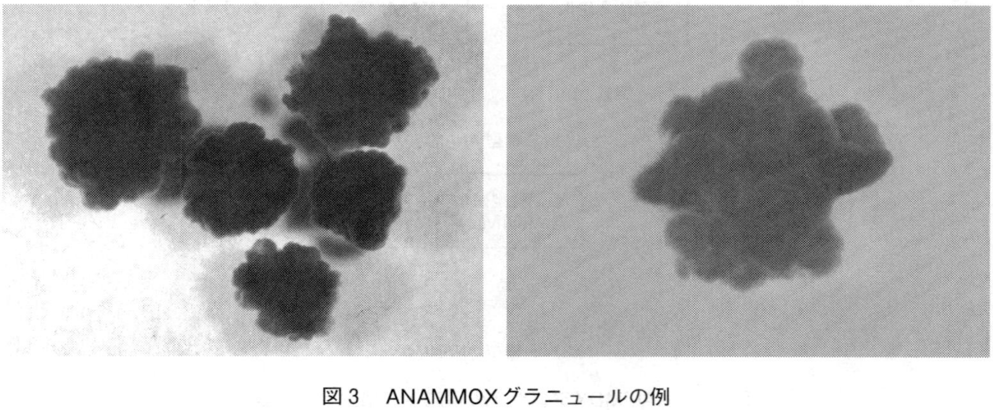

図３　ANAMMOXグラニュールの例

素濃度を1mg/L以下程度に制限し，生物膜の内側部分でANAMMOX反応による脱窒が進む条件とする。

ANAMMOX反応は酸素があると停止してしまうため，一槽型では，酸素供給量，溶存酸素濃度の制御が重要な操作因子となる。

5　適用検討例，実用化例

ANAMMOX反応を用いる窒素除去プロセスは，窒素のみを効率的に除去することができるため，BOD濃度が低く，N濃度が高い廃水の処理に適している。ただし，BOD成分が多い廃水であっても，適切な前処理によってBODを処理してしまえば，ANAMMOX反応を用いて窒素除去を行うことができる。ここでは，BODとNを含む廃水について，嫌気処理でBOD成分を，ANAMMOX反応で窒素成分を除去した検討例を紹介する。

食品系排水を対象とし，有機物成分を嫌気性処理により除去し，その後，亜硝酸型硝化，ANAMMOX処理によって窒素成分を除去した。嫌気処理としてUASB型反応槽を，亜硝酸型硝化槽として担体添加型の曝気槽を，ANAMMOX槽として上向流型反応槽を使用した。装置の模式図を図4に，また，反応槽の大きさ，運転条件について，表1に示した。

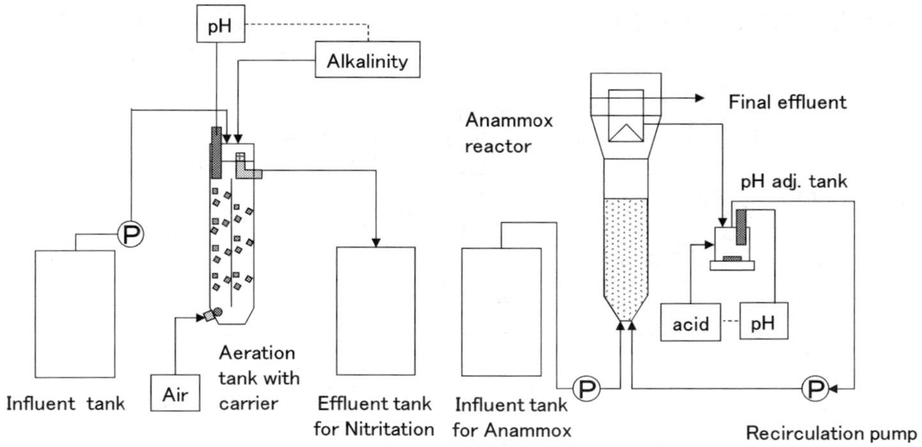

図4　試験装置の概要

表1　試験装置の大きさ，運転条件

	容量（L）	温度（℃）	pH	流量（L/d）	窒素流入負荷（kg-N/m^3/d）
嫌気処理	10	35	6.5	10	-
亜硝酸型硝化	1.2	30	8.5	7.1	1.6
ANAMMOX	1.0	30	7.7	6.6	3.0

担体添加型曝気槽には，ポリウレタン製の3mm角担体を反応槽容量に対して30～40%充填し，ANAMMOX槽には，ANAMMOXグラニュールを反応槽容量に対して50～70%充填した。

担体は合成廃水を用いて長期間亜硝酸型の硝化処理を行ったもの，また，ANAMMOXグラニュールも合成廃水を用いて長期間運転を行ったものを使用した。

リン源として濃度10mgP/Lとなるようにリン酸を添加し，微量金属溶液[1)]を1ml/Lの割合で添加した。また，pH調整のアルカリ剤，酸剤として，亜硝酸型硝化槽では50～70g/LのNa_2CO_3溶液または$NaHCO_3$溶液を，ANAMMOXでは約1NのHClまたはH_2SO_4を使用し，pHコントローラに連動して設定pHになるまで薬剤を注入した。

亜硝酸型硝化では処理水水質に応じて曝気量を手動で調整し，NO_2-N/NH_4-N比率を調整した。なお，反応槽のDO濃度は通常は2mg/L以上となっている。

- **廃水の組成**

廃水の水質を表2にまとめた。NH_4^+-N濃度は500mgN/Lであったが，有機物濃度が非常に高く，COD_{Cr}で10,000mg/Lであった。

嫌気処理，亜硝酸型硝化，ANAMMOX各工程での水質変化を表3に示した。嫌気処理ではCOD_{Cr}が90%以上除去されたが，NH_4^+-Nはほとんど変化しなかった。亜硝酸型硝化槽では，残留している有機物（TOC）は若干分解されたが，生成するNO_2^--Nの影響で処理水COD濃度は上昇した。このNO_2^--NはANAMMOX槽で除去されるため，最終的にはCOD濃度は500mg/Lになった。反応槽としてはNO_2^--N転換負荷として1.0～2.0kgN/m^3/dの性能を示した（図5）。

表2　廃水の水質まとめ

	Unit	No. 5
SS	mg/L	200
$tCOD_{Cr}$	mg/L	10,000
$sCOD_{Cr}$	mg/L	8,000
tKj-N	mg/L	520
NH_4^+-N	mg/L	520
NO_2^--N	mg/L	10>
NO_3^--N	mg/L	10>
PO_4^{3-}-P	mg/L	5

表3　各処理工程での水質変化

	$tCOD_{Cr}$	$sCOD_{Cr}$	NH_4^+-N	NO_2^--N	NO_3^--N
原水	10,000	8,000	520	5>	5>
嫌気処理処理水	850	410	510	5>	5>
亜硝酸型硝化処理水	1,227	567	230	254	1
ANAMMOX処理水	460	260	44	8.9	14.3

（単位：mg/L）

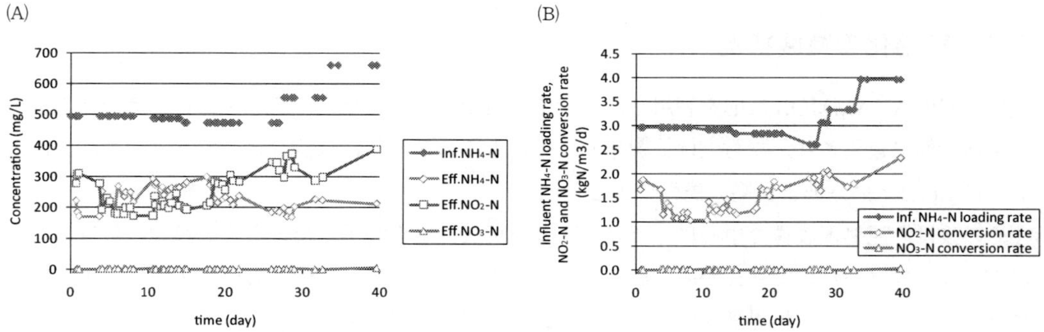

図5　亜硝酸型硝化槽での水質変化(A)と亜硝酸への転換能力(B)

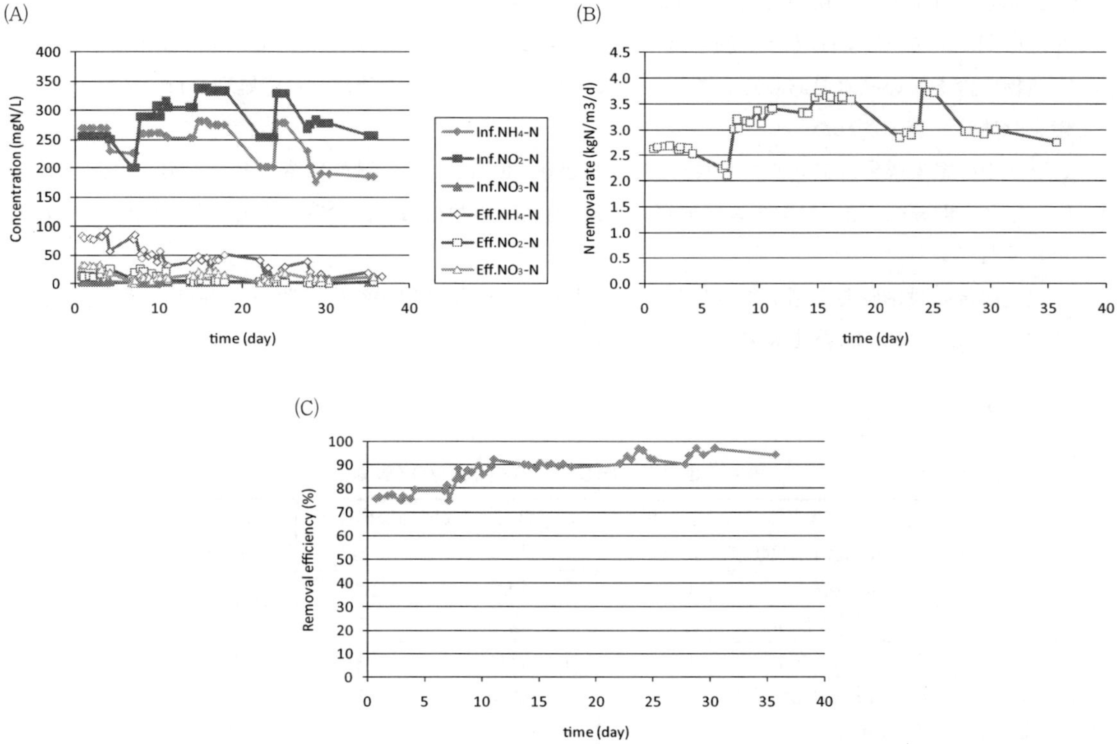

図6　ANAMMOX槽での水質変化(A)，窒素除去能力(B)，全体での窒素除去率(C)

その後，ANAMMOX槽ではANAMMOX反応と有機物を利用した脱窒が進行し，窒素，CODが除去された。すなわち，ANAMMOX反応だけでは，処理水にNO_3^--Nが残存するはずであるが，従属栄養細菌による脱窒が同時に進行したため，NO_3^--N濃度が低くなった。ANAMMOX槽の窒素除去能力としては3.5～4.0 kgN/m^3/dとなった。全体としてのCOD除去率は95%以上，窒素除去率は90%以上となった（図6）。

6　実用化の進展状況

世界初のANAMMOX反応を利用した窒素処理設備は，2002年にオランダ，ロッテルダムの汚泥処理設備に建設され，立ち上げに数年かかったものの最終的には設計負荷である窒素除去能力7 kgN/m^3/dという非常に高い能力に達した[12]。

その後は汚泥処理設備を中心に徐々にANAMMOX反応を利用した窒素除去設備の数は増えており，ヨーロッパだけでも10か所を超えている。また，最近では中国において実設備の建設が急ピッチで進んでおり，世界最大のANAMMOX反応槽が稼働している。中国では，グルタミン酸ソーダの製造工場などの民間工場で普及が進んでいるのが特徴的である。（オランダPAQUES社の実設備実績を表4に示した。）

2006年4月より国内初のANAMMOXプロセス実装置が立ち上げ運転を開始し，約3ヶ月の立ち上げ期間で立ち上がった[13]。廃水は半導体工場の窒素含有廃水で，アンモニアと硝酸を含み，有機物を含まない廃水であった。これまではメタノールを用いて硝化・脱窒処理を行っていた設備を改造して導入された。

廃水中の窒素成分はアンモニア態窒素として300～400 mgN/L，硝酸態窒素として20～50 mgN/L，設計水量550 m^3/d，アンモニア態窒素の量として約220 kgN/d，全窒素として約250 kgN/dの窒素負荷である。

改造前後の設備概要を図7に示した。設備は硝化・脱窒型の活性汚泥設備を改造し，亜硝酸型硝化槽とANAMMOX槽を設置した。

表4　世界で稼働しているANAMMOX設備

番号	廃水種	場所	形式	反応槽規模（m^3）	稼働開始年
1	汚泥消化脱離液	オランダ	二槽型	72	2002
2	染色廃水	オランダ	二槽型	100	2004
3	電子系廃水	日本	二槽型	60	2006
4	食品系廃水	オランダ	一槽型	600	2006
5	汚泥消化脱離液	スイス	一槽型	180	2008
6	発酵系廃水	中国	一槽型	500	2009
7	発酵系廃水	中国	一槽型	6,600	2009
8	発酵系廃水	中国	一槽型	4,100	2010
9	汚泥消化脱離液	オランダ	一槽型	425	2010
10	発酵系廃水	中国	一槽型	4,300	2011
11	発酵系廃水	ポーランド	一槽型	900	2011
12	発酵系廃水	中国	一槽型	1,600	2011
13	発酵系廃水	中国	一槽型	5,400	2011
14	汚泥消化脱離液	イギリス	一槽型	1,760	2011

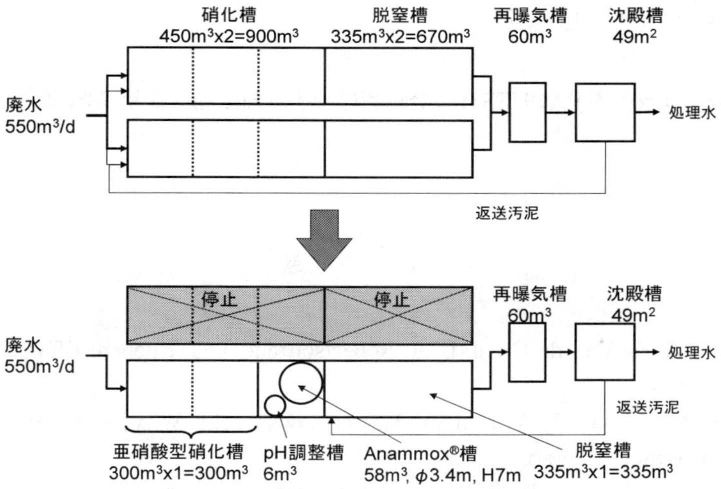

図7　従来型の硝化脱窒装置からANAMMOXプロセスへの改造

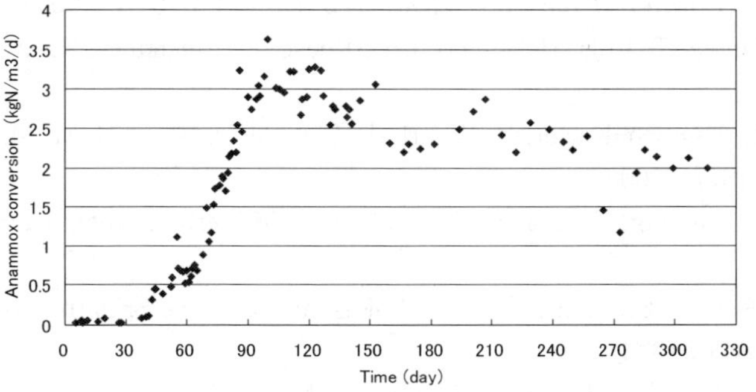

図8　ANAMMOX槽の処理能力の推移

- **処理性能**

ANAMMOX槽の立ち上げ状況とその後の処理能力の推移を図8に示した。約3ヶ月間の立ち上げ期間後は安定した性能を示し，処理水水質も従来型の硝化·脱窒と同等であった。

7　今後の展望

日本では，2006年に半導体工場に国内1号機が稼働を開始して以来，実規模設備は建設されておらず，残念ながら普及が進んでいるとは言えない。しかし，前述のように世界では実設備の建設が進んでおり，その性能も十分実証されてきている。民間分野だけではなく，下水分野においても導入の検討は行われているため，今後，窒素除去にANAMMOX反応は広く使われるようになると期待している。

注：AnammoxはオランダPAQUES社の登録商標です（国際登録番号 738640）

文　献

1) A. Mulder, A. A. Van de Graaf, L. A. Robertson and J. G. Kuenen, *FEMS Microbiol. Ecol.*, **16**, 177 (1995)
2) W. Abma, C. Schultz, J. W. Mulder, M. van Loosdrecht, W. van der Star, M. Strous, T. Tokutomi, Water 21, Feb., 36 (2007)
3) M. Strous, J. A. Fuerst, E. H. Kramer, S. Logemann, G. Muyzer, K. T. van de Pas-Schoonen, R. Webb, J. G. Kuenen, M. S. Jetten, *Nature*, **400**, 446 (1999)
4) M. M. Kuypers, G. Lavik, D. Woebken, M. Schmid, B. M. Fuchs, R. Amann, B. B. Jørgensen, M. S. Jetten, *Proc. Natl. Acad. Sci., USA*, **102**, 6478 (2005)
5) U. Imajo, H. Ishida, T. Fujii, H. Sugino, J. D. Rouse, K. Furukawa, *Proc. of IWA Waterqual*, **1**, 887 (2001)
6) C. Schubert, E. Durisch-Kaiser, B. Wehrli, B. Thamdrup, P. Lam, M. M. Kuypers, *Environ. Microbiol.*, **8**, 1857 (2006)
7) M. Strous, J. J. Heijnen, J. G. Kuenen, and M. S. M. Jetten, *Appl. Microbiol. Biotechnol.*, **50**, 589 (1998)
8) A. C. Anthonisen, R. C. Loehr, T. B. S. Prakasam and E. G. Srinath, *J. Wat. Pollut. Control Fed.*, **48** (5), 835 (1976)
9) C. Hellinga, A. A. J. C. Schellen, J. W. Mulder, M. C. M. van Loosdrecht and J. J. Heijnen, *Wat. Sci. Tech.*, **37** (9), 135 (1998)
10) K. Isaka, T. Sumino, S. Tsuneda, Process Biochem., **43** (3), 265 (2008)
11) T. Tokutomi, C. Shibayama, S. Soda, M. Ike, *Wat. Res.*, **44**, 4195 (2010)
12) W. R. L. van der Star, W. Abma, D. Blommersc, J. W. Mulderc, T. Tokutomi, M. Strous, C. Picioreanua, M. C. M. van Loosdrecht, *Wat. Res.*, **41** (18), 4149 (2007)
13) T. Tokutomi, H. Yamauchi, S. Nishimura, M. Yoda, W. Abma, *J. Env. Eng.*, **149**, Feb., 146 (2011)

第21章　総論

矢木修身*

1　はじめに

全国各地の土壌・地下水や工場跡地においてトリクロロエチレン（TCE），テトラクロロエチレン（PCE），1,2-ジクロロエチレン（DCE）および塩化ビニルモノマー（VC）などの揮発性有機塩素化合物，ヒ素，鉛，水銀などの金属類，またベンゼンを含む石油類，硝酸・亜硝酸性窒素などの汚染が顕在しており，さらに新たに福島の原子力発電所事故による放射性セシウムの汚染が生じ大きな問題となっている。わが国においては，2009年度までに合計5,281件の土壌汚染および6,241件の地下水汚染が判明している[1)]。2010年度の浄化対策受注件数は㈳土壌環境センター会員企業で約9,000件，受注高1,000億円と報告されている[2)]。また2011年には築地市場の移転先予定地豊洲の浄化が約600億円の予算で開始されている。アメリカ，ドイツ，オランダ，英国における土壌汚染件数は，60万，30万，50万，32万件以上あり，アメリカにおける浄化費用は170兆円と試算されている。

汚染土壌・地下水の浄化方法として，固化・不溶化，化学的酸化，焼却，洗浄，封じ込め，土壌ガス吸引，地下水揚水などの物理化学的手法が主に用いられているが，浄化コストが高いため比較的安価で無害化処理技術であるバイオレメディエーション技術が注目され，適応例も着実に増えている。

バイオレメディエーション技術とは，微生物，植物および動物などの生物機能を活用して汚染した環境を修復する技術である。地球上に生命が誕生したのは今から38億年前といわれている。地球が誕生したのが46億年前であるから，８億年で微生物が誕生したことになる。微生物は以後進化を遂げているが，その機能の多様性とバイタリティには驚かされる。

一般に土壌１g中には１～100億匹の微生物が生息しているが，最適な条件にすれば1,000億匹は生息できる。地球上には5×10^{30}匹の微生物が存在し，地球上のバイオマスの60％，植物の２倍量存在しているといわれている。したがっていろいろな微生物が存在し，極限環境微生物と呼ばれる常識では考えられない微生物が見出されている。pH１～10まであるいは飽和食塩水でも増殖できるもの，また120℃の高温でも増殖できる細菌が見出され，この細菌で生ごみを分解すると，容器が蒸気で突沸する現象が確認されている。このような微生物は各地から見出され，決して特殊な細菌ではないことが判明している。

最近，生物的分解が困難と考えられていたクロロエチレン類やダイオキシン類を分解する新し

＊　Osami Yagi　日本大学　生産工学部研究所　教授

い嫌気性および好気性微生物が次々と見出され，これらの微生物を活用するバイオレメディエーション技術の実用化が開始されている。

2　バイオレメディエーション技術の現状[3~11]

汚染土壌・地下水の浄化を目的とするバイオレメディエーション技術は，利用する微生物およびそのプロセスより分類される。微生物の利用法からは2種に分類される。1つは，バイオスティミュレーション（Biostimulation）といわれ，汚染した土壌・地下水に窒素，リンなどの無機栄養塩類，メタン，堆肥などの微生物の増殖に必要なエネルギー源としての有機物，さらに空気や酸素発生剤（Oxygen Release Compound：ORC），水素発生剤（Hydrogen Release Compound：HRC），過酸化水素などを添加し，現場に生息している微生物を増殖させて浄化活性を高める方法である。他の1つはバイオオーグメンテーション（Bioaugmentation）といわれ，汚染現場に浄化微生物が生息していない場合に，分解微生物を添加して浄化する方法である。したがって，新機能を有する微生物の開発が精力的になされている。

一方，利用するプロセスの相違により3種に分類される。1つは，原位置外処理（*Ex-situ* treatment）で掘削などを施し汚染土壌を原位置より移動して処理する方法で，バイオパイル（Biopile），ウインドローコンポスティング（Windrow composting），ランドファーミング（Landfarming），スラリー処理（Slurry bioreactor）などがあり，2つめは，原位置処理（*In-situ* bioremediation）で土壌を掘削せず原位置のままで浄化する技術で，バイオベンティング（Bioventing），バイオスパージング（Biosparging），バイオスラッピング（Bioslurpping），直接注入（Direct injection），地下水循環（Groundwater circulation），透過性反応浄化壁（Permeable reactive barrier），ファイトレメディエーション（Phytoremediation）などがあり，3つめはナチュラルアテニュエーション（Monitored natural attenuation：MNA）で自然の浄化力を活用し，浄化の程度をモニターして評価するものである。

これらの技術の選択要因を図1に示す。汚染が低濃度，広範囲であり，汚染場所が深部で，浄化期間を長く取れる場合は，原位置浄化プロセスが適している。

それぞれの技術の特徴を以下に記す[3~11]。

(1)　バイオパイル

汚染した土壌を一定の場所に集め1m程度の高さに積み重ね，水分や窒素，リンなどの栄養塩類を添加して，通気することにより土壌中の好気性の微生物の活性を増大させて浄化する方法である。浄化効果は，透水性，水分含量や密度などの土質や汚染物質の種類，天候により影響を受けるが，石油汚染の浄化に有効であり，わが国でも実用化されている。

(2)　ウインドローコンポスティング

Windrow bioremediationとも呼ばれ，掘削した土壌を畝状に盛り上げこれに発熱性有機物を添加し，高温にして分解速度を速める方法である。従来のコンポスティングは，65℃にまで上昇さ

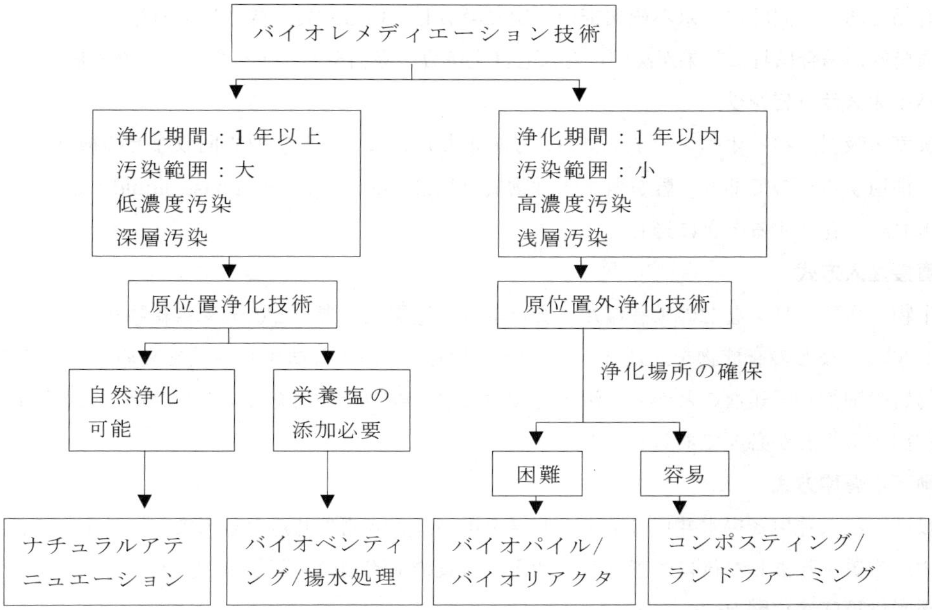

図1　バイオレメディエーション技術の選択要因

せて病原菌を殺菌する目的があったが，汚染土壌の場合はある程度の上昇で十分である。添加有機物として家畜の排泄物，下水汚泥，野菜残渣，キノコの栽培残渣が用いられる。土壌を多孔性にする目的も含まれる。

(3)　ランドファーミング

汚染土壌に水分，窒素，リンなどの栄養塩類を添加し，トラクターなどの機械で攪拌するもので，好気的分解と揮散による浄化を目的とする。広範囲な表層の油汚染の浄化に適している。

(4)　スラリー処理

汚染土壌に水を加えスラリー状にし，これを反応槽中に移し分解微生物や栄養物質を添加し，攪拌混合して処理する方法である。汚染物質が2,4-Dやペンタクロロフェノールのように難分解性で，かつ高濃度である場合に適している。

(5)　バイオベンティング

土壌の不飽和帯に空気の流れを作ることで現場に生息する微生物活性を高め，有機物の分解を促進する技術である。空気注入と土壌ガス吸引を同時に行うが，さらに窒素やリンなどの栄養塩類を添加すると効果が増大する。一般に浄化に6ヶ月～2年を要し，透過性の低い土壌や粘土質土壌には不向きである。

(6)　バイオスパージング

空気あるいは酸素および栄養塩類を水飽和帯（地下水帯）に注入し，微生物活性を増大させ汚染物質を分解除去する技術である。ディーゼル油，ジェット燃料，ガソリンなどの石油汚染の浄化に有効であり，同時に，水不飽和帯の土壌に吸着している物質の除去にも有用である。汚染物質が揮発性の場合は特に効果が高い。しばしば土壌ガス吸引やバイオベンティングと併用される。

(7) バイオスラッピング

土壌ガス吸引，バイオベンティングおよび揚水井戸による汚染物質の回収などの種々の手法を同時に併用するものであり，軽質難水溶性物質（Light non aqueous phase liquid：LNAPL）が地下水表層に存在するときに適している。

(8) 直接注入方式

微生物，窒素，リンなどの栄養塩類，また空気や過酸化水素などの酸素供給物質，さらにメタン，トルエンなどの有機物を，地下水あるいは土壌中に注入し微生物活性を高める方法である。注入物質の制御が困難なことから，汚染物質や分解生成物の挙動をモニタリングし，影響範囲を常に把握することが必要である。

(9) 地下水循環方式

一般に，注入井戸と揚水井戸の2本の井戸を用い，下流側の井戸から汚染した地下水を汲み上げて汚染物質を除去した後に栄養物質を加え，汚染の上流側の井戸から注入し浄化する。

(10) 透過性反応浄化壁方式

栄養塩類，酸化物質，還元物質などで活性な微生物壁を作り，地下水が通過する際に浄化される方式である。微生物壁への栄養物質の常時注入や，微生物壁を厚くするなどの検討がなされている。揮発性有機塩素化合物に関しては検討が開始されはじめた段階である。

(11) ファイトレメディエーション

最近，土壌の浄化に植物を活用するファイトレメディエーションの研究が注目されている。汚染した土壌に浄化植物を植え，根圏による浄化あるいは植物の根が汚染物質を吸収し，体内で分解し，大気へ放出する現象を活用するもので，鉛，水銀，ヒ素などの植物による浄化が次々と報告されている。

(12) ナチュラルアテニュエーション[3)]

ナチュラルアテニュエーションとは，土壌や地下水の自然の浄化力を利用する，受身的な浄化技術である。Containment and intrinsic remediationとも呼ばれる。現場における汚染物質の減少，現場に生息する微生物の浄化力の室内での確認および現場における微生物分解の確認のためのモニタリングを行い，生物分解，拡散，揮発，吸着などの作用に基づく浄化力を定量化し，浄化期間の予測を行う。石油汚染の浄化に有効である。

米国では，バイオレメディエーション技術の開発が精力的になされている。1980年のいわゆるスーパーファンド法制定以来，積極的に土壌浄化の問題に取り組み，従来法の焼却，固化・不溶化法に加え，種々の革新的な対策技術が開発されている。スーパーファンド法に基づいて浄化が義務付けられた区域（スーパーファンドサイト）において1982～2008年会計年度までに採用された汚染修復技術は1,135件で，全体の53%（598件）は原位置外処理技術，残りの47%（537件）は原位置処理技術である。革新的技術の中で特に注目されるのが，土壌ガス吸引24%（276件）とバ

表１　米国スーパーファンドで採用された土壌浄化技術（1982～2008）　合計1,135件

原位置技術	件数	%	原位置外技術	件数	%
土壌ガス吸引	276	24	固化・安定化	203	18
バイオレメディエーション	65	6	オフサイト焼却	111	10
固化・安定化	56	5	熱脱着	71	6
揚水・土壌ガス吸引	54	5	バイオレメディエーション	64	6
化学処理	24	2	物理処理	57	5
加熱処理	22	2	オンサイト焼却	42	4
土壌洗浄	19	2			
その他	21	2	その他	50	4
合　計	537	47	合　計	598	53

イオレメディエーション技術12％（129件）である。バイオレメディエーション技術は，原位置６％（65件），原位置外６％（64件）と全体の12％程度であるが，年々増加している[7]（表１）。

3　微生物によるバイオレメディエーション利用指針（ガイドライン）

土壌・地下水汚染の浄化を目的とするバイオレメディエーション技術の中で，外来からの特定の微生物を導入するバイオオーグメンテーションは，新しい技術であり，生態系や人に対する安全性に関する知見が少ないことからの，安全性評価手法および管理手法などのためのガイドラインが平成17年３月に制定された。本ガイドラインは，平成15年６月に制定された「遺伝子組換え生物等の使用等の規制による生物の多様性の確保に関する法律」（カルタヘナ法）の「生物多様性への影響の評価手法」が基本となっている。

利用対象微生物として，①分類・同定された単一微生物又はそれらを混合した微生物系および②特定の培養条件で集積培養された複合微生物系であって，その種組成が安定的に構成されたもの（コンソーシア）の２種類が挙げられている。

生態系などへの影響評価は，

⑴　利用微生物の浄化終了後の増殖の可能性

⑵　作業区域における他の微生物群集への影響

⑶　作業区域およびその周辺における主要な動植物および人に対する有害な影響を及ぼす可能性

⑷　浄化対象物質および分解生産物の拡散の可能性

に関し実施することとしている。

本ガイドラインに基づいて，平成18年３月に，初めて㈱クボタから提出された浄化事業計画「*Desulfitobacterium* sp.KBC１株を用いて，土壌中のテトラクロロエチレンをトリクロロエチレンに変換し，次いで一般的な土壌改良により，変換したトリクロロエチレンを揮散除去する」について，環境省および経産省より利用指針への適合が確認された。本ガイドラインの申請に対す

る，確認の第１号である。以後，表２に示すように，現在までに７件の技術に対し適合確認がなされている[12)]。

4　今後の展望

現在，軽質油の油汚染の浄化にバイオスティミュレーションが広く用いられているが，石油分解菌を導入するバイオオーグメンテーションの活用も開始されはじめた。またクロロエチレン類汚染土壌・地下水の浄化に，海外各国でSiREM社の開発した*Dehalococcoides*属細菌を含むKB-1液によるバイオオーグメンテーション技術が広く用いられ効果が確認されている[13)]。

バイオレメディエーションは，微生物を活用することから，毒性の高い物質やPCEやダイオキシンなどの難分解性物質に対しての適用が困難であったが，最近これらの物質を分解する微生物が次々と見出され，汚染の浄化に有効であることが判明している。環境中の微生物は数％しか培養できないと考えられているが，酸化還元，低栄養，高温などの培養条件を検討することで新たな微生物の開発が可能と考えられる。環境中の全DNAを回収し，クローニングして，個々の遺伝子の機能を解析するメタゲノム研究が注目されており，今後有用な遺伝子を活用する分解機能の拡大，向上化技術の開発が期待される。バイオレメディエーション技術は，自然の浄化力を活用するものであり，さらなる発展が期待される。

表２　「微生物によるバイオレメディエーション利用指針」における適合確認状況

適合確認日	事業者名	浄化事業概要
2006.3.31	㈱クボタ	*Desulfitobacterium* sp. KBC1株を用いたテトラクロロエチレンの汚染土壌の浄化
2006.10.30	前田建設工業㈱	粉砕した剪定枝に白色腐朽菌ウスキイロカワタケYK-624株を増殖させた資材を土壌にすき込むダイオキシン類汚染土壌の浄化
2008.6.9	栗田工業㈱	*Dehalococcoides*属細菌を含むコンソーシアを用いた塩素化エチレン汚染地下水および土壌の浄化
2009.5.29	㈱奥村組 ㈱アイアイビー	*Novosphingobium* sp. No.2 株・*Pseudomonas* sp. No.5 株・*Rhodococcus* sp. No.10株の混合菌を利用した油汚染土壌および地下水の浄化
2009.5.29	大成建設㈱	*Azoarcus* sp. DN11株を用いたベンゼン汚染土壌および地下水の好気的および嫌気的浄化
2011.5.6	日工㈱ ㈱熊谷組 （学法）立命館	*Rhodococcus* sp. NDKK6株および*Gordonia* sp. NDKY76A株を用いた「土壌混練方法」および「原位置注入方法」による油汚染土壌中の鉱油類の分解・除去
2011.5.6	㈱バイオ・ジェネシステクノロジー ジャパン 鹿島建設㈱ ほか７社	*Rhodococcus erythropolis*・*Gordonia polyisoprenivorans*・*Rhodococcus rhodochrous*からなる微生物製剤によるベンゼンおよび鉱物油汚染土壌の浄化

文　　献

1)　環境省，環境白書，平成23年度版（2011）
2)　土壌環境センター，平成22年度実態調査結果，平成23年10月5日（2011）
3)　Atlas R. M. and J. Philp, Bioremediation, ASM Press, p. 366（2005）
4)　U.S.EPA, EPA-542-R-10-004（2010）
5)　矢木修身，バイオレメディエーションの現状と今後の課題，環境科学会誌，50，359（2007）
6)　倉根隆一郎監修，複合微生物系の研究開発と産業応用，シーエムシー出版，p. 262（2006）
7)　藤田正憲，矢木修身編著，バイオレメディエーション実用化への手引き，リアライズ社，p. 377（2001）
8)　藤田正憲，矢木修身監訳，バイオレメディエーションエンジニアリング，設計と応用，エヌ・ティー・エス，p. 505（1997）
9)　地盤環境技術研究会編，土壌汚染対策技術，日科技連，p. 367（2003）
10)　児玉徹，大竹久夫，矢木修身，地球をまもる小さな生き物たち，技報堂出版，p. 238（1995）
11)　今中忠行ほか，微生物利用の大展開，エヌ・ティー・エス，p. 1189（2002）
12)　環境省，微生物によるバイオレメディエーション，大気環境・自動車対策・環境技術（2011）
13)　R. Steffan *et al.*, Environmental Security Technology Certification Program（ESTCP）Project ER-0515, Feb, p. 345（2010）

第22章　嫌気性塩素呼吸細菌による難分解性有機塩素化合物浄化

倉根隆一郎[*1]，鈴木伸和[*2]，江崎　聡[*3]，
上中哲也[*4]，塚越範彦[*5]，坂井斉之[*6]

1　はじめに

バイオレメディエーションを施行するにあたり，ターゲットとなる汚染物質を効率良く分解できる微生物が存在し，その分解微生物を活性化する制御手法（栄養剤の投入，通気の有無など）が適切であれば，物理化学的あるいは熱力学的あるいはボランティアらによる人力などに比較して，一般的には，効率良く，経済的でありかつ安全面を担保して施工が可能である。

施行の可否判断を行う上で，最大の要因は目的に合致した強力分解微生物を有しているか否かであり，次いでこれら強力分解微生物が汚染土壌あるいは汚染地下水などの環境中においていかに適切に活性化され適切に制御でき得るか，すなわち雑多な複合微生物系において様々な環境条件下で特定の有用微生物の機能をいかにして発揮させ得るかということが求められる。これらの２つの要素は，効果ならびに経済性に直結するものである。

バイオレメディエーョンを産業化するにはOECDの報告書に記載されているように，①効果，②経済性，③安全性の３大要素が必要不可欠であり，どれ１つ欠けても産業化には至らないとされている。

それでは③安全性についてはどのようにすべきであろうか。施工中および施工後の環境負荷リスクの低減を図ることが重要な要素として求められる。ここでいう環境負荷リスクとは，用いる分解微生物の安全性が担保されていることが大前提であり，次いで栄養剤投入などにより有害微生物（病原菌）が顕著に増殖しないか否かといったリスクや，さらには活性化させた分解微生物が施工後いつまでも環境中に多量に存在し生態系を撹乱するリスクがあるか否かのリスクを考え，施工に伴う分解微生物や他の微生物群衆の挙動や施工が環境に及ぼす影響について安全性評価をきちんと行うことが肝要である。

＊1　Ryuichiro Kurane　中部大学　応用生物学部　応用生物化学科　教授
＊2　Nobukazu Suzuki　㈱クボタ
＊3　Satoshi Ezaki　㈱クボタ
＊4　Tetsuya Uenaka　㈱クボタ
＊5　Norihiko Tsukagoshi　㈱クボタ（現　㈱本田技術研究所）
＊6　Masayuki Sakai　㈱クボタ（現　ヤマサ醤油㈱）

2　どのような技術開発戦略をたてるか？

有機塩素系化合物による環境汚染は様々な場面で表面化してきており，これらの中でもテトラクロロエチレン（PCE）やトリクロロエチレン（TCE）を代表とする塩素化エチレン類は工業的な使用量も多く，汚染事例として数多く報告されている。日本における環境基準値はPCE 0.01 mg/L, TCE 0.03 mg/Lに設定されている。特にPCEは好気的微生物分解の報告例はなく，1997年に米国コーネル大学でPCEを電子受容体としてエチレンまで嫌気条件下で脱塩素可能な嫌気微生物として*Dehalococcoides ethanogenes* 195株が報告された[1)]。その後，国内外にてPCEを対象とした嫌気的な原位置バイオスティミュレーション処理が実用化されている。しかしながら，この嫌気的単独処理法は①処理期間が相当な長期間（実際のサイトでの処理期間は数年）に及ぶこと，②PCEやTCEよりさらに毒性の高い塩化ビニル（VC）などの代謝中間体を多量に蓄積する代謝経路を必ず経ること（最終的脱塩素化化合物であるエチレンは問題なし），③前述の*Dehalococcoides*細菌の生息するサイトが限定されることなど多くの問題点を抱えているのが現状である。

図１にこれまでのバイオスティミュレーション（嫌気単独処理）と我々が開発したバイオオーグメンテーション（制限通気式処理）を示した。「制限通気式処理プロセス」とは，嫌気微生物による嫌気（あるいは微好気）／好気（好気微生物あるいは土壌など改質処理）を考案し，実用化に十分に耐えられるものであることをパイロットレベルでの実証化試験にて確認した。

そこで，我々は現行の技術に対して，①短期間浄化の実現（浄化期間を確実に短縮できる処理プロセス），すなわち他の物理化学的処理法に比べても低コストでありかつ短期間浄化処理が可能なバイオプロセス，②リスクマネジメントのさらなる強化（毒性の高い中間代謝物を蓄積しない安全な処理プロセス），③適用サイトの拡張（特定分解菌の生息の有無を問わない処理プロセス）を研究開発の基本コンセプトとして研究を開始した。すなわち，これらのことにより，安全性の向上，処理コストの低減と土地の再利用促進が可能となる。嫌気（微好気）処理と好気処理（ま

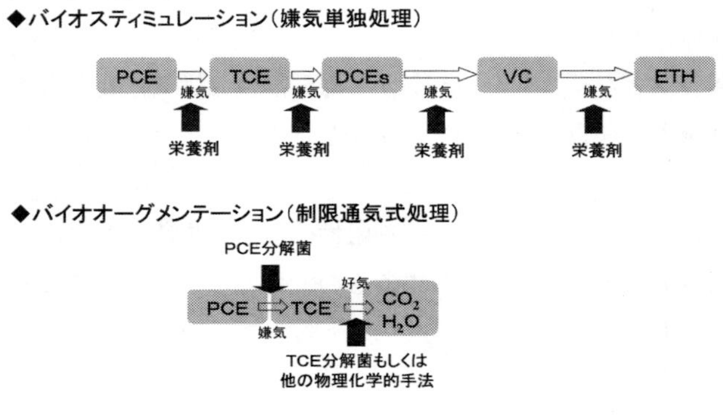

図１　開発技術（バイオオーグメンテーション）の概要

たは土壌改良処理など他の物理化学的処理法）をハイブリッドした制限通気式処理プロセスを考案した。PCEを強力に脱塩素してTCEでストップする実用化の要件を満たす嫌気微生物の単離，同定，特性解析，TCE以降はVCを経ない処理プロセス開発，脱塩素化酵素遺伝子（デハロゲナーゼ遺伝子）の特定，解析，統一ガイドラインに則した菌の安全性評価や環境影響評価などを明らかにしてきている[2)]。

以下に，主な研究技術開発の成果について記述する。

3　どのような手法で，どのような成果を得たか？

3.1　PCE脱塩素化細菌の単離

実用化に耐え得る脱塩素化細菌の単離を目的として，ある程度の酸素耐性（微好気条件下で塩素呼吸を行い生育可能）を有し，PCEから1つ脱塩素して確実にTCEでストップする強力でかつ安定したPCE脱塩素化微生物コンソーシアを畑表層土壌などより選抜した。

170種サイトの各種環境試料を種菌源としてPCEを対象とした嫌気（微好気）スクリーニングを行い，嫌気（微好気）条件下にてPCE脱塩素化能力を有する合計29種の微生物コンソーシアを取得した。これらの中で，最も強力にかつ安定したPCE脱塩素化能力を示すPCE脱塩素化コンソーシアを大根畑土壌より選抜した。

このコンソーシアからパスツール，コッホ以来の従来手法である寒天培地でのシングルコロニー分離法ではPCE脱塩素化細菌はあらゆる手を尽くしたが分離することはできなく，フローサイトメトリーを利用した分離を嫌気微生物として世界で最初に試みた。なお，本分離手法は筆者らによる難分離難培養微生物の取得手法として世界で初めて開発されたゲルマイクロドロップフローサイトメトリー法を適用したものである[3)]。

すなわち，選抜したコンソーシア中の生細胞を蛍光色素CFDA（カルボキシフルオレセイン二酢酸）で染色し，フローサイトメトリーを用いて直接分離を2回繰り返すことにより，コロニー形成を伴うことなく，難分離性のコンソーシアから特定の脱塩素細菌を単離することに成功した。最終的には，寒天培地上でコロニーを形成させ，各コロニーの16S rDNAの塩基配列を解析して，単一菌であることを確認した。

コロニー形成を伴うことなくコンソーシアから難分離性の嫌気性脱塩素化細菌をフローサイトメトリーという高級機器への習熟を含めてわずか2ヶ月余りという極短期間に単離することに成功した。

本分離手法が従来法のコロニー分離法，薬剤耐性分離法，集積培養法と比較して，極めて迅速にかつ容易に難分離性微生物の分離をなし得るものであること，ならびに嫌気微生物への適用が可能であることを実証した。

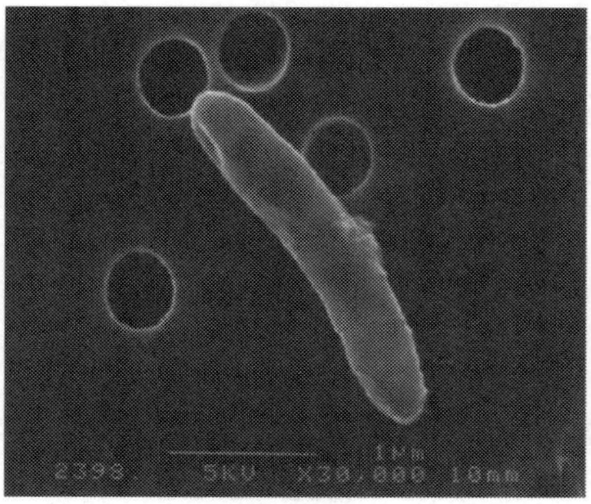

写真１　*Desulfitobacterium* sp. KBC1株

表１　*Desulfitobacterium* sp. KBC1株の菌学的性質

菌株の名称	*Desulfitobacterium* sp. KBC1
グラム染色	陽性
分離源	茨城県竜ヶ崎市内の非汚染畑土壌
形態	curved rod
大きさ（μm）	0.5×2.0～2.5
Temperature range（℃）	10～42
pH range	7.0～9.0
quinone	MK-7
電子供与体	ピルビン酸，乳酸，ギ酸，酪酸（水素，エタノールは不可）
電子受容体	フマル酸，亜硫酸，チオ硫酸，PCE（硫酸，硝酸は不可）

3.2　PCE脱塩素化細菌の同定と特性解析

16S rDNAの分子系統解析と各種の生理・生化学的諸性質を検討し，本菌株を*Desulfitobacterium* sp. KBC1株と命名した。

写真１に電子顕微鏡写真と新たに分離同定した嫌気性塩素呼吸細菌であるPCE脱塩素化細菌の諸性質を表１に示す。すでに文献に示されており確実性が高いが浄化に長時間を要する従来の嫌気単独処理（*Dehalococcoides*属細菌など）という考えに捕らわれず，かつ従来手法でない新たな単離手法を適用することにより，以下に示すように，実用性の高い脱塩素化細菌KBC1株を取得できた。

3.3　PCE脱塩素化細菌*Desulfitobacterium* sp. KBC1株の基本特性

PCE実汚染土壌に*Desulfitobacterium* sp. KBC1株と栄養剤を添加したバイオオーグメンテーション（嫌気的バイオ処理法）の脱塩素化事例と主なKBC1株の特性を図２に示した。この結果，

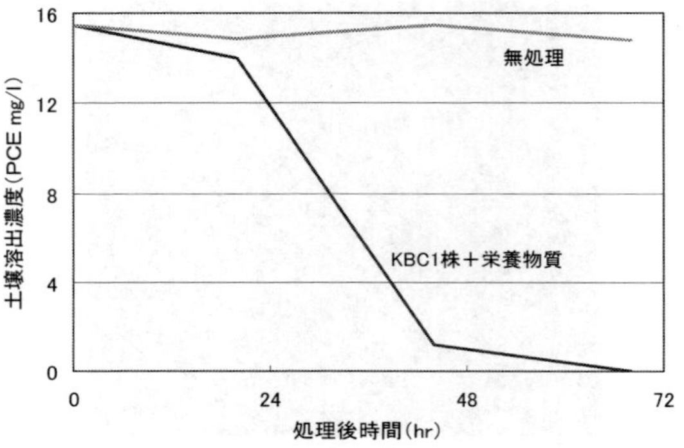

図2　PCE高濃度汚染土に対するKBC1株の脱塩素化効果

KBC1株と栄養剤を添加した区では，PCE高濃度実汚染土壌（PCE汚染濃度：約16 mg/L）がコントロールとしての無処理が何ら変化しないのに対してわずか2日以内でPCEを環境基準値（0.01 mg/L）以下に急速に低減した。

(1)　世界最高水準のPCE脱塩素化能力と安全性

各種有機酸を電子供与体として，極低濃度（0.01 mg/L）から高濃度（150 mg/L）のPCEをTCEにまで極めて高速に脱塩素化（世界最高速）し，分解過程においてPCEやTCEよりさらに極めて毒性の高い中間体であるVCを蓄積しない。

(2)　実用的ハンドリング性，コストダウン，現場適用条件の緩和と拡大

完全な嫌気条件下だけでなく，0.5％程度の酸素が存在するファジーな微好気条件においても塩素呼吸をして生育でき，通常の脱塩素化能力を発揮する。

(3)　適用時期の拡大

比較的低温度領域における脱塩素化能力に優れる。例えば，既知のPCE脱塩素細菌に比べて，10℃付近での低温領域において脱塩素化能力に優れている。

(4)　実用的ハンドリング性

酸素耐性を有し，好気条件下においてもある程度の保存安定性を有する。

3.4　短期間かつ安全な処理プロセスを開発

KBC1株を用いて嫌気（微好気）と好気条件を繰り返す制限通気処理法を適用することにより，従来の嫌気単独処理法に比べて処理期間を大幅に短縮しPCEを炭酸ガスと水にまで完全分解し無害化できただけでなく，その分解処理過程において毒性の極めて高いVCを蓄積しないことを実証した。

従来からの*Dehalococcoides ethenogenes*などの脱塩素化細菌では処理期間が年単位（場合により数年かかる例もある）と長期に及ぶこと，さらにPCEよりも人間により毒性（発ガン性など）の高い分解中間体（塩化ビニルモノマー）を蓄積すること，また*Dehalococcoides*細菌が生息する

汚染サイトに浄化自体が限定されることなど多くの問題点を抱えていたのが現状である。

以上に記したごとく，*Desulfitobacterium* sp. KBC1株を添加したバイオオーグメンテーションとしての「制限通気処理法」を新たに開発したことにより，短期間かつ安全性の高い処理プロセスを世界で初めて開発した。

さらにスケールアップに向けて，PCE実汚染土壌を用いてKBC1株を添加しバイオオーグメンテーションテストを行った。KBC1株は，土着微生物などの競合や環境阻害要因が危惧される実際の環境条件下においても，PCE汚染濃度が約16 ppm（公定法測定）というホットスポットに近いPCE実汚染粘性土をわずか2～3日間程度でPCEを環境基準値（0.01 mg/L）以下にできることを世界に先駆けて初めて明らかにした。

3.5　新規なデハロゲナーゼ遺伝子を取得，特定

KBC1株のPCE脱塩素化活性を調べたところ，デハロゲナーゼ活性はPCEを添加することにより誘導されることを明らかにした。さらに，デハロゲナーゼ遺伝子の取得を試み，約1.4 kbpのデハロゲナーゼ遺伝子（*prdA*）を見出した。また，本遺伝子の下流に約0.3 kbpのアンカータンパク質遺伝子（*prdB*），およびCAPファミリーに属する転写因子をコードする約0.7 kbpの遺伝子（*prdK*）を見出した。

PrdAタンパク質はデハロゲナーゼに特徴的なTATシグナルペプチドおよび2[4Fe-4S]クラスタを持つものの，これまでに知られている他のデハロゲナーゼタンパク質との相同性は最大でも36%と低く，極めて新規性の高い遺伝子と考えられた。図3に脱塩素化を行うデハロゲナーゼタンパクの進化系統樹を示した。すなわち，これまでに大きく分けて3グループのデハロゲナーゼ

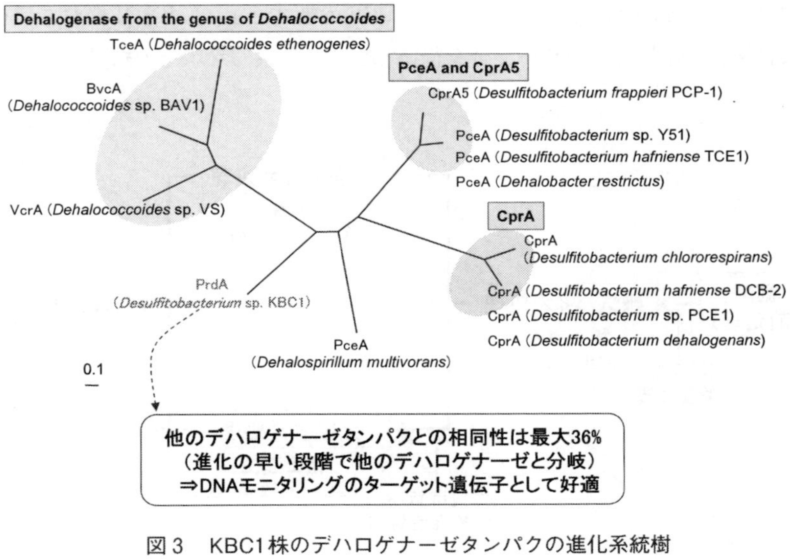

図3　KBC1株のデハロゲナーゼタンパクの進化系統樹

遺伝子が知られていたが，第４のグループを世界で最初に提案でき，明らかにした。

3.6　PCE汚染土壌を対象としたバイオオーグメンテーション処理プロセスの開発

3.6.1　PCE汚染土壌処理プロセスの基礎検討（ラボレベル試験）

Desulfitobacterium sp. KBC1株はPCEの１つの塩素を嫌気的塩素呼吸により脱塩素化してTCEにして，TCEで止まり，それ以上の脱塩素化は進行しないためにVC（塩化ビニルモノマー）のような極めて毒性の高い中間代謝産物まで行かないという世界で最初に見出された有利な特性を示した。それではTCE以降をどのようなプロセスにて無害化するかが次に問われる。図４に想定したオンサイト型処理プロセスを図示した。TCEはメタンを炭素源として好気的に生育するメタン資化菌が持つメタンモノオキシゲネースや，あるいはフェノールやトルエンなどを資化分解するフェノール資化菌が持つフェノールオキシゲネースなどにより好気的に容易に炭酸ガスと水にまで生分解無害化される（図４，①のケース）。また，１つ脱塩素される毎に塩素化エチレンは気化しやすくなり，実際に１つ脱塩素化された実汚染土壌中のTCEは土壌改質処理を行うことにより汚染土壌から揮散させてブロワーで吸引して活性炭により回収することも容易に可能となることを明らかにした（図４，②のケース）。

図４①に示したケースにおいて好気的なバイオ処理においてPCEより脱塩素化されたTCEは短期間に炭酸ガスと水にまで完全無害化されたことを確認した。

図４②に示した嫌気バイオ処理と土壌改質処理のハイブリッドの処理法，すなわち「嫌気バイオ処理＋土壌改質処理」を考案し検討をした。まず，PCEを含有する粘性土（公定法による溶出濃度１mg/L程度）を対象として，土壌改質処理にてPCEの揮散度を確認したところ，PCEはいずれの土壌改質処理をしてもPCEを環境基準値以下にまで低減するのに相当の処理期間を必要とし，非現実的であることが判明した。一方，同じPCE汚染粘性土に，KBC1株および有機酸を主成分とする栄養物質を添加しミキサー混合を行い25℃にて養生した。その結果，土壌に含有され

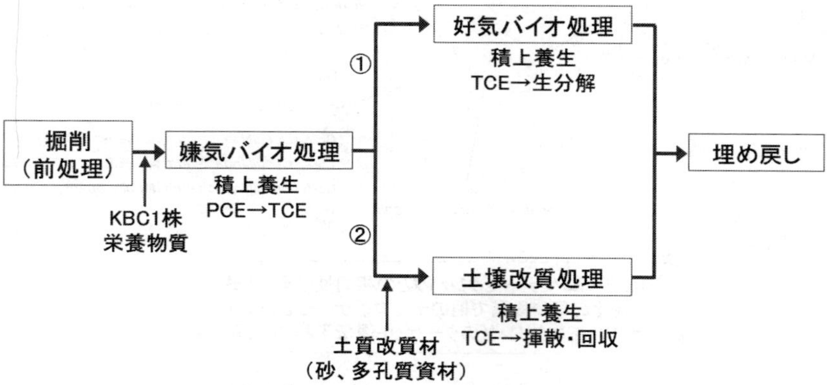

図４　掘削汚染土を対象としたオンサイト型処理フロー

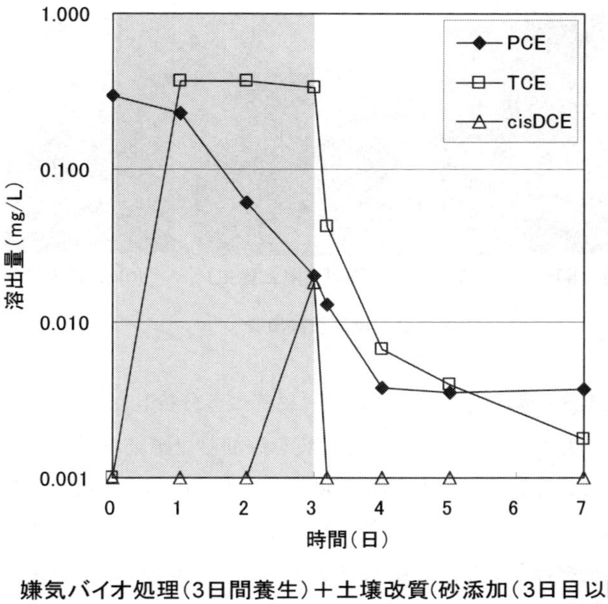

図５　実証試験結果（浄化データ）

ていたPCEはわずか２～３日以内で環境基準値以下（<0.01 mg/L）にすみやかに低減できることを確認した。この事実は，KBC1株を揮散処理が難しい粘性土に添加した嫌気バイオ処理を３日程度行うことにより，まずPCEを脱塩素化してほぼ全量をTCEに効果的に環境基準値以下に変換できることが判明した。PCEより脱塩素化されたTCEはこの土壌改質処理（砂：20％w/wなど）により，わずか１日でほぼ全量を環境基準値以下に揮散・回収できた。

以上の結果，「嫌気バイオ処理３日＋土壌改質処理１日（計４日）」という極短期間の処理プロセスにて実汚染土壌中のPCEおよびその他の塩素化エチレンのいずれも環境基準値以下にすみやかに低減できることを確認した。

3.6.2　PCE処理プロセスの実証試験

PCE含有粘性土を対象として１m^3規模の「嫌気バイオ処理＋土壌改質処理」実証試験を行った。試験には，自社（㈱クボタ）開発をした土壌解砕混合機（写真２(a)）を使用し，小規模実証プラントを構築して試験をした。PCE含有粘性土と*Desulfitobacterium* sp. KBC1株および栄養物質を解砕混合機を用いて混合後，簡易な積上養生形式（写真２(b)）で嫌気バイオ処理（室温）を３日間行った。３日後に，後段の土壌改質処理での土壌改質材として砂または多孔質資材を適当量を再び解砕混合機を使用して混合した。混合後，再度，簡易な積上養生形式（写真２(c)）にて揮散除去・回収試験をした。なお，混合時および養生時などに発生した塩素化エチレン揮散ガスについては，ブロワーにて吸引し活性炭処理により適正に処理をした。また，処理土の採取は，各処理区とも高さ方向と水平方向に３連ずつ計９箇所について定期的に行い，揮散性有機化合物

(a) 三段式解砕混合機（自社開発）　(b) 嫌気バイオ処理（積上養生）　(c) 土壌改質処理（積上養生）

写真２　実証試験風景

に関する測定方法JIS K0125・環境省告示（公定法）に基づき分析した。

実証試験の結果を図５に示す。KBC1株と栄養物質を添加した嫌気バイオ処理（０～３日）において粘性土に含有されているPCEをほぼ環境基準値レベル（0.01～0.02 mg/L）にまで低減するとともに，TCEが生成蓄積してくる。その後，砂（写真２(c)左）および多孔質資材（写真２(c)右）を用いた土壌改質処理を行うことによりTCEなどすべての塩素化エチレンはわずか１日後には環境基準値以下にまで揮散除去・回収できることを確認した。汚染土壌の種類を粘土の他に砂質粘土や礫分砂質粘土の計３種類にて同じ実証試験を行いいずれも同様な結果を得ている。

以上の結果より，*Desulfitobacterium* sp. KBC1株を用いたバイオオーグメンテーション技術による嫌気バイオ処理と砂などの土壌改質処理により，トータル４日間という極短期間にてPCE汚染粘性土を無害化できることを実証試験にて確認できた。

「嫌気バイオ処理＋土壌改質処理」による新たな本処理プロセスは浄化期間ならびに経済性および安全性の３点で既存の処理技術に比べて大幅に優れていることも確認できた。

3.7　ガイドラインに向けてのKBC1株の安全性評価と遺伝子モニタリングによる環境影響評価

平成17年３月30日付けで経済産業省と環境省より告示された「微生物によるバイオレメディエーション利用指針」（以下，ガイドラインと呼ぶ）に従い，以下の安全性評価試験を実施した。

本ガイドラインはバイオオーグメンテーション（特定の分解微生物を栄養物質などとともに添加すること）を対象としたものであるが，バイオスティミュレーション（栄養物質などを加えて浄化処理場所に生息している土着微生物を活性化すること）についても本ガイドラインの考え方を参考にしつつ準拠することが好ましいと記載されている。

本ガイドラインに則してバイオレメディエーションを行うことが，汚染浄化処理サイトのリスク管理に繋がり，このことにより地域（周辺）住民とのパブリックアクセプタンス（PA）に好ましい作用をするものと考えられる。

特に利用指針で求められる主な安全性評価項目が重要であると考えられるので以下に記す。その例として図６に利用指針で求められるKBC1株を利用した場合の主な安全性評価項目の流れを示した。

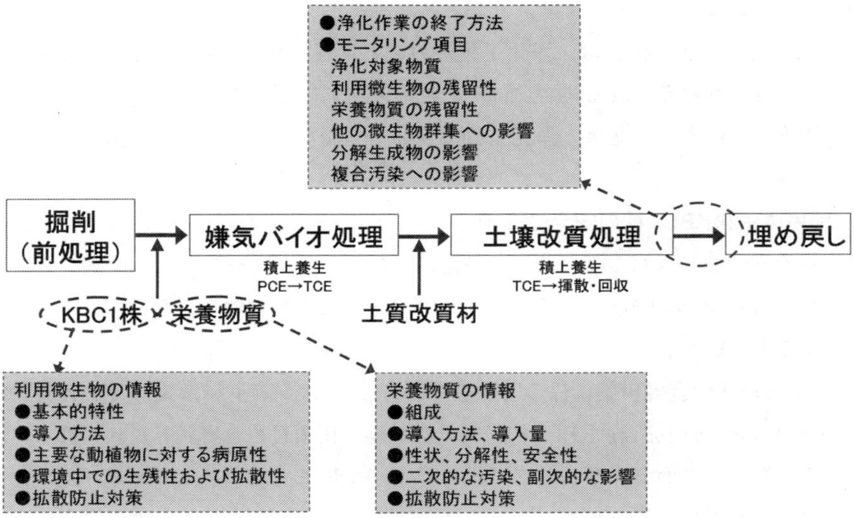

図６　バイオレメディエーション利用指針で求められる主な安全性評価項目

(1)　利用微生物の情報

基本的な分類，生理，生態学的特性，導入方法，主要な動植物に対する病原性，環境中での生残性および拡散性，拡散防止対策，利用微生物のモニタリング手法（可能な限り特異性が高いことが望ましい）。

この中で，主要な動植物に対する病原性についての安全性テストについては，病原性の有無をまず文献などで調査を行い十分な情報が得られない場合には農水省の微生物農薬に関する影響試験などを参照するように記されている。例えば，ヒトと生態系に与える影響について調べるために，ラット，マウス，モルモット，ウサギ，コイ，ミジンコ，藻類などを対象として安全性テストを行う。

(2)　栄養物質の情報

微生物の栄養源として添加する栄養物質の組成，性状，分解性，安全性（食品添加剤，飼料，化粧品，医薬品などすでに安全性が確認されていることが好ましい），導入方法，導入量，２次的な汚染，副次的な影響（例えば，他の微生物群集への影響など），自然条件下での栄養物質の拡散漏えい防止策などについても考慮するのが望ましい。

(3)　浄化作業の終了方法

以下に示すモニタリング項目を実施すること。

①　浄化対象物質（例えば，環境基準値以下）

②　利用微生物の残留性

③　栄養物質の残留性

④　他の微生物群集への影響（例えば，遺伝子モニタリングなどにより病原性微生物の増殖が

顕著に認められないこと）

⑤　分解生成物の影響（例えば，浄化工程において毒性の高い代謝中間体が生成しないこと，もし生成する代謝経路を経る場合にはその拡散漏えい防止方法など）

⑥　複合汚染への影響（例えば，浄化工程において，鉛などの重金属の溶出が大きくならないことなど）

3.7.1　利用微生物KBC1株の安全性評価

利用微生物の安全性に係わる既存情報（書籍およびデーターベースなど）を調査し，利用微生物（*Desulfitobacterium*属細菌）ならびにその近縁種が主要な動植物に対して病原性や寄生性を示す記載がないことを確認した。

次に，「微生物農薬の登録申請に係る安全性評価方法（農水省）」に準拠して，各種動植物を対象として*Desulfitobacterium* sp. KBC1株の安全性試験（10項目）を実施した。すなわち，ヒトや生態系に与える影響について，ラット，モルモット，ウサギ，コイ，ミジンコ，藻類とさらに鳥類としてのウズラを対象にしてKBC1株の安全性試験を行った。ヒトに対する安全性試験結果を表2に，環境生物に対する安全性試験結果を表3にまとめて示した。ヒトに対する安全性試験6項目（単回経口投与，単回経気道投与，単回静脈内投与，単回経皮投与，眼一次刺激，皮膚感作）すべての試験項目において，感染性，病原性，毒性，体内生残性および刺激性に係る影響などを示さないことを確認した（表2）。また，環境生物に対する安全性試験4項目（淡水魚影響，淡水無脊椎動物影響，藻類影響，鳥類影響）すべての試験項目において感染性，病原性，毒性，体内生残性および成長阻害などに係る影響などを示さないことを確認した（表3）。

以上の結果，*Desulfitobacterium* sp. KBC1株は主要な動植物に対して何の影響もなく極めて安

表2　KBC1株の主要な動植物に対する安全性（ヒトに対する影響試験結果）

試験の種類・期間	供試生物	投与菌数	結果
単回経口投与試験（21日）	ラット ♂14匹 ♀14匹	1×10^8 cells	感染性・病原性なし 体内生残性なし
単回経気道投与試験（21日）	ラット ♂17匹 ♀17匹	1×10^8 cells	感染性・病原性なし 体内生残性なし
単回静脈内投与試験（21日）	ラット ♂17匹 ♀17匹	1×10^7 cells	感染性・病原性なし 体内生残性なし
単回経皮投与試験（14日）	ウサギ ♂5匹 ♀5匹	1×10^8 cells（24 h閉塞塗布）	皮膚刺激性・経皮毒性なし
眼一次刺激性試験（7日）	ウサギ ♂9匹	1×10^7 cells（点眼）	眼刺激性なし
皮膚感作性試験（感作32日・惹起2日）	モルモット 30匹	1.25×10^6 cells（感作10回／惹起1回）	皮膚感作性なし

表3　KBC1株の主要な動植物に対する安全性（環境生物に対する影響試験結果）

試験の種類・期間	供試生物	投与方法 投与菌数	結果
淡水魚影響試験 （14日）	コイ 全80尾	腹腔内注射 10^3～10^5cells	死亡例なし 剖検異常なし 体内生残性なし
淡水無脊椎動物 影響試験 （21日）	ミジンコ 全240頭	水中暴露 10^4～10^6cells	死亡例有意差なし 一般症状，産仔数影響なし
藻類影響試験 （生長阻害試験） （72時間）	藻類 10^4cells/ml	水中暴露	生長阻害なし（影響なし）
鳥類影響試験 （30日）	ウズラ 全40羽	経口投与	死亡例なし 臨床観察異常なし 体内生残性なし

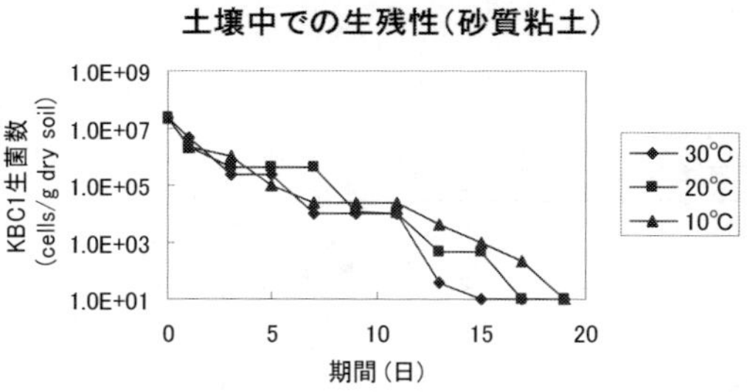

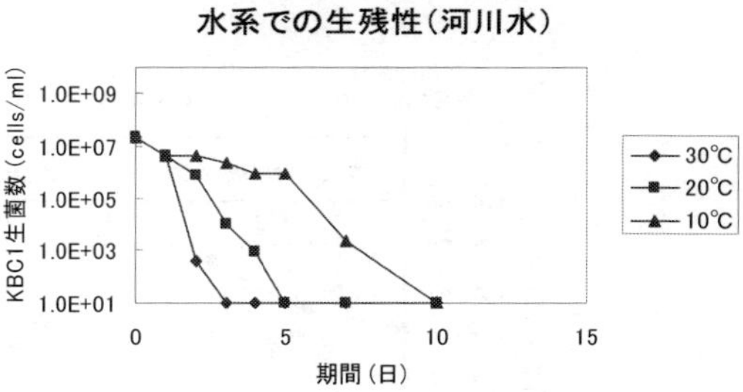

図7　KBC1株の環境中での生残性（ビーカー試験）

全性の高い菌株であることを確認した（高安全性）。

3.7.2　利用微生物KBC1株の生残性

利用微生物*Desulfitobacterium* sp. KBC1株の周辺環境への拡散性を調べるために，土壌（砂質粘土）および水系（河川水）などの環境試料中における生残性試験を実施した。その結果を図7に示した。KBC1株は自然の土壌や水系などの環境試料中においては，すみやかに死滅減少し長期間残留することはないことを確認した。例えば，いずれの環境試料中におけるKBC1株の半減期は2日以内であった。

以上のことより，KBC1株の自然環境中での生存能力は極めて低く拡散性も非常に低いことが分かる（低残留性・低拡散性）。すなわち，KBC1株は現場および周辺環境の生態系に影響を及ぼす可能性が極めて低い微生物であると考えられた。

3.7.3　PCE汚染浄化処理プロセスの安全性評価

バイオオーグメンテーション処理プロセスを適用した実証試験の処理土壌を用いて，環境影響評価試験をガイドラインに則して実施した。

(1) 利用微生物KBC1株のモニタリングによる推移

KBC1株の特異的モニタリングを可能とするためのモニタリング手法の開発をまず行った。MPN（最確数法）にて専用の液体培地で3日間培養した後，KBC1株の特異的なデハロゲナーゼ遺伝子（*prdA*）由来のプライマーを用いて，PCR増幅の有無を指標として生菌数を定量するMPN-VCC法を新たに考案してKBC1株のモニタリングを行った。浄化処理期間中における利用微生物*Desulfitobacterium* sp. KBC1株の生菌数のモニタリング結果を図8に示した。KBC1株を10^6/g 土壌の割合で添加し，嫌気バイオ処理を3日間行うと3日後には10^8/g土壌オーダーにまで塩素呼吸をして増殖する。その後，4日目に好気的な土壌改質処理をするとKBC1株は急速に死滅減少し，処理後7日目には検出限界以下にまで低減した。

(2) 栄養物質の残留性

KBC1株とともに添加する栄養物質は食品添加物などに多く使用されている安全な乳酸を使用している。栄養物質の残留性については，任意の経過日数毎に処理土の一部を採取し，その土壌と等量の水を添加して抽出を行い，HPLCにて有機酸分析をした。結果を図9に示した。添加し

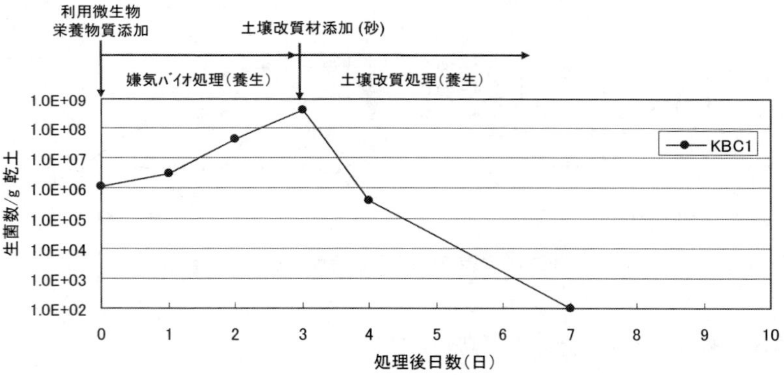

図8　処理土壌中におけるKBC1株（生菌数）の推移

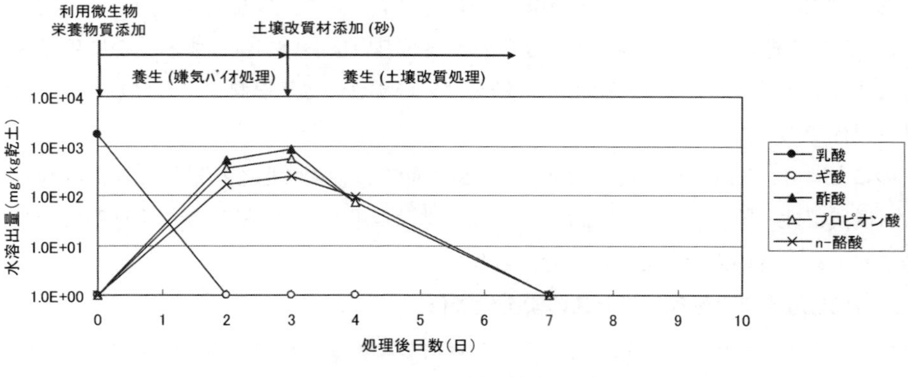

図9　処理土壌中における投入栄養物質（有機酸）の推移

T-RFLP解析

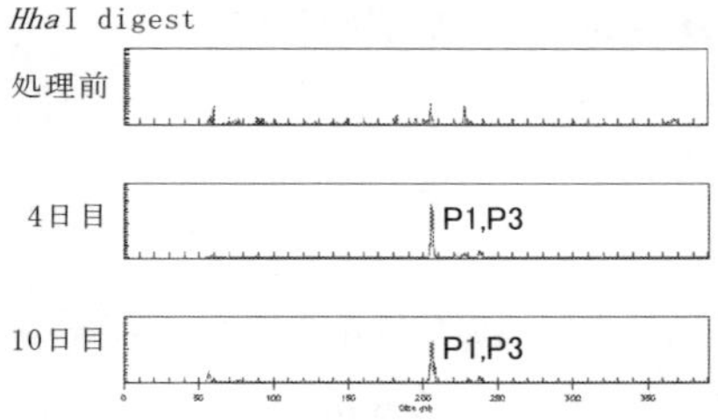

ランダムクローニング（上位5種クローンの最近縁種）

Phylotype名	ｸﾛｰﾝ数	5' 断片の大きさ（bases）			最近縁種
		*Msp*I	*Hae*III	*Hha*I	
P1	23	491	254	208	*Acinetobacter lwoffii* (93%)
P2	9	491	405	208	*Acinetobacter* sp. (95%)
P3	6	492	254	208	*Acinetobacter lwoffii* (97%)
P4	4	491	40	208	*Pseudomonas nitroreducens* (97%)

＊病原菌と相同性の高い微生物は検出されていない（日本細菌学会データベース検索）

図10　処理土壌中における他の微生物群集への影響評価結果

た栄養物質である乳酸はすみやかに消費され減少するにつれ，処理後３日目までは生成してきた酢酸，プロピオン酸，n-酪酸が認められるが，これらの有機酸も処理後４日目には急速に減少する。

(3)　他の微生物群集への影響

他の微生物群集への影響，特に汚染土壌の浄化処理をすることにより他の病原性微生物が顕著に増殖しないかどうかを遺伝子モニタリングにより質的に調べることは極めて重要である。

遺伝子モニタリングについては，処理前および処理後土壌を対象として，土壌中からのDNA抽出およびT-RFLP解析を行い，処理前と処理後のフラグメントパターンを比較した。その後，処理後土壌を対象としてランダムクローニングを行い，出現頻度が複数かつ上位５番目までのクローンを対象として16S rDNAの塩基配列を決定し，処理後に増加したピーク（フラグメント）の菌種をBlast検索により特定した。特定したピークに相当する微生物が病原性などの有害微生物であるか否かについては，日本細菌学会のバイオセーフティー指針に基づき判定した。結果を図10に示した。

遺伝子モニタリングの結果より，病原性などの有害微生物と相同性の高い微生物は検出されていないことが確認された。以上のことより，本処理プロセスの適用により土着の有害微生物（病原性など）に有意な影響を与える可能性は低いと考えられた。

4　「微生物によるバイオレメディエーション利用指針」適合確認

㈱クボタは，経済産業省および環境省の「微生物によるバイオレメディエーション利用指針」

に則した安全性評価結果を基に国による確認審査を申請し，2006年3月31日付けで，経済産業大臣および環境大臣より本指針への適合確認（第1号）を受けた。

5 まとめ

世界最高速の塩素呼吸をする新規な脱塩素化細菌を新たに単離・同定し，16S rDNAなどの分子系統解析ならびに生理生化学的諸性質より，*Desulfitobacterium* sp. KBC1株と命名した。KBC1株はテトラクロロエチレン（PCE）をトリクロロエチレン（TCE）まで高速に脱塩素化するとともに毒性の極めて高い塩化ビニル（VC）を蓄積しないばかりでなく，ファジーな微好気条件下でも脱塩素化可能である。KBC1株の脱塩素化酵素（デハロゲナーゼ）遺伝子の配列を決定したところ，他のデハロゲナーゼタンパクとの相同性は最大でも36%であり，完全に新規な遺伝子であることが判明した。「微生物によるバイオレメディエーション利用指針」（ガイドライン）において，PCE汚染土壌の処理浄化技術として「嫌気バイオ処理＋土壌改質処理」の開発を行ったところわずか4日ですべての塩素化エチレンを環境基準値以下にまで低減することができることを確認した。また多岐にわたる安全性評価を実施し，利用微生物（KBC1株）の安全性評価ならびに環境影響評価などを行い，問題がないことを確認した。本技術は平成18年3月31日付けで経済産業省ならびに環境省より「微生物によるバイオレメディエーション利用指針」において両大臣より適合確認（第1号）を受けた。

謝辞

㈱新エネルギー・産業技術総合開発機構（NEDO）から委託を受けて，「生分解・処理メカニズムの解析と制御技術の開発」プロジェクトの一環として本技術開発を実施したものである。

NEDOおよびプロジェクトリーダーの五十嵐泰夫先生（東京大学），JBA関係者，さらに本事業に取り組まれた㈱クボタの関係者ならびに㈱大林組の関係者の皆様に本紙面を借りて厚く謝意を表します。

なお，倉根は前職としての㈱クボタ 理事，バイオセンター所長として，バイオセンター職員および関連部門と協力しながら取り組みをしたものである。

文　　献

1) X. Maymo-Gatell, Y. Chien, J. M. Gossett, S. H. Zinder, *Science*, **276**, 1568 (1997)

2) N. Tsukagoshi, S. Ezaki, T. Uenaka, N. Suzuki and R. Kurane, *Appl. Microbiol. Biotechnol.*, **69**, 543 (2006)

3) A. Manome, H. Zhang, Y. Tani, T. Katsuragi, R. Kurane, T. Tsuchida, *FEMS Microbiology Letters*, **197**, 29 (2001)

第23章　塩素化エチレン汚染土壌の浄化と分解細菌の検出

中村寛治*1，石田浩昭*2

1　はじめに

塩素化エチレン類であるテトラクロロエチレン（PCE）やトリクロロエチレン（TCE）はそれぞれ長期にわたってドライクリーニングの溶剤や金属の洗浄剤として使用されてきたが，それらの物質は貯蔵タンクなどから漏出し，日本各地で土壌，地下水汚染を引き起こしている。PCE，TCEは，発ガン性や肝機能障害を誘発する可能性が指摘されており，早急な処理が望まれている。

PCE，TCEは嫌気性条件下で微生物の作用により，1,2-シスジクロロエチレン（c-DCE），ビニルクロライド（VC）を経て，還元分解されることが1985年に報告されている[1]。その後，1種類の細菌*Dehalococcoides ethenogenes* 195株によってPCEの完全な脱塩素化が進み，電子供与体として水素が，電子受容体として塩素化エチレン類が利用されることが示された[2]。*D. ethenogenes* 195株はPCE還元デハロゲナーゼ（PCE-RDase）をコードする*pceA*およびTCE還元デハロゲナーゼ（TCE-RDase）をコードする*tceA*を保有する。PceAはPCEを脱塩素化する能力が，TceAはTCE，c-DCE，VCを脱塩素化する能力がある（VC分解反応は他に比べて2オーダー低い）ことが明らかとなっている[3]。

D. ethenogenes 195株に続いて，VCリダクターゼ（VC-RDase）をコードする*vcrA*を保有する*Dehalococcoides* sp. VS株が発見された。VcrAはTCE，c-DCE，VCを分解できるがTCE分解能は他に比べて著しく低い[4]。また，異なるVC-RDaseの遺伝子*bvcA*を保有する*D.ehalococcoides* sp. BAV1株が発見され，VC分解に関与することが示されたが[5]，酵素レベルの実験は行われておらず，他の塩素化エチレン類の分解性は明確ではない。さらには*vcrA*を持ち，強力なTCE分解能（遺伝子は特定されていない）も保有する*Dehalococcoides* sp. GT株も分離された[6]。これら3株と先の195株はゲノムの解析が終了し，NCBI上にそのデータが公開されている（Accession No.: 195 株=CP000027，VS 株=CP001827，BAV1 株=CP000688，GT 株=CP001924）。*D. ethenogenes* 195株は最も早くゲノム解析が修了し，17種類の還元デハロゲナーゼ（RDH）と思われる遺伝子が確認されている[7]。このように，*Dehalococcoides*属細菌はゲノム解析による詳細な研究がなされている。

一方，実浄化においてPCEやTCEの完全な脱塩素化には*Dehalococcoides*属細菌の存在が不可欠であることが，海外，国内の研究例からも示されている[8,9]。*Dehalococcoides*属細菌が保有する

＊1　Kanji Nakamura　東北学院大学　工学部　環境建設工学科　教授

＊2　Hiroaki Ishida　栗田工業㈱　プラント事業本部　課長

数あるRDH遺伝子の中で塩素化エチレンの完全分解に特に重要な役割を果たしているものとして，先の*tceA*，*vcrA*および*bvcA*が挙げられる。ゲノム解析が完了している菌株では，これら３種類の遺伝子のいずれかの保有が確認されているが，２種類以上の同時保有は確認されていない。さらに，ゲノム解析のデータでは*Dehalococcoides*属細菌の16S rRNA遺伝子数は全て１コピーとなっている。それゆえ，全ての*Dehalococcoides*属細菌が１コピーの16S rRNA遺伝子数を持っていると仮定すれば，16S rRNA遺伝子を定量PCR（qPCR）で検出することによって*Dehalococcoides*属細菌全体の数を把握できることになる。さらに，*tceA*，*vcrA*，*bvcA*遺伝子がそれぞれ別の種類の細菌に保有されていると仮定すれば，個々の遺伝子の定量を行うことによって，浄化現場で実際に機能している遺伝子を知ることができる。また，16S rRNA遺伝数と上記３種類の遺伝子数の合計を比較することによって，これら３種類の遺伝子以外に重要な役割を果たしている遺伝子の存在の可能性を調査することも可能となる。このような研究は，Ritalahtiらによって行われ，上記の３種類のRDH遺伝子以外の存在が示唆されている[10]。しかしながら，Leeらが１ヶ所の浄化現場で同様の解析を行ったところ，上記３種類のRDH遺伝子が主要な遺伝子として検出されている[11]。また，汚染現場の地質的性質とこれら遺伝子との関連の解析も近年行われている[12]。

本研究では日本国内の複数の浄化現場で同様の解析を行い，実浄化において機能する主要RDH遺伝子の把握を行った。我々はこれまでに，*tceA*を標的としたqPCRのため，複数の*tceA*を取得，解析し，プライマーおよびハイブリダイゼーションプローブを設計，浄化現場での*tceA*のモニタリングを行った[13]。ここでは，同様に複数の浄化現場から*vcrA*および*bvcA*を取得，その塩基配列を決定し，系統解析を行う。NCBIに登録されている完全な*vcrA*は先の２種類の*Dehalococcoides* sp. VS株，GT株ともう１種類（Accession No. AB268344）のみであり，*bvrA*に至っては完全なデータは*Dehalococcoides* sp. BAV1株由来のデータのみである。それゆえ，本研究で得られる複数の塩基配列データから，その多様性を知ることができる。また，共通配列部分からプライマーおよびハイブリダイゼーションプローブを設計，qPCRによる定量検出に利用する。

2　実験方法および材料

2.1　DNAの抽出法

地下水サンプルからのDNAの抽出は既報の論文[14]の通りである。現場地下水100 mLをろ過し，細菌をフィルター（孔径0.2 μM，MILLIPORE製，GTBP2500）上に捕捉した上でBead Beater処理を行った。抽出したDNAは最終的にTE（10 mM Tris-HCl［pH 8.0]，1 mM EDTA）に溶解した。その後，不純物を取り除くためMicroSpin-S300HR（GEヘルスケアバイオサイエンス製）で精製を行った。

2.2　*vcrA*・*bvcA*遺伝子の取得・解析

対象サンプルから抽出したDNAをテンプレートに*vcrA*およびその下流の*vcrB*全域を含むDNA断片のPCR増幅を行った。設計（NCBI: CP001827を利用），使用したプライマーは，表1に示すvcrXf1およびvcrXr1である。これらのプライマーは，ソフトウエアOLIGO 6（Molecular Biology Insights, Inc.製）により設計した（以下，全てのプライマー，プローブはOligo 6により設計）。PCR反応は，Pre-heating：94℃，1分に続き，第1段階：94℃，20秒，第2段階：50℃，15秒，第3段階：72℃，2.5分を30サイクル繰り返し，Post extension：72℃，7分を行った。本反応にはPrimeSTAR HS DNA polymerase（タカラバイオ製）を使用，PCR Thermal Cycler TP600（タカラバイオ製）でPCR反応を行った。PCR増幅によって得られた*vcrA*を含む断片は，プライマーウォーキング法によって両方向から塩基配列を決定した。PCR産物が複数の遺伝子を含む場合は，dA付加反応を行った後[15]，プラスミドpKNA90XT [16] を利用してクローン化した後，塩基配列の決定を行った。DNAの伸長反応にはBigDye Terminator v1.1 Cycle Sequencing Kit（アプライドバイオシステムズ製）を用い，塩基配列決定には3130 Genetic Analyzer（アプライドバイオシステムズ製）を使用した。塩基配列を決定した*vcrA*はDNA Data Bank of Japan（DDBJ）にてClustal Wによる系統解析を行い，Tree Viewにて系統樹を作成した。

表1　本研究で使用したプライマーおよびプローブ

オリゴヌクレオチド	塩基配列（5'→3'）	長さ (bases)	オリゴヌクレオチドの位置	文献
（*vcrAB*増幅用プライマー）				
vcrXf1	GAC TCT CCC TGA AAC AAT GG	20		本研究
vcrXr1	GCG ACT TAC TAC CTT ATC TA	20		本研究
（*vcrA*検出用プライマー）			*vcrA*中の位置*	
vcrA683f	ATA AGA AAG CTC AGC CGA TG	20	683-702	本研究
vcrA1057r	CAC CTT GCC CGT CAA A	16	1072-1057	本研究
（*vcrA*検出用ハイブリダイゼーションプローブ）				
vcrA797L**	ACT TTA AGG AAG CGG ATT ATA GCT ACT ACA A	31	797-827	本研究
vcrA830R***	ATG CAG AGT GGG TTA TTC CAA CAA AGT G	28	830-857	本研究
（*bvcAB*増幅用プライマー）				
bvcXf1	GGA TGA CAT TCG GGA GA	17		本研究
bvcXr1	AAG GGC ATT TTT AAT AGA AC	20		本研究
（*bvcA*検出用プライマー）			*bvcA*中の位置*	
bvcA949f	GCT TCA AGT ATG ATT GCC TA	20	949-968	本研究
bvcA1225r	TAC AAA TGC CAC ACG TTT C	19	1243-1225	本研究
（*bvcA*検出用ハイブリダイゼーションプローブ）				
bvcA1061L**	CTG GTG GTG CTT TTG GAG TTA TG	20	1061-1083	本研究
bvcA1086R***	TGG TCT TTC CGA ACA AGG TCG TG	20	1086-1108	本研究

*遺伝子の開始点を1とした場合，　**3'末端はFITC標識，　***5'末端はLC Red 640標識，3'末端はリン酸化

*bvcA*およびその下流の*bvcB*全域を含むDNA断片の取得には表1に示すbvcXf1およびbvcXr1のプライマーペアを設計（NCBI：CP000688を利用），利用した。PCR反応の条件は，上記の*vcrA*の場合の第2段階のアニーリング温度を52℃に変更し，第3段階の伸長反応の時間を2分に変更した。その他の条件は同じである。

2.3 *Dehalococcoides*属細菌保有遺伝子の定量検出

対象遺伝子の定量検出のためのqPCRにはReal-Time PCR装置LightCycler 2.0（ロッシュダイアグノスティック製）によりハイブリダイゼーションプローブ法で検出した。検出に使用したプライマーおよびハイブリダイゼーションプローブは表1に示す通りであり，これらは既存のデータおよび本研究で得られたVC-RDase遺伝子（後述する図1の全ての遺伝子）の塩基配列データから設計した。

*vcrA*の検出には，プライマーペアとしてvcrA683fとvcrA1057rを，ハイブリダイゼーションプローブとして蛍光標識したvcrA797LおよびvcrA830Rを使用した（表1）。また，*bcrA*検出にはbvcA949f，bvcA1225r，bvcA1061L，bvcA1086Rを使用した（表1）。ハイブリダイゼーションプローブは㈱日本遺伝子研究所に合成依頼した。

qPCR反応の全容量は20 μLとし，サンプル2 μLに対して0.5 UのEx Taq Hot Start Ver. DNA polymerase（タカラバイオ製），添付Buffer（$MgCl_2$含まず）2 μLおよびUpperプライマー（vcrA683f，bvcA949f）4 pmol，Lowerプライマー（vcrA1057r，bvcA1225r）10 pmol，2種類のハイブリダイゼーションプローブそれぞれ4 pmolを使用した。その他，dNTP 200 μM，$MgCl_2$（*vcrA*; 4 mM，*bvcA*; 2 mM），BSA 250 μg/mLの濃度になるように添加した。スタンダードには，クローン化された*vcrA*および*bvcA*を含む（後述する表2のクローンC-v2：Accession No. AB586005，およびクローンD-b1：Accession No. AB586015）組換えpKNA90XTを利用した。また，スタンダードを直鎖状のDNAとするため，各クローンが挿入されたpKNA90XTをテンプレートにvcrXf1/vcrXr1およびbvcXf1/bvcXr1で再びPCR増幅し，その増幅DNAを利用した。各

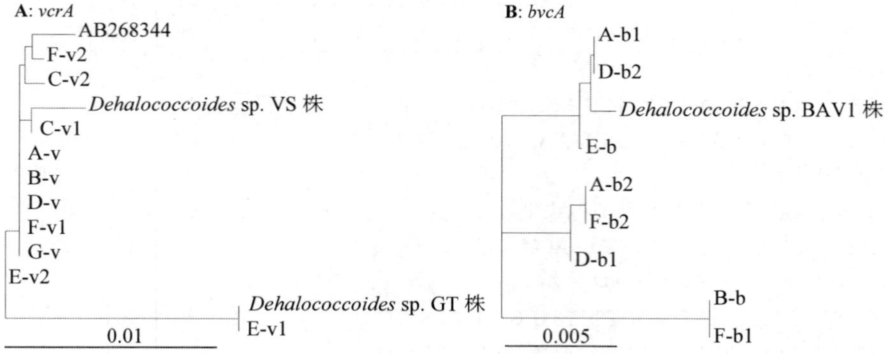

図1　取得 *vcrA* および *bvcA* 遺伝子の系統解析結果

表2　取得*vcrA*および*bvcA*遺伝子の解析結果

No	現場名	所在地	*vcrA* クローン名	PCR産物の長さ* (bp)	*vcrA*の長さ (bp)	Accession No.	*bvcA* クローン名	PCR産物の長さ* (bp)	*bvcA*の長さ (bp)	Accession No.
1	A-site	東北地方	A-v	2191	1560	AB586002	A-b1	2069	1551	AB586012
			−			−	A-b2	2069	1551	AB586013
2	B-site	関東地方	B-v	2191	1560	AB586003	B-b	2069	1551	AB586014
3	C-site	近畿地方	C-v1	2191	1560	AB586004	−			−
			C-v2	2191	1560	AB586005	−			−
4	D-site	近畿地方	D-v	2191	1560	AB586006	D-b1	2069	1551	AB586015
			−			−	D-b2	2069	1551	AB586016
5	E-site	関東地方	E-v1	2191	1560	AB586007	E-b	2069	1551	AB586017
			E-v2	2191	1560	AB586008	−			−
6	F-site	関東地方	F-v1	2191	1560	AB586009	F-b1	2069	1551	AB586018
			F-v2	2191	1560	AB586010	F-b2	2069	1551	AB586019
7	G-site	九州地方	G-v	2191	1560	AB586011	−			−

*プライマー部分を除く長さ

サンプルのqPCR測定は3回行い，平均値および標準偏差を算出した。

*Dehalococcoides*属細菌の16S rRNA遺伝子および*tceA*遺伝子の反応液組成は，過去の報文[13,17]に従ったが，DMSOは無添加とし，Upperプライマーの濃度は4 pmolに変更した。

LightCycler 2.0によるハイブリダイゼーションプローブ法の運転条件は製品のマニュアルに従い検討し，*vcrA*に関しては以下のように設定した。初期変性：95℃，2分，温度変化20℃/秒（これは設定温度への変化速度を表す）に続き，PCR増幅は第1段階：95℃，0秒，温度変化20℃/秒，第2段階：58℃，15秒，温度変化20℃/秒，第3段階：72℃，15秒，温度変化2℃/秒を45サイクル繰り返した。引き続き，融解曲線分析は，第1段階：95℃，0秒，温度変化20℃/秒，第2段階：48℃，15秒，温度変化20℃/秒，第3段階：85℃，0秒，温度変化0.2℃/秒で行い，最終的には40℃で反応終了とした。*bvcA*に関しては，PCR増幅の第2段階の温度を55℃に，第3段階の時間を12秒に，また，融解曲線分析の第2段階は45℃に変更し，その他の条件は同じとした。16S rRNA遺伝子および*tceA*遺伝子に関する運転条件は過去の報文[13,17]に従った。

3　実験結果

3.1　*vcrA*・*bvcA*遺伝子の取得および系統解析

プライマーペアvcrXf1/vcrXr1およびbvcXf1/bvcXr1（表1）を利用して，7ヶ所（A~G-site）のTCE浄化現場（主な原因汚染物質がTCE）地下水から*vcrA*および*bvcA*クローンをPCRにより取得，その塩基配列を決定し，Accession No.を取得した（表2）。浄化現場では，浄化開始から16S rRNA遺伝子のモニタリングを行っており，浄化現場地下水中の濃度が10^5copies/mL以上になった時点で，遺伝子の取得を行った（F-siteのみ8×10^4copies/mLを超えた時点)。*vcrA*クローンは全てのサイトで得られ，合計10クローンを取得，解析した。これらのクローンはPCR増幅されたDNAの長さおよび*vcrA*と判断した領域の長さも同じであった。一方，*bvcA*クローンは2ヶ所の現場，C-site，G-siteでは取得できなかったが，合計8クローンを取得，解析した。これらについても，PCR増幅長および*bvcA*と判断した領域の長さは同一であった。これら全ての取得*vcrA*，*bvcA*はすでに報告されている遺伝子とも同じ長さである。

得られたクローンの決定塩基配列を基に行った*vcrA*に関する系統解析より作製した系統樹を図1Aに，同様に*bvcA*の系統樹を図1Bに示す。系統的に最も離れている*vcrA*はVS株とGT株・E-v1のもので，相同性は98.5%であった。*bvcA*で系統的に最も離れているものはBAV1株とB-b・F-b1で，98.6%であった。比較した範囲内においては，どちらの遺伝子も同程度の多様性を示した。

3.2　浄化現場での各分解遺伝子の存在割合

前項で解析を行った図1のそれぞれの遺伝子データを基に，共通配列部分を利用して，表1に示したqPCR検出用プライマーおよびハイブリダイゼーションプローブを設計した。*vcrA*，*bvcA*遺伝子のスタンダードを測定した結果を図2に示す。10^1～10^8（copies/PCR-tube）の広い範囲で良好な検量関係が得られ，設計したプライマー，プローブを使って正確に定量検出できることが確認できた。表示した標準偏差の値は，最大値が*bvcA*の10 copies/PCR-tube測定平均値の3.3%（平均値に対して）であり，再現性良く計測できることが分かった。また，定量検出下限値は，10 copies/PCR-tubeであった。

本測定法および既報の測定法[13,17]により，前述のクローンを取得した7ヶ所（A~G-site）のTCE浄化現場地下水中の16S rRNA遺伝子，*vcrA*，*bvcA*および*tceA*遺伝子の4種類をqPCRにより測定し，図3に示す結果を得た。全ての浄化サイトで*Dehalococcoides*属細菌全体の数を表す

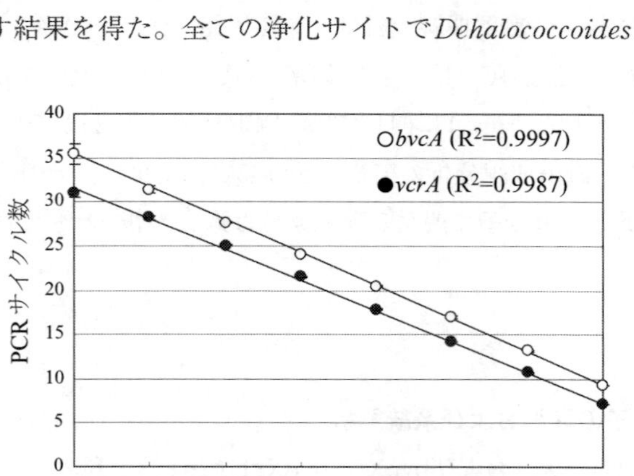

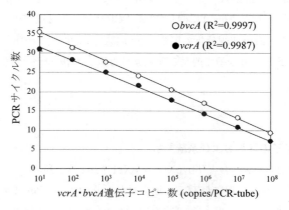

図2　qPCRによるスタンダード検出

プロットは3回測定の平均値でエラーバーは標準偏差

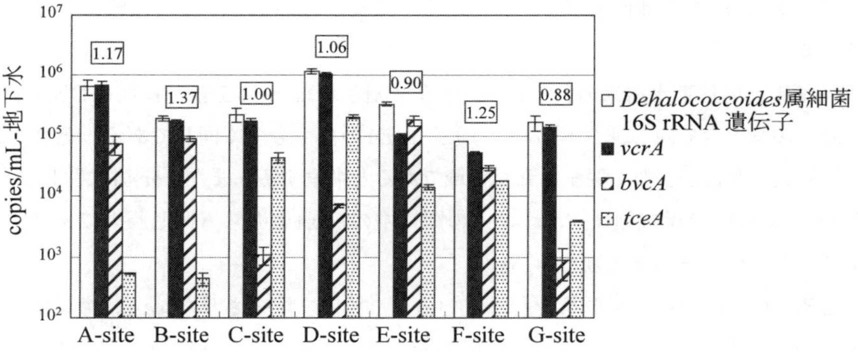

図３　浄化site 地下水中の各遺伝子の濃度

棒グラフの値は３回測定の平均値でエラーバーは標準偏差。棒上の四角内の数値は *vcrA*, *bvcA*, *tceA* の合計値を *Dehalococcoides* 属細菌16S rRNA 遺伝子で除した値。

Dehalococcoides 属細菌16S rRNA 遺伝子の値はF-siteを除いて全て10^5copies/mL-地下水のオーダーであった。一般的に，バイオレメディエーション技術が適用されるサイトは汚染物濃度が低い場合が多く，このようなレベルであったと考えられる。全てのサイトで，３種類の塩素化エチレン分解遺伝子 *vcrA*，*bvcA*，*tceA* が検出された。また，E-siteを除いて，全てのサイトで *vcrA* の存在割合が最も高くなった。E-siteでは *bvcA* の存在割合が最も高くなった。一方，*tceA* の存在割合が最も高くなったサイトは存在しなかった。さらに，図中，棒グラフ上の四角内の数値は，*vcrA*，*bvcA*，*tceA* の合計を *Dehalococcoides* 属細菌16S rRNA 遺伝子で除した値であり，３種類の遺伝子を持つ *Dehalococcoides* 属細菌の割合（１種類の *Dehalococcoides* 属細菌は１種類の分解遺伝子しか保有しないと仮定）を示している。値は0.88～1.37の範囲であり，1.0に近い値となった。値が1.0以上になることは想定していないが，これはqPCR測定における誤差範囲と考える。本結果から，日本の浄化サイトでは，主として *vcrA*，*bvcA*，*tceA* の３種類の遺伝子を有する *Dehalococcoides* 属細菌が現場での塩素化エチレンの分解を担っていると推察される。

4　考察

本研究では国内７ヶ所のTCE浄化現場の地下水からDNAを抽出，*vcrA* と *bvcA* 遺伝子を含む領域のDNA部分を取得，解析した。表２に示す通り，*vcrA* を含む領域に関しては全てのサイトから取得できた。本結果から，利用したプライマーペアvcrXf1/vcrXr1は良好に機能したと判断できる。一方，*bvrA* を含む領域に関してはプライマーペアbvcXf1/bvcXr1を利用したが，C-siteとG-siteの２ヶ所のサイトでPCR増幅産物が取得できなかった。図３に示す通り，これら２サイトの地下水中の *bvcA* 濃度は他のサイトと比べて低く，約10^3copies/mL-地下水であり，標的のDNA濃度が低くbvcXf1/bvcXr1でのPCR増幅が起きなかった可能性がある。また，設計したプライマーはNCBI上のCP000688のデータを基に設計しているが，データが限られているため，増幅できなかったサイトのDNAでは使用プライマーと不一致な部分が生じ，PCR増幅できなかった可能性も残されてる。

7ヶ所の浄化現場地下水由来のDNAからPCR増幅された*vcrA*を含む領域のDNA断片は，表2に示す通り10個が全て同じ長さである。また，*vcrA*の長さも全く同じである。それゆえ，*vcrA*とその周辺領域は変化が少なく保全された領域であると推察する。また，*bvrA*に関しても同様に，8個の*bvrA*を含むPCR増幅領域，およびその断片中の*bvcA*どちらも同じ長さであり，変化が少なく保全された領域であると判断できる。

過去の研究では，*tceA*の取得解析を行っているが，国内で取得された*tceA*は海外で取得された*tceA*と大きな差があった[13]。一方，今回比較したアメリカ由来の*vcrA*および*bvcA*のデータは日本で取得されたものと著しい差はない。また，*tceA*の場合は，遺伝子の大きさも異なるものが取得されている[13]。それゆえ，*tceA*と比較して，*vcrA*や*bvcA*は地域差を含め多様性が小さい可能性がある。

図1に示された全ての*vcrA*および*bvcA*の共通配列部分を利用して，プライマーおよびプローブを設計して，qPCRによる定量を行い，どちらの遺伝子に関しても図2に示す良好な検量関係を得た。*vcrA*，*bvcA*のqPCRによる検出に関しては，すでにRitalahtiら[10]，Holmesら[18]による報告がある。彼らの手法は，加水分解プローブを使い，それを挟む非常に短い領域をPCR増幅しているため，本研究のように2種類のハイブリダイゼーションプローブを使う方法では，増幅領域が短すぎて，適用できない。Ritalahtiらの報告[10]では，スタンダードによる検量線が示されているが，中濃度領域では，本研究の手法の標準偏差の方が小さい。また，今回取得したクローンの塩基配列を基に，これら2文献でのプライマーおよびプローブの配列を調査すると，Ritalahtiらの報告の*bvrA*検出用プローブBvc977Probe[10]で3ヶ所が共通配列となっておらず，遺伝子の種類によっては完全にハイブリダイズしないことが分かった。他のプライマー，プローブは共通配列部分の範囲であった。

本研究で確立したqPCR検出法と，これまでの研究で確立したqPCR検出法[13]により，7ヶ所の浄化現場で3種類の分解遺伝子を測定した結果，図3に示したように，全ての浄化現場で，*vcrA*，*bvcA*，*tceA*が検出され，これら3種類の遺伝子の浄化への係わりが示唆された。その中で，*vcrA*の存在割合が，7ヶ所中6ヶ所で最も高く，かつ，残りの1ヶ所でも最大値を示した*bvcA*と極めて近い値となっている（図3）。本結果から，*vcrA*が浄化で重要な役割を果たしている遺伝子であることが明らかとなった。また，*vcrA*，*bvcA*，*tceA*の合計を*Dehalococcoides*属細菌16S rRNA遺伝子で除した値は，0.88～1.37の範囲であり，これらの遺伝子を保有する*Dehalococcoides*属細菌が塩素化エチレンの主要分解者であったと推察される。これまでの研究では，Ritalahtiらによって*vcrA*，*bvcA*，*tceA*以外の遺伝子の関与が示唆されているが[10]，本研究の7ヶ所の浄化サイトではそのようなケースは見られず，*vcrA*，*bvcA*，*tceA*以外の分解遺伝子は分解に大きく関与しなかったと推察される。このように，*vcrA*と*bvcA*を対象とした遺伝子の取得，解析，および3種類の分解遺伝子の検出により，日本の浄化現場での*Dehalococcoides*属細菌の挙動を把握することができた。

文　　献

1) T. M. Vogel *et al., Appl. Environ. Microbiol.,* **49**, 1080 (1985)
2) X. Maymo-Gatell *et al., Science,* **276**, 1568 (1997)
3) J. K. Magnuson *et al., Appl. Environ. Microbiol.,* **64**, 1270 (1998)
4) J. A. Müller *et al., Appl. Environ. Microbiol.,* **70**, 4880 (2004)
5) R. Krajmalnik-Brown *et al., Appl. Environ. Microbiol.,* **70**, 6347 (2004)
6) Y. Sung *et al., Appl. Envir. Microbiol.,* **72**, 1980 (2006)
7) R. Seshadri *et al., Science,* **307**, 105 (2005)
8) E. R. Hendrickson *et al., Appl. Environ. Microbiol.,* **68**, 485 (2002)
9) 中村寛治，環境システム計測制御学会誌，**9**, 21 (2004)
10) K. M. Ritalahti *et al., Appl. Environ. Microbiol.,* **72**, 2765 (2006)
11) P. K. H. Lee *et al., Appl. Environ. Microbiol.,* **74**, 2728 (2008)
12) B. van der Zaan *et al., Appl. Environ. Microbiol.,* **76**, 843 (2010)
13) 中村寛治，環境工学研究論文集，**43**, 119 (2006)
14) 中村寛治，環境工学研究論文集，**36**, 1, (1999)
15) 須藤真志，環境工学研究論文集，**46**, 511 (2009)
16) 中村寛治，環境工学研究論文集，**46**, 521 (2009)
17) 中村寛治，土壌環境センターニュース，**7**, 1 (2003)
18) V. F. Holmes *et al., Appl. Environ. Microbiol.,* **72**, 5877 (2006)

第24章　バイオ技術を活用した，光合成細菌による放射性物質の除去と回収

佐々木　健[*1]，森川博代[*2]，原田敏彦[*3]，大田雅博[*4]

1　はじめに

光合成細菌は土壌細菌の仲間で，水圏環境，土壌環境の浄化に重要な役割を果たしている[1~4]。例えば，湖，池，水田などの水圏環境中で，硫化水素の発生を防止したり，有機汚濁物質を浄化し二酸化炭素に変換したり，硝酸態窒素を脱窒により窒素に変換したり，底質（ヘドロ）からの硫化水素発生を硫黄に変換したりして水質の浄化を行っている。光合成細菌は40年以上も前，小林や北村により，し尿や食品排水処理に応用された[1,2]。しかも，副生する光合成細菌菌体（スラッジ）を農業肥料や養魚，畜産飼料に利用するなど，現在の循環型社会構築を先取りした画期的な発明と思われる。

筆者らも光合成細菌を用いた排水処理，ヘドロ浄化など環境浄化，さらに重金属処理などの研究，実用化を行っていたが[3,4]，10年前より，放射性核種の除去ができないかと研究を重ね，4年前に実験室レベルであるが成功し報告している[5]。さらに，セシウムの除去，回収についても報告している[6]。

福島原子力発電所の事故により，周辺地域の水，泥，土壌への放射能汚染が深刻な問題となっている。特に放射能による汚染は目に見えないばかりか，農作物，人体への影響が必ずしも明確でなく，より深刻な問題を投げかけている。できる限り早期の放射能除染が望まれている。

事故以来，種々の放射性物質の除去技術が提案されている。特にゼオライトや粘土を用いた放射性物質の吸着，除去の実証試験が行われている[7~9]。また，種々の化学薬品を用いた放射性物質の吸着試験も行われている。しかしながら，吸着後，放射性物質を大量に含む廃棄物が膨大な量になり，中間的保管や最終処理場の確保などに新たな問題点が生じており，できるだけ減容化できる新たな技術開発が望まれている。

バイオ技術を用いた放射性物質の除去技術も実証が行われたが，チェルノブイリで効果があったとされるひまわりを用いた実験では，効果が必ずしも多くないという報告がなされている[7]。アオイ科のケナフ，アカザ科のキノア，菜の花などを用いたファイトレメディエーションも行われているが放射能除去効果は未解明である[7]。

＊1　Ken Sasaki　広島国際学院大学　工学部　バイオ・リサイクル専攻　教授，工学部長
＊2　Hiroyo Morikawa　広島国際学院大学　工学部　バイオ・リサイクル専攻　非常勤助手
＊3　Toshihiko Harada　アール・シー・オー㈱　取締役
＊4　Masahiro Ohta　大田鋼管㈱　代表取締役　社長

一方，微生物を用いた放射性物質の除去についてはすでに25年以上前から報告がなされている[10~15)]。例えば，Harveyら[10)]は繊維状緑藻で，^{137}Csと^{85}Srの除去について，PlatoとDenovanは[11)] *Cholorella* sp.による低濃度の水中^{137}Csの除去について報告している。HaselwandterとBerreck[12)]はカビである*Paxillus involutus*による放射性セシウムの蓄積，Averyら[13)]はらん藻である*Synechocystis* PCC6803によるCsの蓄積について報告した。Tomiokaら[14)]は*Rhodococcus erythropolis*や*Rhodococcus* sp.によるCsの蓄積について報告した。しかしながら，微生物を用いた実用的放射性物質除去は報告がない。

筆者らは廃棄物ガラスから低いコストで製造した回収型多孔質セラミックでのセシウム（Cs），ストロンチウム（Sr）の同時除去にも成功している[6)]。

本章では，筆者らの長年の光合成細菌を用いた放射性物質の除去，さらには，屋外1トンタンクを用いたCsおよびSrの同時除去技術について報告する。さらに，福島市で行った公立学校での，光合成細菌によるプールの水およびヘドロの実証的放射能除染についても述べる。

2　光合成細菌の種類と応用

光合成細菌（非酸素発生型）は表1に示すように多くの種類があるが，紅色非硫黄細菌（*Rhodospirilaceae*），紅色硫黄細菌（*Chromatiaceae*），紅色硫黄細菌（海洋性）（*Ectothiorhodospiraceae*），緑色硫黄細菌（*Chlorobiaceae*），滑走性糸状緑色硫黄細菌（*Chloroflexaceae*）などに分類される[16)]。らん藻であるシアノバクテリアも光合成細菌に分類され

表1　光合成細菌の種類と応用

細菌の種類	増殖条件	典型的な属
Rhodospirillaceae	Anaerobic-light Aerobic-light Aerobic-dark	*Rhodobacter* *Rhodospirillum* *Rhosopseudomonas* *Rhodocyclus* (*Rubrivivax*)
Chromatiaceae	Anaerobic-light	*Chromatium*
Ectothiorhodospiraceae	Anaerobic-light	*Ectothiorhodospira*
Chlorobiaceae	Anaerobic-light	*Chlorobium*
Chloroflexaceae	Anaerobic-light	*Chloroflexus* *Chloronera*

応用例
① 食品工場，レストラン排水処理　② 生活排水処理，環境浄化剤
③ 養魚用水浄化（鰻，ハマチ，タイ，鯉，めだか，熱帯魚）
④ 農業用肥料，農業用資材，土壌改良剤
⑤ 動物，魚類飼料
⑥ 医薬品生産（コエンザイムQ10，5-アミノレブリン産）
⑦ 健康食品

るが，酸素発生型であり，一応，従来の非酸素発生型を光合成細菌とした北村の分類[16]を用いる。この中で実用化されているのは，好気暗条件でよく増殖する紅色非硫黄細菌，主に*Rhodobacter*属や*Rhodopseudomonas*属や，紅色光合成細菌の*Chromatium*属である。増殖に光が必須となると，実用的光合成リアクターが必要となり，コスト面から応用が容易ではないからである。

現在の光合成細菌の応用例であるが，農業用肥料，農業用資材，土壌改良剤，動物，魚類飼料が主な用途で，少量であるが養魚用水浄化にも用いられている。また，植物生長促進剤，制がん剤である5-アミノレブリン酸や健康食品であるコエンザイムQ10も光合成細菌を用いて生産されている[3,4,16]。

3　回収型セラミック固定化光合成細菌による放射性核種の除去

新規に開発した回収型セラミック固定化光合成細菌[5]を用いて，U，Co，Srなどの放射性核種を，どのような光合成細菌で除去可能かを検討した。放射性核種を水系から回収後，磁石でセラミックごと回収し濃縮が可能な多孔質セラミックである。結果を図1に示す。好気，微好気条件下で活用でき，環境浄化に実用化あるいは実用化されつつある菌種を選別している。いずれの固

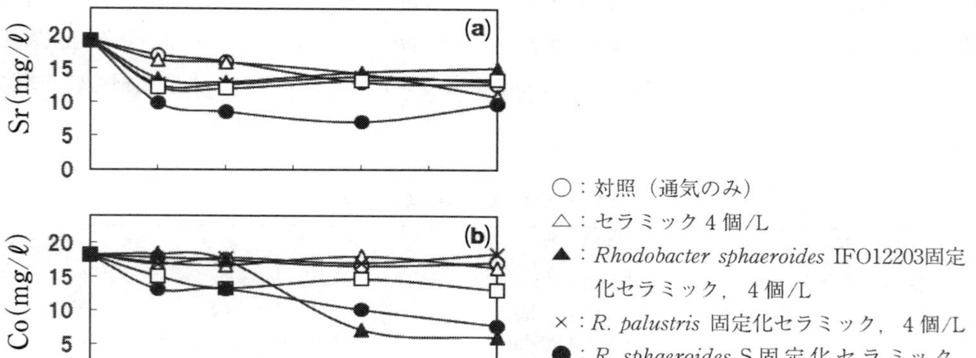

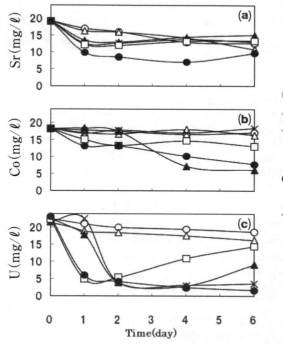

図1　種々の光合成細菌を回収型多孔質セラミックに固定化した場合の放射性核種除去
人工下水（1L）中に放射性核種を溶解。好気暗条件，30℃。(a) Sr，(b) Co，(c) U。

定化光合成細菌も人工下水中のU，Co，Srをよく除去できた。しかし，*R. palustris*はUはよく除去できたが，Sr，Coは除去しにくい，また，*R. sphaeroides* SはSrを除去しにくいなど，安定性が認められなかった。特にSSI株（*R. sphaeroides* SSI）がいずれの放射性核種の除去にも効果が高かった（図1）。なお，通気やセラミックのみでは除去効果は認められなかった。実験方法，実験条件の詳細は原著を参照願いたい[5)]。この結果より，SSI株が放射性核種除去に適していることが明らかとなった[5,6)]。SSI株は，排水処理に実用化されよく用いられているS株の自然変異株である[5)]。

4　回収型セラミック固定化光合成細菌による放射性核種の同時除去と水質浄化能力

SSI株を用いて放射性核種の除去と水質浄化能力を調べた。図2にSrの除去，水質浄化の例を示す。Srを除去しつつ，人工下水中のCOD，リン酸イオンの同時除去も可能であり，環境浄化にも適用できることが明らかとなった。特にデータは示していないが，SSI株によるUの除去は極めて良好であった。セラミック固定化光合成細菌4個/Lの条件で，3日でほぼ100%のU，COD，リン酸イオン除去も可能であった[5)]。Coの場合はややSSI株に毒性があるようであり，Co，COD，

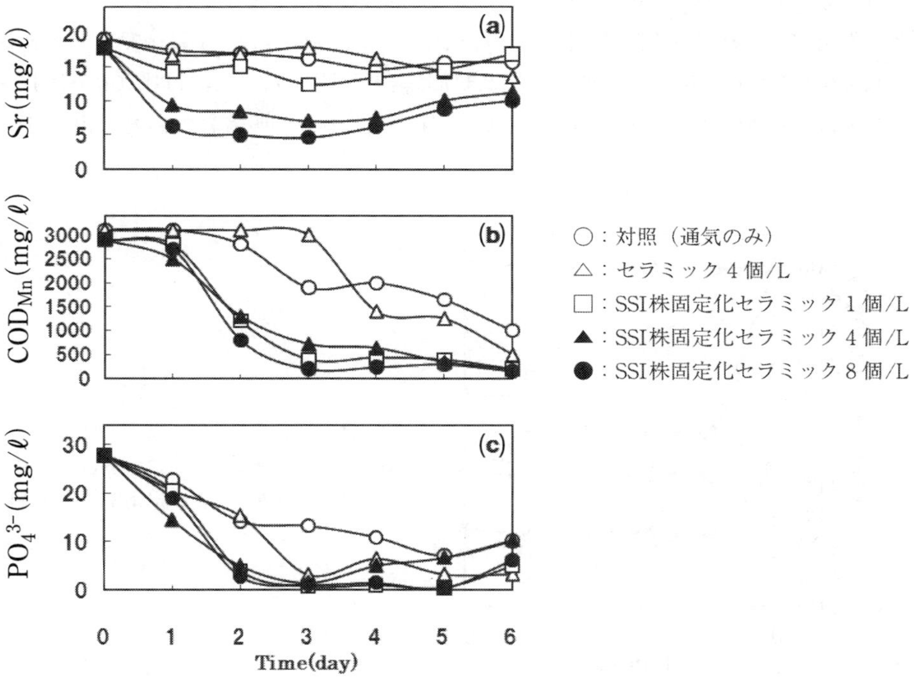

図2　回収型多孔質セラミック固定化SSI株によるSr，COD，PO_4^{-}（リン酸イオン）の除去
人工下水（グルコース，ペプトンその他）に炭酸ストロンチウムを溶解。好気暗条件，30℃。
(a) Sr，(b) COD，(c) PO_4。

リン酸イオンの除去はやや遅れる傾向にあった。SSI株を固定化した多孔質セラミックは，放射性核種の除去ばかりでなく水質浄化にも活用できることが明らかになった。

なお，この回収型セラミック固定化光合成細菌SSI株で，有害金属であるHg，Cr，PbおよびAsの効率のよい除去，回収も可能であることが明らかとなっている[5]。

5　廃棄ガラスセラミック固定化光合成細菌による，Cs，Srの同時除去

安価な廃棄物ガラスを多孔質に焼成した市販セラミック（CoCo産業㈱，東広島市）を磁石で回収できるように筆者らが改造して，CsとSrの同時除去を検討した。

実験条件は回収型セラミック固定化光合成細菌と同じで，セラミックをケイ酸から廃棄ガラス製に替えただけである。福島原発の事故以来，低コストでの大量の放射性物質除去を念頭に置いたからである。種々の廃棄物ガラスセラミック製品を試験した結果，SSI株の生育と表面や内部への固着に適していると判断されたものを採用した。図3に廃棄ガラスセラミック固定化光合成細菌による，CsとSrの同時除去の結果を示す。実用性を考慮して，光合成細菌を活性化する効果が知られている市販のアミノバシラス活性化剤を0.2g/L添加して，より迅速なCs除去を検討した。アミノバシラス製剤は養魚場，養鰻場の水質浄化に，光合成細菌の添加活性化剤としてよく使用されていたものである。枯草菌の乾燥粉末を主成分としている製品である。

ガラス固定化光合成細菌4個/L使用で，図3(a)に見られるように，1日後で人工下水中のほぼ100%のCsが除去された。8個の使用でもほぼ同じ結果が得られた。4日以降Csがわずかに増加しているのは，基質（グルコース）の欠乏により菌が活性を失い吸着したCsを放出していると推

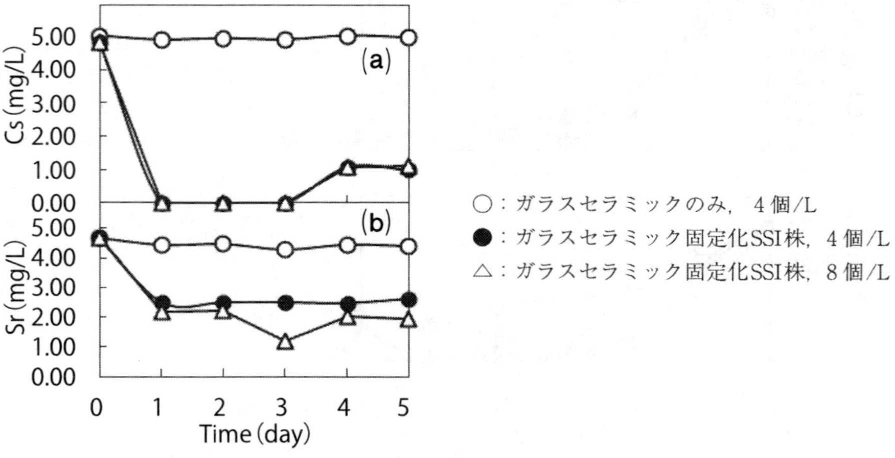

図3　廃棄ガラス多孔質セラミック固定化SSI株による，CsおよびSrの同時除去
人工下水（1L，グルコース，ペプトンその他）に塩化セシウム，炭酸ストロンチウムを溶解。実験条件は図1と同じ。活性化剤添加。(a) Cs，(b) Sr。

定される。一方Srはガラスセラミック固定化光合成細菌８個の使用で，約８割除去できることが明らかとなり，CsとSrの同時除去に実用化しうる可能性が考えられる。

一度，ケイ酸セラミックや廃棄ガラスセラミックに吸着した放射性物質，CsやSrを含む菌体は，アルギン酸Caゲルとしてセラミック表面に吸着しているので，NaCl溶液中でゾルに戻し超音波洗浄をすれば，放射性物質を含む菌体ごと高濃度の水溶液として回収できることが判っている。すなわち，広く低濃度に汚染された放射性物質を高濃度に濃縮が可能なことを意味している。菌が離脱したセラミックは再びSSI株を固定化して再利用することも可能である。回収，濃縮，減容と実用的なものである。

6　光合成細菌による放射性物質の除去メカニズム

光合成細菌が放射性物質を除去できるメカニズムは，我々がすでに明らかにしているCdなどの重金属除去と同じと推定される[17]。SSI株は菌の菌体表面に，RNA，多糖類，蛋白質などからなる高分子粘着物質，EPS（Extracellular polymeric substances）を生産する。このEPSは負電荷を持っており，この負電荷に引き寄せられ，カチオンである放射性核種（U，Co，Sr，Cs）や重金属が菌体表面に吸着除去されるものと推定している。

しかし，Csの場合は１価のカチオンであり，カリウム（K）と化学的に似た挙動を示すことから，カリウムポンプによる菌体内取り込みも充分考えられる。光合成細菌，*Rhodobacter sphaeroides*は主にカリウムポンプによりKを菌体内に取り込んでいる報告もあり[18]，現在のところSSI株によるCs除去については，吸着とカリウムポンプによる取り込みの両方のメカニズムが働いているものと推定している。詳細は現在検討中である。

7　CsおよびSr除去におけるカリウムの影響

セラミック固定化光合成細菌SSI株では，CsおよびSr同時除去の実験の過程で，水溶液中のKが多く存在すると（３～５mg/L），Csを除去できないことがあることが判明した。CsはKと化学的に似た性質を持ち，微生物がCsを菌体内に取り込む時に，KがCsの取り込みを阻害することは多くの微生物でよく知られた現象でもある[14,18]。Cs除去，回収にKが障害となることが予想される。

ところが図４に示すように，活性化剤（アミノバシラス）を0.2g/L程度添加すると，6.70mg/L（通常の光合成細菌培地（GM培地[3,4]）の濃度）でも充分Csを除去できることが明らかになった。Kが少ない方がわずかだが除去は良好であった。この結果は実用的には有用な知見で，現場でKを多く含むヘドロや土壌に対処する際でも，充分適用できる可能性を示すものである。Srも２日で約半分の除去が達成できた。

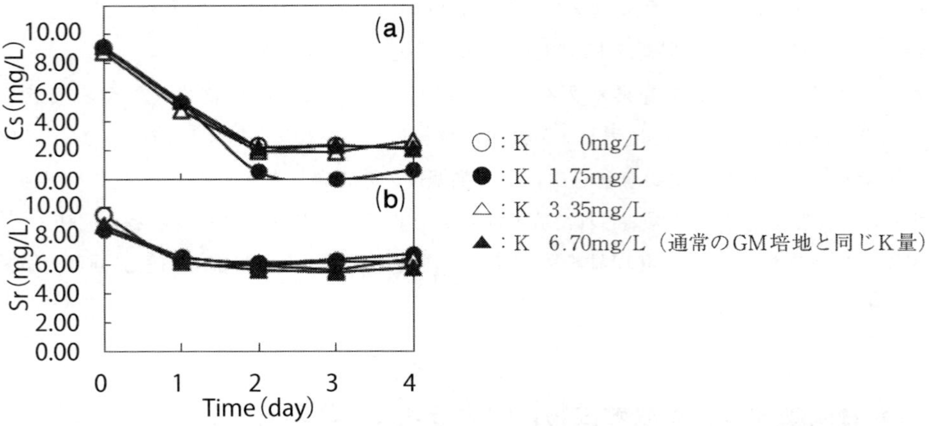

図4　廃棄ガラス多孔質セラミック固定化SSI株による，CsおよびSrの同時除去におけるカリウムの影響
実験条件は図1と同じ。活性化剤添加。(a) Cs，(b) Sr。

8　屋外実証実験，1トンタンクによるCs，Srの同時除去

バイオ技術を実用化する場合には，実験室内でのフラスコ実験結果が現場で，スケールアップした場合かならずしもそのまま適用できるとは限らない。むしろ，そのまま適用できる方がまれで，実際の現場でのスケールアップ実験を行わないと実用性までは論議できない。

そこで，筆者らは実用性の確認として，屋外1トンタンクによる実証試験を行った[6)]。このタンクに500 Lの水道水（K，約1.5 mg/L）を入れ，ガラスセラミック固定化光合成細菌を特製のメッシュバッグ（直径15 cm，長さ30 cm）を10袋入れCsとSrの同時除去を行った。

図5に示すように，5 mg/LのCsは，室内実験よりもやや遅く4日でほぼ100％除去できた。室内30℃の実験に対し，屋外の温度が21～25℃とやや低かったためと思われる。さらに，固定化SSI株はそのままで，新たに水を入れCs　5 mg/L添加し，同じ条件で繰り返し実験を行ったところ，同じようにCsは除去できたことから，菌の繰り返し使用も十分可能であることが確認された。しかしながら，Srについては除去効率が低下した。いずれにしても，実験室内での実験結果が，屋外でのベンチスケールでの実験結果に対応していることが確認できたので，現場でも充分適用できることが確認された。

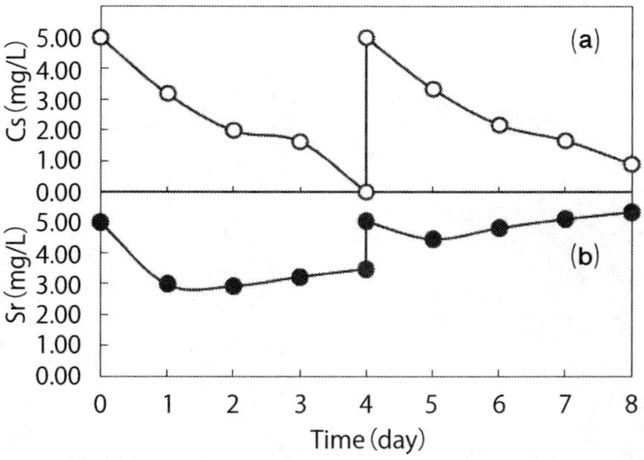

図５　廃棄ガラス多孔質セラミック固定化SSI株による，屋外１トンタンクによるCs，Sr同時除去の実証実験
人工下水（グルコース，ペプトンその他），500 Lに塩化セシウム，炭酸ストロンチウムを溶解。固定化光合成細菌のメッシュバッグ10個/500L。菌体量として90 g乾燥菌体。(a) Cs，(b) Sr。

9　福島市中での放射能除去実証実験

これまでの実験は放射能を有しない非放射性Csを用いた実験であり，放射能を帯びた現場でのCs除去に適用できるかは不明であった。そこで，福島市役所の協力を得て，福島市内の公立学校のプールの水の放射性Csの除染を行った。実験を行った９月（2011）は，３月の原子力発電所の事故以来すでに６カ月以上経過しており，プールの水の中には^{131}ヨウ素（半減期約８日）はすでにほとんどなく，放射能のほとんどは^{134}Csと^{137}Cs（半減期約30年）であった。しかも水中には放射能はほとんど存在せず，プール底にたまった底質（ヘドロ）にほぼすべて存在することも明らかとなった。このヘドロはプール近くの山や周辺の生垣からの木の葉が風に飛ばされ入り込み腐敗したり，夏季アオコの発生で腐敗したものなどが沈殿しているものである。除染実証試験の状況を写真１に示す。

この実証試験では，放射能を吸着したゼオライトや粘土の中間処理や保管スペースの確保が困難になってきた状況を考慮して，コストよりも放射性廃棄物の減容量を考え，筆者らがすでに開発していた光合成細菌固定化ビーズ[19)]を用いた。このビーズはアルギン酸で光合成細菌を強固に固定化したもので，回収後そのまま乾燥焼却でき廃棄物の減容が可能である。固定化セラミックを用いるよりより簡便に回収後の減容化ができる。

その結果，12.04～14.54 μSv/hあったヘドロの放射線量が，３日で2.6 μSv/hまで減少した。実験期間中のプール周辺の空間線量は平均1.2 μSv/hであったので，相対的に約90％の放射線量が減少したことが明らかとなった。この固定化菌は，最低３回は繰り返し使用が可能であり，実用

(a)

(b)

写真1　福島市内公立学校におけるプール水中のヘドロの除染実験
プール底のヘドロを水中ポンプで採取し1トンタンクに入れ(a)，沈殿させ濃縮ヘドロとし，この濃縮ヘドロの放射性Csを50L容器に入れ，固定化SSI株ビーズをメッシュバッグに入れ，浸漬して除染(b)。グルコース添加，通気を行い，光合成細菌の活性を維持した。

性も高いことが推定された。実験期間の9月の外気温度は16～28℃と変化していたが，充分放射能除染は可能であった。実用性の面から有用であった。通常，SSI株を含め光合成細菌は25～35℃で最大の活性を示すからである。

しかも，放射性Csを吸着した固定化SSI株ビーズは，80～90℃の比較的低温乾燥での重量は約97％減容可能であった。さらに，比較的低温，約500℃で焼却すると，重量は約99％（w/w），容量は約98％（v/v），減容が可能であった。この減容過程で，Csの大気中への拡散は認められなかった。Csは640℃以上でガス化して拡散する性質があると言われており，低い温度での乾燥，焼却では拡散が抑えられたものと思われる。

10　おわりに

イラン・イラク戦争，湾岸戦争などで使用された劣化ウラン弾（DU）による放射能汚染問題が，ヒロシマでよく論議されるようになった10年前，劣化ウラン弾で汚染され，放射能に苦しみ，新たなヒバクシャが生まれているという報告をきっかけに，光合成細菌で放射性核種が除去できないかと研究を始め，実用化できた研究であった。計らずも我が国で応用することとなった。10年の研究実績と30年以上の長年の排水処理への適用で，光合成細菌の特性は経験的にもよく理解できており，短時間で，筆者らの技術で福島におけるヘドロの放射能除染にも成功した。今後は，腐葉土や土壌への放射能除去実験も行う予定である。

光合成細菌を用いたバイオ除染技術の特徴は，①簡便で大きな装置は必要なく，中間廃棄物を大きく減容が可能なこと，②放射能が狭い地域に蓄積されているホットスポットなど，小規模の除染にも適応できる比較的低コストの技術であること，③光合成細菌の培養も簡単で，大量生産が容易に可能であることなどが特徴である。今後，多くの土壌や泥の除染に適用し，早期の福島の放射能からの復興に貢献すべく，検討を重ねている。

謝辞

本研究における実験や解析にご尽力頂いた，原千尋元院生，岸辺貴院生，三上綾香大田鋼管研究員に深謝いたします。

文　　献

1) 小林達治，光合成細菌で環境保全，p.15（1993）
2) 北村博ほか，光合成細菌，p.113（1982）
3) 佐々木健ほか，日本生物工学会誌，**87**，478（2009）
4) 佐々木健，日本生物工学会誌，**79**，434（2001）
5) K. Sasaki *et al.*, *Japan J. Wat. Treat. Biol.*, **46**, 119（2010）
6) 佐々木健ほか，化学，**66**，57（2011）
7) 農林水産省，農林水産技術会議，p.1-2，http://www.s.affrc.go. Jp/docs/press/10914.htm
8) 朝日新聞，8月17日（2011）
9) ㈱産業技術総合研究所，http://www.aist.go.jp/aist_i/press_release/pr2011/pr2011083
10) R. S. Harvey and R. Patric, *Biotechnol. Bioeng.*, **11**, 449（1967）
11) P. Plato and J. T. Denovan, *Radiation Botany*, **14**, 37（1974）
12) K. Haselwandter and M. Berreck, *British Microgl Soc.*, **90**, 171（1988）
13) S. V. Avery *et al.*, *J. Gen. Microbiol.*, **137**, 405（1991）
14) N. Tomioka *et al.*, *Appl. Environ. Microbiol.*, **60**, 2227（1994）
15) 大村直也ほか，電力中央研究所報告，p.1（1996）
16) K. Sasaki, T. Tanaka and S. Nagai, Bioconversion of waste materials to industrial products, 2nd ed., Blackie & Chapman & Hall, London, 247（1998）
17) M. Watanabe *et al.*, *J. Biosci. Bioeng.*, **95**, 374（2003）
18) P. Jasper, *J. Bacteriol.*, **133**, 1314（1978）
19) Y. Yamaoka *et al.*, *Biosci. Biotechnol. Biochem.*, **72**, 1601（2008）

第25章　バイオオーグメンテーションによるTCE汚染土壌の原位置浄化

岡村和夫*

1　はじめに

直鎖の石油系化合物は土着の微生物により容易に分解され，実用技術として多くのバイオレメディエーションが実用化されている[1)]。一方，人間が合成したトリクロロエチレン（TCE）などの有機塩素系化合物は，自然界に生息する微生物では分解しにくいものであるとされてきた。しかしながら，1985年以降，嫌気条件でテトラクロロエチレンは脱塩素化され，TCE，ジクロロエチレンを経てビニルクロライドになり，最終的には二酸化炭素およびメタンにまで分解することがわかってきた[2)]。また，好気的条件下でメタン資化性菌はメタンを分解する際に誘導される酵素によりTCEを共代謝することが報告され[3~5)]，メタンの他にフェノール[6~8)]やトルエン資化性菌[9)]による共代謝も有効なことがわかってきた。

土壌汚染を微生物の力を利用して浄化するバイオレメディエーションには大きく分けて2種類の方法が存在する。1種類は土着の微生物を活性化させて浄化を行うバイオスティミュレーション，もう1種類は，特定の微生物を土壌に注入して処理を行うバイオオーグメンテーションである。汚染環境に分解菌が少ないか，あるいはわずかしか存在しない場合，病原性や毒素生産がないことが確認された純粋分離菌を大量培養後，汚染環境に注入し，原位置で分解を促進させる方法であるバイオオーグメンテーション法が有効であると考えられる。

このような背景から，汚染環境からTCE分解菌を純粋分離し，TCE分解性能の把握，安全性の確認を経て，日本で初めてのバイオオーグメンテーション実証試験を行ったので紹介する。

2　汚染サイトの状況

2.1　水理地質学的特性

汚染サイト（久留里汚染サイト）は千葉県君津市に位置している。汚染サイトの地質は上位より表土，盛土あるいは土壌層，段丘堆積層，更新統上総層群柿の木台層の砂層と，泥質砂岩層から構成されている。表土，盛土，土壌層，段丘堆積層は通気帯で，柿の木台層の砂層が帯水層，その下部の泥質砂岩が難透水層である。TCEに汚染された工場は崖上に位置しており，通気帯層は約7～10m，第一帯水層の層厚は7～10mである。地質調査結果によれば，帯水層を構成する

*　Kazuo Okamura　清水建設㈱　技術研究所　環境バイオグループ　上席研究員

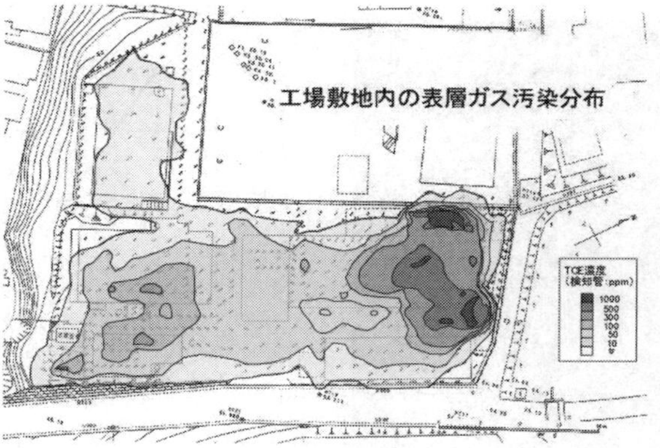

図1　表層ガス調査結果

地層は粒径が比較的均一な細粒砂層である。土壌コアサンプルの室内透水性試験の結果から透水係数は4～6×10^{-3} cm/sである。柿の木台層の砂層と泥質砂岩の境界付近では，地層の色相が褐色から暗青色に変化していた。酸化還元電位は帯水層で400 mV前後であったが，難透水層との境界以深で急激に低下し，−20 mVになっており，帯水層基底では酸素の不足した環境のため緑色を呈していたと思われる。地下水中のTCE濃度は工場敷地内で789 μg/Lが検出された。TCE濃度は採水井戸によりばらつきはあるものの地下水流れ方向に広がっており，下流ほど濃度が低くなる傾向にあった[10)]。

2.2　表層ガス調査

表層ガス調査は君津式検知管法で行った[11)]。その結果を図1に示す。工場建屋の東側に2ヵ所と西側1ヵ所に高濃度の表層ガス汚染が認められた。いずれも1000 ppmを超えるガス濃度であり，汚染の広がりが確認された。

3　微生物学的検討

3.1　分解菌のTCE分解特性

久留里汚染サイトの土壌中から分解菌の探索・単離を行い，数株のTCE分解菌を分離した。汚染サイトから得られた芳香族資化性TCE分解菌*Ralstonia eutropha* KT-1株の電子顕微鏡写真を写真1に示す。KT-1株のTCE分解特性を把握するために，無機培地20 mg/*l*を入れたバイアルビンに約10^8個/m*l*の菌濃度になるようにKT-1株を接種した。これの液相部にトルエンを100 mg/*l*およびTCEを各濃度で添加し，KT-1株のTCE分解特性を把握した。その結果を図2に示す。その結果，TCE濃度が30 mg/*l*を3日間で検出限界以下とし，TCE 100 mg/*l*の高濃度でも分解性を示した。

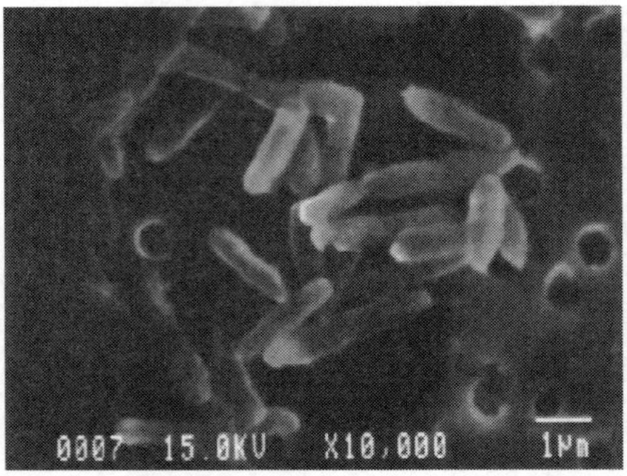

写真１　*Ralstonia eutropha* KT-1株顕微鏡写真

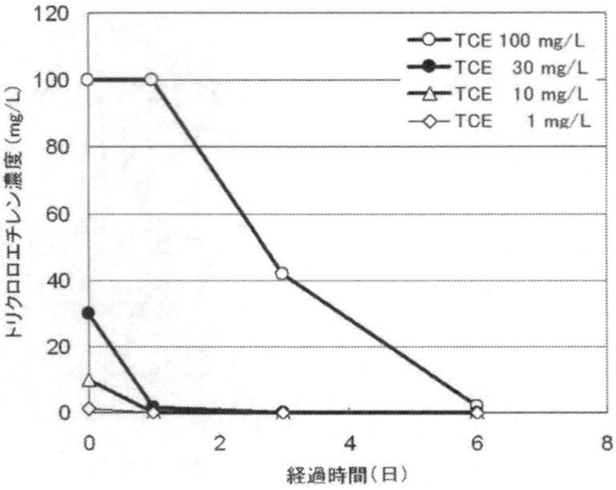

図２　KT-1株のTCE分解試験結果

3.2　帯水層を模擬した浄化効果予測

全長が90 cmの土壌カラムを用い，吸光度（OD 600）=1.0に調整したKT-1株を線速度16 cm/hrで11時間通水後，カラム中の土壌を採取し，電子顕微鏡観察および菌数を測定した。その結果，KT-1株は注入点近傍から広がりにくい特性があることが判明した。そこで１本の井戸を用いて利用微生物を注入し，帯水層に微生物ゾーンを形成させた後，同じ井戸から汚染地下水を揚水することにより地下水中に存在するTCEを分解する１点注入／揚水方式を採用することとした。１点注入／揚水方式によるKT-1株の有効性を確認するために，カラム実験を行った。１地点での注入では，土壌中に注入後，菌体の井戸周辺への拡散とともに流速は低下していくことから，KT-1株注入時の線速度を注入・揚水井の状況にできるだけ近い条件にするために，直径の異なる２種類のカラムを組み合わせ，実験を行った。KT-1株はトルエンにより賦活後，OD 600=1.0になるように脱塩素水道水で希釈した。そして，実証試験で注入地点から５cm，および50 cm離れた地点における線速度（17 cm/hr，1.6 cm/hr）になるように，カラム試験の流量を設定し，14時間にわたって21 ml/minで通水した。その後TCE 0.5 mg/lを含んだ地下水を菌体の注入とは逆の方向から同じ流量で通水し，カラム出口のTCE濃度，溶存酸素濃度，および菌体の指標となるOD 600の測定を経時的に行った。なお，トルエンで賦活しないKT-1株を注入するコントロール試験を実施することにより，賦活したKT-1株によるTCEの浄化効果をブランクとした。

図３にKT-1株注入カラムおよびコントロールカラム出口水のTCE濃度の経時変化を示す。コントロールカラムでは賦活しない菌体を注入し，TCEが検出限界になった後にTCE 0.5 mg/lの通水を開始した。その結果，２日目にはTCE濃度が0.5 mg/lに回復したのに対し，賦活KT-1株注入試験カラムではTCE通水開始後３日間は環境基準値である0.03 mg/l以下を維持し，その後緩やかにTCE濃度が上昇，13日後に0.5 mg/lに回復した。この結果から，試験カラムにおけるTCEの分解が菌体の吸着などによるものではなく，賦活した利用微生物の注入により，TCEが分解していることが明らかとなった。

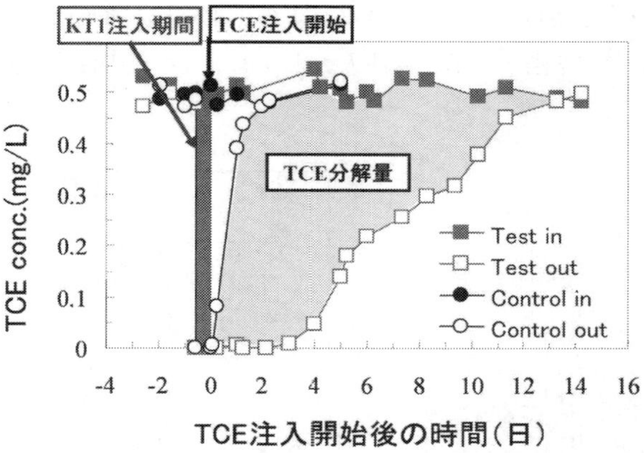

図３　土壌カラム試験結果

4　安全性評価

バイオオーグメンテーション実証試験では，トルエン資化性TCE分解菌である*Ralstonia eutropha* KT-1株を用いることとした。バイオオーグメンテーションに向けて，ヒトへの安全性評価および環境生物への影響評価として，ラットを用いた急性毒性試験（経口・静脈内・経気道投与），ウサギを用いた眼および皮膚刺激性試験，ならびに変異原性（エームス）試験を実施した。また，環境生物の影響試験として淡水魚（コイ）および淡水無脊椎動物（オオミジンコ）影響試験ならびに藻類生育阻害試験を実施した。動物などを用いた試験結果から，ヒトおよび環境生物への影響を示唆する結果は見られなかった。また，平成10年５月の通産省「組換えDNA工業技術化指針」の改正に伴い，当面組換え体でない分解菌の環境中での利用に際しても指針が適用されたことから，その実施については通産省審議会での安全性確認を得るため，「組換えDNA技術工業化指針」平成10年通商産業省告示第259号に基づく安全性評価を行い，その安全性が確認された[12)]。

5　実証試験概要

5.1　試験装置の概要

KT-1株は，トルエンによりTCE分解酵素が誘導される。実際の注入は地下水中にトルエンを添加するのでなく，あらかじめ培養したKT-1株にトルエンを加えて賦活化させ，分解酵素を誘導した休止菌体を用いることとした。また，高濃度の休止菌体を注入し，注入井近傍にバイオフィルタゾーンを形成させ，注入井から揚水することによりTCE汚染地下水をこのゾーンに通過，接触させて浄化する１点注入・揚水法を採用した。実証試験装置のフローを図４に示し，実証試験装置の外観を写真２に示す。

工場敷地内の汚染源と考えられるホットスポットの１地点にバイオオーグメンテーション用井戸を設置した。井戸配置図を図５に示す。注入および揚水は中央の注入・揚水井（AR2）を使用

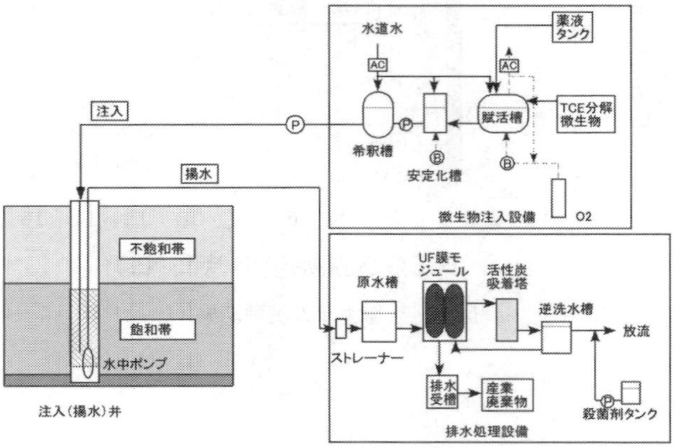

図４　実証設備の概略フロー

写真２　実証試験装置概観

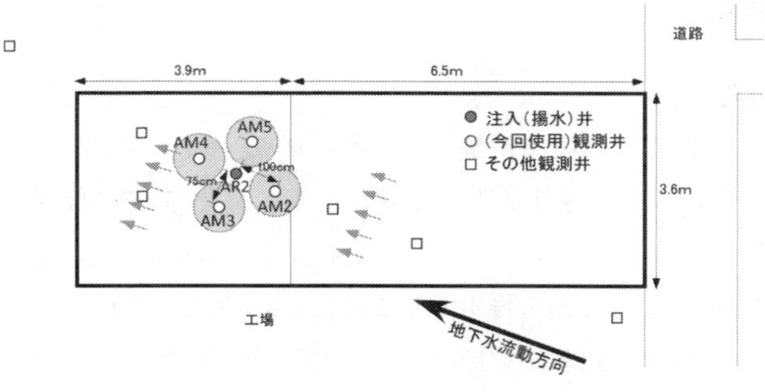

図５　井戸配置図

し，周囲の4井（AM2, 3, 4, 5）を観測井として用いた。なお，KT-1株はヒトおよび環境生物に対する影響は少ないと言えるが，日本最初のバイオオーグメンテーション実験であることから，KT-1株を含む揚水地下水は限外ろ過膜処理で濃縮後，産業廃棄物として焼却処分した。

5.2　利用微生物の大量培養

大量培養には6 *kl*の内容積を有する培養槽を使用し，30℃で約1日間培養した。使用培地はポリペプトン1％，酵母エキス1％，およびNaCl 0.5％の組成を用いた。この培養で初期OD値0.2を10まで増殖させた。培養後，連続遠心分離機にて遠心分離後，0.8％生理食塩水に再浮遊し，再度遠心してKT-1株を回収した。回収したKT-1株は，約1 kgごとに分包して速やかに凍結保存した。

5.3　利用微生物の調整方法

利用に際しては活性化槽内にトルエンを唯一炭素源とした無機培地を800 *l*調整し，解凍したKT-1株を入れ，約1日間でトルエンを複数回添加してKT-1株を活性化させた。1点注入・揚水法では，注入により注入井近傍の地下水が排除されるが，揚水によりまず注入水が回収され，その後はTCEを含む地下水が回収されるはずである。したがって，地下水揚水時における揚水地下水中のTCE濃度の上昇を，ブランク試験時とKT-1株注入時とを比較することで，その濃度差分がKT-1株のTCE分解効果であると判断した。

TCE分解酵素を有するKT-1株をOD≒1.0に調整し，10 *l*/minで11時間注入した。さらにKT-1株の地中内部への押込みとして脱塩素水道水を6時間注入し，その後，3 *l*/minで揚水を開始した。

6　実証試験結果

6.1　注入試験によるTCE分解効果

試験の結果を図6に示す。ブランク試験および本試験における揚水開始時のトレーサー物質である臭素イオンの挙動は，ほぼ同一の傾向を示しており，地下水の流れはブランク試験および本試験ともに同一であると推定され，トレーサー物質はほぼ160時間で消失した。

KT-1株注入による注入・揚水井の水位上昇はさほど大きくなく，井戸管頭からオーバーフローすることなく全ての利用微生物を帯水層中に注入が可能であった。また，注入・押込終了時には，注入・揚水井周辺で各観測井のOD値の上昇が認められ，周辺の観測井までKT-1株が到達したことが示唆された。

ブランク試験における注入井戸のTCE濃度の変化は，注入時に150 μg/*l*から検出限界以下に減少した。注入終了時には注入井戸周辺には注入水のみが存在していると考えられることから，揚水開始に伴い，ある一定のタイムラグ後にTCE濃度の上昇が認められると予想していた。しかしながら，実際には揚水開始とともに揚水地下水中にはTCEが検出され，揚水開始24時間後にはTCE濃度が環境基準値となった。これに対し，KT-1株注入時では揚水開始後約50時間持続してTCEを検出せず，約300時間まで環境基準値以下を維持した。その後TCE濃度は徐々に上昇し，約600時間後に試験開始前の濃度となった[13]。

EtBr染色による全菌数の計測，同様にCFDA染色による生菌数の結果を図7に示す。全菌数は注入開始前までは10^5cells/mlレベルであったものがKT-1株の注入によって注入井AR2は約10^9cells/ml，他のモニタリング井戸では3×10^8cells/mlと著しく高くなった。その後の揚水によりオーグメンテーションサイト内におけるAR2以外の井戸では全菌数は12日後までにはほぼ注入

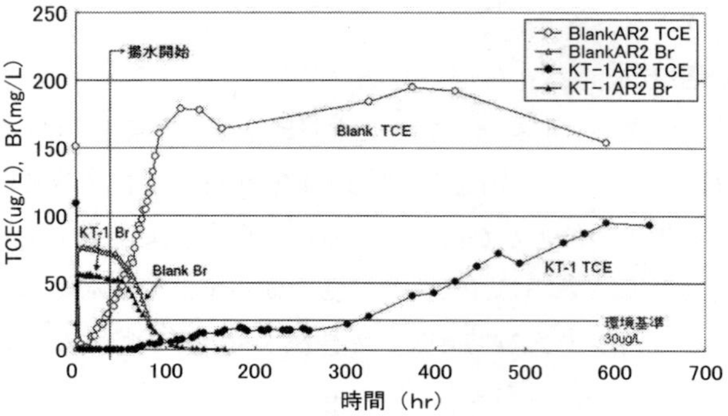

図6　実証試験結果

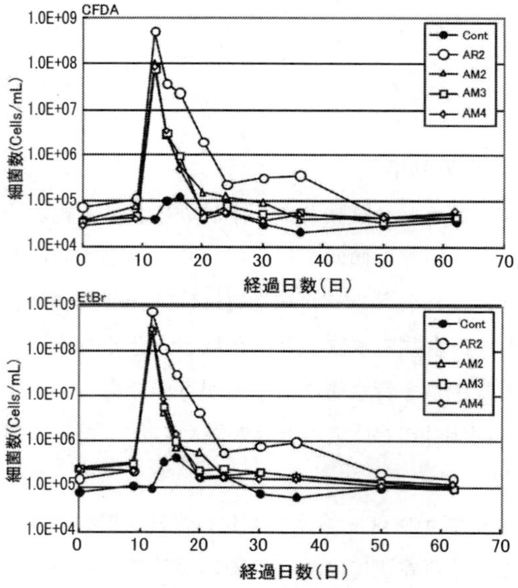

図7　各井戸における細菌数の経時変化

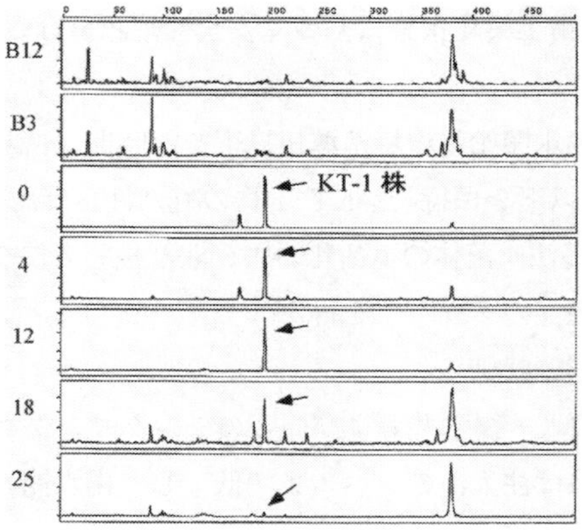

図8　注入／揚水井戸AR2での微生物群衆変化

前のレベルまで低下した。CFDA染色による生菌数の結果も全菌数と全く同様の傾向を示している。このように，揚水開始後はKT-1株の菌数は速やかに低下して行き，地下水環境の復元が確認された。

6.2　生態系への影響調査結果

注入揚水井AR2における揚水開始後25日目までのT-RFLP解析結果を図8に示す。KT-1株の優占度が高い状態が揚水開始後12日目まで続き，18日目から優占度の低下が観察され始めた。18日目では注入前に観察されていた他の微生物由来のピークも観察されている。このように，注入されたKT-1株の地下水中での存在割合は徐々に低下し，注入前に観察された他の微生物が再び検出されている。それゆえ，KT-1株の注入が微生物生態系に致命的なダメージを与えてはいないと推測できた[14)]。

7　まとめ

① 注入微生物の選択

汚染サイトからTCE分解菌を分離し，TCE除去性能，病原性の低さから，バイオオーグメンテーションに使用する分解菌として*Ralstonia eutropha* KT-1株を選択した。

② 実証試験方法の構築，サイトデザイン

・ 実証試験はトルエンを地下水中に注入せず，地上部で分解菌にあらかじめ分解酵素を誘導した休止菌体を用いた。
・ 注入井戸近傍にバイオフィルターゾーンを形成させる1点注入・揚水方式を採用した。

③ 安全性評価とガイドライン

KT-1株の人および環境生物への安全性に問題がないことを確認するとともに，通産省（現経済産業省）の組換えDNA技術工業化指針に基づく安全性確認を行い，安全性が確認された。

④ 効果の把握

・ ブランク試験では，揚水開始後環境基準値以下を24時間保持したのみであったが，本試験では300時間環境基準値以下を保持し，KT-1株の有効性を確認できた。

・ TCE分解菌の大量培養法，菌体の賦活化および取り扱い方法などのバイオオーグメンテーション実施に不可欠な種々のノウハウを得た。

⑤ 微生物挙動把握と環境影響評価

・ KT-1株注入により注入・揚水井および周辺のモニタリング井の全菌数は著しく高くなったが，揚水開始12日後には注入前のレベルまで低下し，揚水開始18日以降，細菌群集構造の多様性回復が認められた。

⑥ その他

・ 民家の密集地帯での実証試験であり，技術的な面だけではなく住民対策を行いながらの試験を行い，PA（住民の理解）には最大限の配慮を行った。

文　献

1) EPA: The Innovative Treatment Technologies, annual Status Report Database, Eight Edition (1996)
2) M. M. Fogel *et al., Appl. Environ. Microbiol.*, **49**, 950 (1985)
3) M. M. Fogel *et al., Appl. Environ. Microbiol.*, **49**, 1080 (1985)
4) J. M. Henson *et al., FEMS Microbial Ecol.*, **53**, 193 (1988)
5) C. D. Little *et al., Appl. Environ. Microbiol.*, **54**, 951 (1988)
6) M. J. Nelson *et al., Appl. Environ. Microbiol.*, **52**, 383 (1986)
7) L. P. Wackett *et al., Appl. Environ. Microbiol.*, **54**, 1703 (1988)
8) R. B. Folsom *et al., Appl. Environ. Microbiol.*, **56**, 1279 (1990)
9) A. R. Harker *et al., Appl. Environ. Microbiol.*, **56**, 1179 (1990)
10) M. Eguchi *et al., Water Research*, **35**(9), 2145 (2001)
11) 岡村和夫，地質と調査，**86**(4)，43（2000）
12) 渋谷勝利ほか，環境技術，**29**(5)，380（2000）
13) 岡村和夫ほか，バイオサイエンスとインダストリー，**59**(3)，52（2000）
14) 中村寛治ほか，環境工学研究論文集，**37**，267（2000）

第26章　油汚染土壌のバイオレメディエーション

田﨑雅晴*

1　はじめに

油分による土壌汚染については，2010年に改正された土壌汚染対策法にも法的規制はなく（ベンゼンや鉛など「油」に共存する規制物質はある），公の規定では環境省の制定したガイドラインが存在するだけである。これは油分が他の汚染物質と異なり，単一物質ではなく多種多様の物質の総称であるために，その分析方法や毒性の規定，対応方法が困難であることも一因である。しかし油分はその性質上，少量の漏洩でも油臭や油膜を生じることが多く，またその使用の多様性から石油施設や工場プラントだけでなく市街地においても，ガソリンスタンドや整備工場，灯油や重油の貯蔵施設での漏洩など，大きな問題になっている。そのため油分汚染に対する浄化工事案件も年々増えてきているのが現状である。

油分汚染サイトの生物浄化のほとんどはバイオスティムレーションで行われている[1]（図１）。バイオスティムレーションとは，もともとその土壌に生息している微生物の活性を，通気や栄養剤の添加により向上させて汚染源を生物分解させる方法である。これに対してバイオオーグメンテーションと呼ばれる，外部からの有効な微生物（群）を汚染サイトに導入する方法もあるが，これを実施するにはその導入微生物（群）の詳細データを，環境省および経済産業省に提出して承

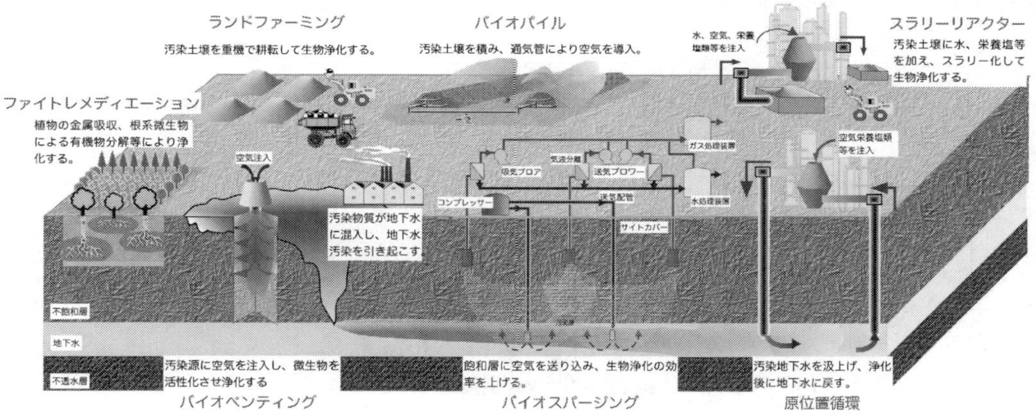

図１　色々なバイオレメディエーション技術の概要

---

*　Masaharu Tasaki　清水建設㈱　技術研究所　環境バイオグループ　グループ長

認を得る必要があるため[2)]，油分汚染サイトでの適用例は報告されてきているもののまだ極めて稀である。

バイオスティムレーションの中でも主に用いられるのはランドファーミングである。ランドファーミングは燃料系（A重油系）油分に汚染された土壌に対して，頻繁に適用されるようになってきた。これは，土着微生物の活性を効率的に上げるための浄化管理を行えば，物理化学的な浄化やスパージングなどの特殊なシステムを使用する生物浄化と比較して，コスト的にも現場作業的にも効率の良い工法であるからである。

一方，さらに低コストであり管理の容易な浄化の１つとして，植物を用いた環境浄化技術であるファイトレメディエーションの研究開発も進んできている。この技術は浄化期間に余裕がある土地での，メンテナンス費用のかからない経済性の高い浄化技術として期待されている。ファイトレメディエーションは当初，水溶性の重金属などを植物体に吸収，濃縮させることを原理として開発されてきた。一方で，植物による直接吸収ではなく，根圏微生物による汚染物質分解を期待した油汚染土壌浄化の研究が進んできている[3,4)]。

本章では油汚染に関わる油種の説明の後，土壌に対するバイオレメディエーションの対応方法を，トリタビリティーテストや浄化工事例を挙げながら，主にランドファーミングとファイトレメディエーションによる浄化効果を述べる。

2　油汚染とその汚染油種

油分と一言で表しても，燃料油だけでもガソリン，灯油，軽油，A重油，C重油などと多種存在し，またそれぞれも単一な成分ではなく，多種の炭化水素が混合されて成り立っている。燃料油以外にも工業的には石炭系のナフタレンやピレンに代表される多環芳香族油分，その他にも食

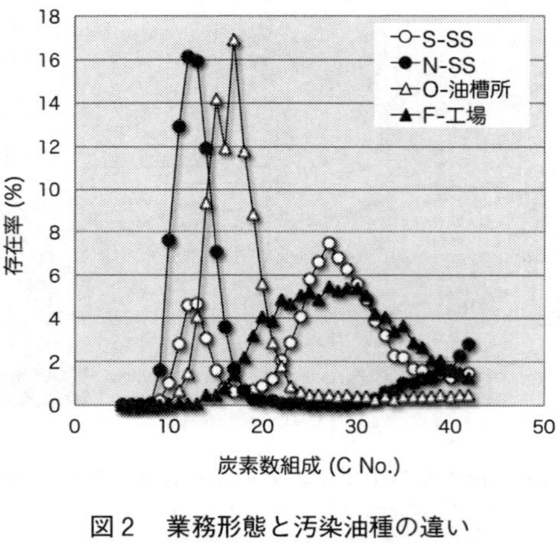

図２　業務形態と汚染油種の違い

横軸「炭素数組成」はその油種の炭素の数を示す（-○-：Sサービスステーション，-●-：Nサービスステーション，-△-：O油槽所，-▲-：F工場）

用油，潤滑油，防食油，ワックスなど，多種多様なものが存在している。

汚染サイトも，扱われていた油種（汚染源油種）によりその状況も様々である。燃料油汚染の例として各汚染種の比較を図２に示した。サービスステーション（ガソリンスタンド）ではガソリンや軽油など比較的軽い油を多く扱っているために，その汚染土壌の油種は図中のＮガソリンスタンド汚染土壌（-●-：N-SS）のように，軽油やＡ重油に特徴的なC15前後にピークを持つ油種が主となる。しかし併設された整備工場からの潤滑油の汚染を受けるとＳガソリンスタンド（-○-：S-SS）のように潤滑油由来の分子量の大きなピークも共存する場合がある。また，通常工場跡地ではそこで多量に使用／製造していた特徴的な油分のピークを示す。例えばＡ重油を中心に貯蔵していたタンクの周辺は，図中のO-油槽所（-△-）の結果のようにＡ重油由来のピークが大きく，潤滑油を使用していた工場跡地ではF-工場（-▲-）のように比較的高分子の油分が検出される。

3　油汚染と生物分解

油汚染土壌のバイオレメディエーションは文字通り生物により油分を分解させて浄化を図るため，その浄化効率は生分解性に依存する。一般に微生物が油分を分解する際，低分子の油分ほど分解しやすく，分子量が大きくなるに従い分解しにくくなり，その速度も低下していく。

Ａ重油およびＣ重油の生物浄化試験結果について，各炭素数別にそれに当てはまる油分の分解率をそれぞれ検討すると（図３左図）[5]，どちらの油種も炭素数が大きくなる（分子量が大きくなる）ほどその油分の分解率が低下してくる。図から読み取れるようにC15の油分分解率は85～90％と高いが，C20では65％程度，C23以上の油分は50％以下の分解率であった。

この時，Ａ重油およびＣ重油それぞれで各炭素数の油分を積算していき，各炭素数までの分解率を図３右図に示した（例えばC15の値はC15以下の油分（Ｃ６～15）の分解率を，C30の値はC30

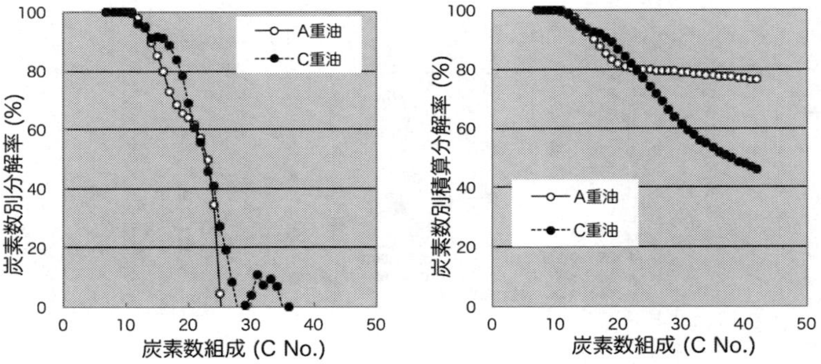

図３　Ａ重油およびＣ重油の炭素数別生物分解率
左図：各炭素数における生分解率，右図：各炭素数までの生分解率
（-○-：Ａ重油，-●-：Ｃ重油）

以下の油分（C６～30）の分解率を示している)。この図からC重油においても，C重油に含まれる油分のうちC23までの油分であればその80％以上が分解されることが読み取れる。A重油はC20付近に油種のピークを持っている。C20の油分はそのもの自体の分解率は約65％であり，C20以下の油分全体としては約85％の分解率である。それより大きな油分になると急激に分解率が下がる。これらのデータは，経験的に「バイオレメディエーションで浄化が可能な油種はA重油程度」と言われていたことを裏付ける知見である。

また特殊な潤滑油や切削油などの場合は，単純に炭素数（分子量）の大きさからは判断できない。特に品質維持のために薬剤が混入されていたり，物性を化学的に変化させたオイル製品などは，炭素数組成が小さくとも生物浄化が難しい場合がある。

このように油種により生分解率に差があるため，油分汚染土壌を浄化する際には事前に対象となる汚染油種の調査／検討を充分に行うことが，生物浄化を含めた工法の検討や浄化効率の向上などの重要なステップになる。

4　生物浄化のトリタビリティーテスト

トリタビリティーテストは現地汚染状況調査や汚染物質の物理化学的分析とともに，実際の汚染土壌を使用して，効率の良い浄化条件を導き出すための一連のテストである。このトリタビリティーテストはどのような浄化工事を行う際にも必須であるが，これはバイオレメディエーションにおいても同様である。土着の生物を利用するバイオスティムレーションは，そこに存在する有効な微生物の活性をいかに効率良く活性化させ，能力を引き出させるかが重要となるため，通常の物理化学的な処理の試験よりも，その対象サイト特有の条件を導き出す必要がある。

トリタビリティーテストの方法は浄化工事施工者により様々であるが，通常は浄化対象サイト

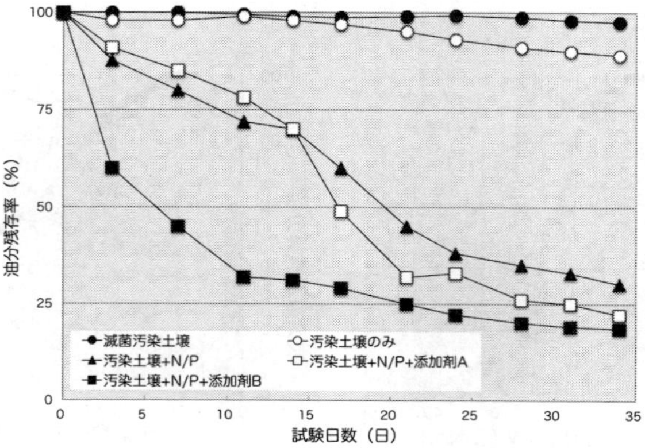

図４　トリタビリティーテストの例

A重油汚染土壌を用いたトリタビリティーテストの結果。
各条件での油分残存率を示した。

の詳細汚染調査の結果をもとに浄化工法を立案し，それに沿って設定した試験条件を，詳細な検討が可能なラボテストで評価する[6)]。引き続き必要に応じてそれをもとにいくつかの条件に絞り込み実サイトにて小規模の実証試験を行い，実際の浄化工事の詳細計画を立案する。

図４はある汚染サイトを生物浄化する際に実施されたトリタビリティーテストの中の１つである。この結果だけからも，このサイトで生物浄化を行うには最低限の窒素とリンの添加が必要であることが解る。また，効率を上げるためには添加剤の使用も有効であることが読み取れる。この場合の添加剤は一般に，微生物の活性を上げるための栄養剤（ある種の有機物）が多く，適用には添加量（濃度），添加による外部環境への影響，浄化コストなどを考慮する必要がある。また時々，万能添加剤などと称して販売されているものもあるが，一般には他の添加剤に比較しても顕著に有効性が認められるものは少なく，また中にはバイオオーグメンテーションに該当するような微生物製剤もあるので，その適用には慎重な検討が必要である。筆者の経験上，トリタビリティーテストを実施した上で，そこから得られた情報に基づいた浄化管理をしっかり行えば，窒素やリン，最低限の栄養剤程度で充分な浄化効果が得られる。砂地など微生物量の極端に少ないサイトでは微生物源としての周辺の表土などを添加することも有効である。いずれにしても，トリタビリティーテストにより生物浄化の適切な浄化条件を設定することが，確実で効率的な浄化の定石である。

5　油汚染土壌のバイオレメディエーション

5.1　ランドファーミング

ランドファーミングは汚染土壌を掘削して，トリタビリティーテストの結果より得られた浄化条件に従い適切な耕転管理を実施することにより，土壌中の油分分解微生物の活性を上げ，油分を生分解させて浄化する工法である。特に油汚染土壌の浄化に非常に良く用いられる。この工法は物理化学的な浄化や特殊な装置を使用するバイオスパージングやバイオパイルなどとの対策手法と比較して，管理がしやすく，またコストが低く抑えられるために低中濃度油汚染土壌対策に有利な工法として採用されることが多い。

またランドファーミングなどの生物浄化で油分汚染土壌の浄化を実施すると，洗浄や熱処理などの物理化学処理と比較して，浄化後の土質や物性に与える影響は小さい。そのため浄化後の土地利用に対する制限もほとんどなく，ほぼ汚染前の状態で利用できる。

ランドファーミングによる浄化効率の律速となるのは汚染土壌中の空気の供給である。微生物は空気中の酸素を利用して油分を二酸化炭素に分解していくため，その酸素（空気）を充分に行き渡らせることが重要である。通常は重機を用いて土壌の耕転を行い全体を通気する（写真１）。土質によっては耕転効率を上げるためにスケルトンバケットやミキシングバケットを使用することが有効である。適切なタイミングでの効果的な耕転がランドファーミングによる浄化を左右すると言っても過言ではない。

写真1　重機による耕耘の様子
バックホウを用いた汚染土壌の耕耘の様子。右上囲み写真はミキシングバケットを使った様子。

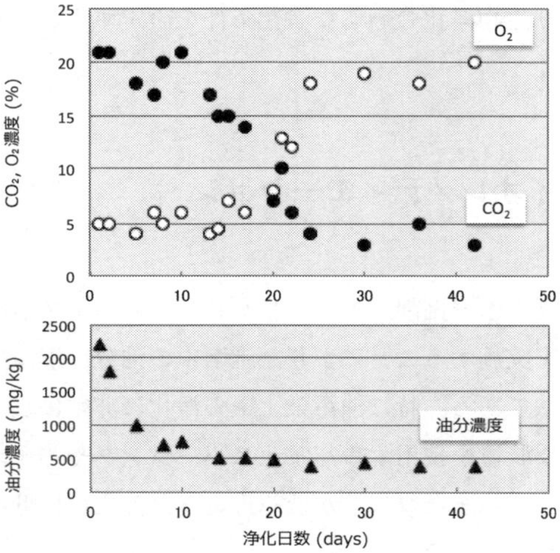

図5　ランドファーミングにおける浄化土壌の油分濃度と酸素／二酸化炭素濃度の推移
A重油汚染土壌のランドファーミングによる浄化過程での油分濃度と土壌中の酸素および二酸化炭素濃度の推移。各ガス濃度は耕耘前に測定した。油分分解が旺盛な時期には土壌中の酸素が消費され二酸化炭素が生成している。

ランドファーミングで浄化している期間中の土壌中の油分濃度と酸素および二酸化炭素濃度の推移を測定すると，油分の分解（浄化）が盛んな浄化初期においては，土壌中の酸素濃度が非常に低く，二酸化炭素濃度が上昇していることが確認される。これは土壌中の微生物が酸素を利用して油分を二酸化炭素に分解していることを示している。分解が旺盛な時期には１日で土壌中の酸素を消費し尽くし，二酸化炭素濃度が20％以上に上昇することもある（図５）。そのため油分分解が活発な浄化初期には充分な耕転を行い，土壌中に酸素を供給することが重要である。

また耕転の効果は酸素の供給を行うと同時に，発生した二酸化炭素の土壌からの除去に繋がる。二酸化炭素が高濃度に土壌中に留まると，土壌のpHが低下し浄化が進まなくなる恐れがある。

空気供給のための耕転の管理を効率的に行うには，浄化中の土壌ガス濃度を適時モニタリングすることによってその適切な耕転のタイミングを図ることが重要である。それにより浄化効率を上げるだけでなく，無駄な耕転作業などを省くことにより浄化費用の低減にも繋がる。

ランドファーミングを行っている途中，浄化効率が低下する場合がある。この原因は，期間中の降雨などにより土壌中のミネラル分（主に窒素，リン）が流出してしまったことに起因することが多々ある。

ランドファーミングをはじめ生物浄化は生物が働かないと進まないが，その生物には必須のミネラルが存在する。浄化対象の土壌にはじめから存在すれば問題はないが，そうでない場合はトリタビリティーテストの結果から，浄化開始時に適切な量のミネラル分を適切な形態で添加する。しかし予期せぬ多量の降雨によりそれが失われてしまうこともある。このようなことを防ぐためには，添加するミネラル製剤を徐放性のもの（徐々に溶けるように工夫された薬剤）を用いることや，大雨の際の確実なシート養生も有効である。しかし最初から高い濃度で添加すると，逆に微生物活性が阻害されたりアンモニア臭などの異臭発生の原因になるので注意が必要である。特に有機性の添加剤を併用する時には，土壌の嫌気化や腐敗臭の発生が起り，浄化が進まないだけではなく近隣環境へも多大な影響を与える可能性がある。

5.2　その他の技術

前記したランドファーミングは，浄化管理を適切に実施すれば非常に効果的で低コストで実施できる技術であるが，その他にも図1にあるように汚染状況，浄化エリアの環境，浄化工期などから判断して採用されるバイオレメディエーション技術もある。そのいくつかを紹介する。

5.2.1　バイオスパージング

バイオスパージングは汚染土壌を掘削せずに，その対象エリアに必要量の栄養剤と，空気を通気することにより，土壌に存在する有効微生物の活性を上げて汚染を浄化する手法である。油汚染は水より軽いための飽和帯と不飽和帯の境界に存在することが多く，その汚染近くの飽和帯に通気井戸を設置して空気を吹き込む。同時に汚染の拡散防止と通気空気の回収のために吸引井戸を設けるのが通常である。油分に含まれるベンゼン類や揮発性の高い油分は通気による曝気効果（気化）での浄化も期待できる。

本技術は掘削を伴わないために，装置や通気／吸引用パイプの配置を工夫すれば稼働中の施設での浄化や，景観上からも近隣などへの配慮しやすい技術である。しかしこの工法を提供する際には，汚染が存在する位置や土質，通気の影響範囲の確認を事前に調査することが重要である。土質によっては地盤の亀裂やチャネリングなどにより充分な通気効果が得られなかったり，また通気により汚染範囲を拡散させてしまう恐れもある。通気を開始してみて思わぬところから通気したガスが噴出することもあるので，事前調査と浄化開始時の運転管理は非常に重要である。

5.2.2 バイオパイル

バイオパイルは掘削した汚染土壌に必要な栄養剤を混ぜながらパイル状に積み上げ，そのパイルの中に通気設備を設置して必要な空気を供給して生物浄化を促進させる方法である。ランドファーミングと比較して重機による頻繁な耕転がないために，景観上も比較的受け入れやすい。最近はこの応用として，土壌中に有機物などを添加してその微生物分解の際の分解熱によりパイル内の温度を上げたり，通気する空気を近接する設備の廃熱を利用して暖めることにより生物活性を向上させて浄化効率を促進させる技術も開発されている[7,8]。これにより寒冷地の冬期における生物浄化をも可能としている。

この工法は理論的には耕転の必要がないが，現実的には土壌全体の浄化状況は通気の均一性に依存するため，パイル内全体に充分な通気を確保することが律速となる。そのため実際の浄化工事においては，パイルの形状に沿った定期的な通気状況や浄化状況のモニタリングを効果的に行い，必要に応じてパイル土壌の耕転（位置の移動）を実施する。

5.2.3 バイオミキシング

バイオミキシングは汚染土壌を掘削し，掘削した地中に通気設備を設置した後にそこへ埋め戻して，ブロワーなどにより通気を行う方法である[9]。浄化が土壌中で行われるために，外気温の影響を最低限にできることから，特に寒冷地の冬期における浄化には有効である。通常は汚染土壌層に設置されたパイプからの通気と地上部からの重機による耕転（ランドファーミング）を併用することにより浄化効率の向上が図られる。冬期の外気温の低い時期には，耕転を実施すると土壌温度が低下して生物活性が低下するために，耕転は行わずにシート養生を実施して，パイプからの通気のみとする。表面にかけるシートの材質を工夫することにより，降雪による直接の影響を防止することもできる。また送り込む空気を廃熱などにより加温することで浄化効率は向上する。

この手法は生物浄化が難しいとされる寒冷地冬期でも適用が可能であるが，バイオパイル同様，耕転を行わない時期の浄化ムラの対応が必要となる。特に地表に降雪が残る冬期は浄化状況の確認が難しく，通常は冬期は通気のみを行い人件費などを節減して，翌春に耕転を再開するタイミングで浄化確認を実施する。

5.3 多環芳香族油分のバイオレメディエーション

油分汚染の油種には前記してきた重油などの燃料系油分とは別に，石炭系油分とも呼ばれる多環芳香族油分（多環芳香族炭化水素類，PAH：Polycyclic Aromatic Hydrocarbon）がある。多環芳香族炭化水素の中には極めて分解性が悪いものや，そのものおよび分解中間物質に発ガン性を有するものもある。また，多環芳香族炭化水素の中には環境ホルモンの疑いのある物質も含まれており，世界各国で規制の対象になっている。国内においても，大気汚染物質の中の要監視項目に指定されている。

これら多環芳香族炭化水素の分解（浄化）については未だ体系的に確立された知見は少なく，これまでの報告では微生物による多環芳香族炭化水素の分解は，２個または３個のベンゼン環を持つ多環芳香族類は分解可能で，４個以上のベンゼン環を含む多環芳香族類は分解されにくいとされている[10)]。好気的代謝を見ても，２および３環多環芳香族（ナフタレン，フェナントレンおよびアントラセン）の分解は確認されている。それぞれの化合物の微生物による分解速度は，これらの化合物の水溶性に依存する。しかし４環以上を有する多環芳香族の微生物分解についての詳細な報告はない。

このように多環芳香族を含むPAH油分は生分解が困難なため，ランドファーミングなどの通常の生物浄化では対応が困難である。しかし生物浄化が不可能であるということではなく，その事例も報告されている[11)]。この報告ではPAH油分汚染土壌をスラリー状にして生物浄化に供している。

この報告と同様にPAH油分汚染土壌を用いてランドファーミングとスラリーリアクターのラボテストを行った結果例を図６に示した。この図はEPA8720で定められた18種類のPAHの試験前後の土壌含有濃度を測定した結果である。通常のランドファーミングではナフタレンやアセナフテン程度のPAHしか分解できていないが，スラリー状にして浄化を行うとほぼすべてのPAHが効果的に浄化できていることが解る。詳細な分解経路などはまだ解明されていないが，スラリー状になり水系にPAH油分が存在することにより，疎水性質の高いPAHへの微生物のコンタクトの効率が向上した結果ではないかと推測されている。

この技術はPAH油分浄化効率向上には非常に効果的ではあるものの，現時点では大規模な浄化工事となった場合，その処理施設や浄化土壌の回収／乾燥など，コストが非常に高くなる可能性が高い。そのため，浄化環境や目的，他の物理化学的浄化手法との比較検討を充分に実施する必

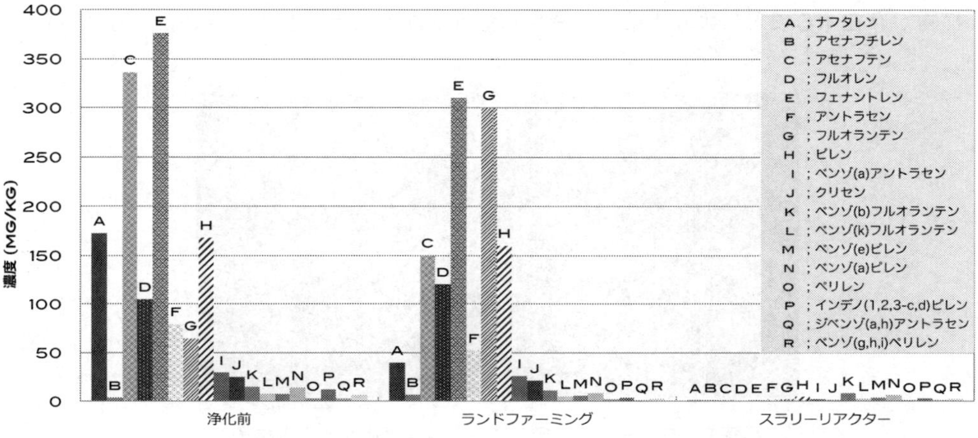

図６　ランドファーミングとスラリーリアクターによるPAH18種の分解
石炭系油分汚染土壌を用いて，EPA8270で定められた18種類のPAHの，浄化前，ランドファーミング後，およびスラリーリアクター処理後の含有量を測定。

要がある。

5.4　油汚染土壌のファイトレメディエーション

ファイトレメディエーションは当初，水溶性の重金属などを植物体に吸収，濃縮させることを原理として開発されてきた。しかし近年，金属のみならず植物を用いた油汚染土壌浄化の研究が進んできている。その原理は植物への吸収蓄積，植物を通しての気散，根の周りの土壌微生物による分解による効果を期待するものである。しかし油分汚染浄化は植物自体の油分吸収よりも，その植物根圏周辺に生息する微生物の働きが大きいと言われている。植物の根圏からの分泌物質や，根が張ることによる通気性の向上が土壌微生物の活性を上げている[4,12,13)]。

ファイトレメディエーションは最低限の散水，施肥を実施すれば良いため，ランドファーミングより低コストで実施できる可能性が高い。また基本的に掘削や耕転の必要がないために，ランドファーミングと比べてさらに近隣環境に与える影響は低く，また浄化中の景観も良い（写真２）。これらのメリットは，土壌汚染の１/４を占めると言われるブラウンフィールド化されている土地への対策に極めて有効な浄化技術であると言える。

一方，植物を利用するために，その浄化期間は他の生物浄化よりも長くなり，また植物の根が届く範囲が浄化範囲であると考えられている。そのためファイトレメディエーションを適用するには，その対象となる土地の汚染状況や拡散防止対策，今後の利用予定などを考慮しなければならない。

ファイトレメディエーションは図７に示したように，植物への吸収蓄積，植物を通しての気散，根の周りの土壌微生物による分解による効果を期待するものである。油分汚染浄化は植物自体の油分吸収よりも，その植物根圏周辺に生息する微生物の働きが大きいと言われているが，試験開始直後と終了直前の土壌中の微生物活性を測定した結果でも，植物を植えていない系と比較すると，植物が存在することにより土壌中の微生物活性が顕著に上昇していることが確認されてい

写真２　ファイトレメディエーション適用サイトの様子

タイの油汚染土壌浄化試験での，ヒマワリを用いた浄化の様子。油は植物への吸収／蓄積されるのではなく，根圏微生物の働きにより分解される。そのため重金属のファイトレメディエーションと異なり，浄化期間中に開花／結実した種からの植物油の搾油や植物本体の堆肥化などにも利用できる。

図7　ファイトレメディエーションの概念

ファイトレメディエーションの原理は植物による汚染物質の吸収／蓄積の他に，油分汚染においては根系微生物による生分解が挙げられる。

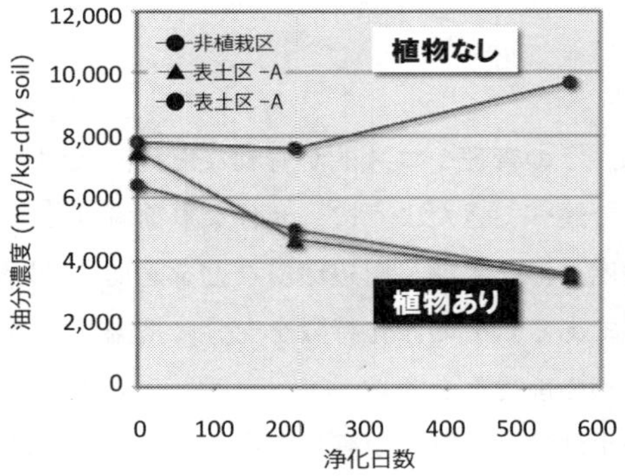

図8　重油汚染土壌でのファイトレメディエーションの効果

生物分解が困難な重油系汚染土壌でのファイトレメディエーションによる浄化の経過。植物を植えていないエリアと比較して，表土を植物源としてファイトレメディエーションを適用すると２年で油分濃度が半減した。

る[13]。

ファイトレメディエーションの場合，浄化深度が根長に依存し年単位の工期がかかる上，気候の影響を受けやすく浄化効果を保証しにくい。そのためか油汚染に対する日本での浄化工事としての適用例の報告はまだない。しかし筆者らが数箇所の屋外実サイトで実証した結果，日本でも適用できる可能性があることが示唆されている[13]。

ファイトレメディエーションを行うのは，その地域の気候に合った植物で，さらに汚染油種や濃度に耐え得る種類を選択する必要がある。また，できるだけ根系が広く深く生育する種が有利と考えられる。そのため浄化を検討する際には，そのサイト周辺の植生調査を行い，適用可能な植物を検索することが望ましい。

ファイトレメディエーションでの浄化事例を図8に示した[13]。このサイトは生物分解が困難な重質油で汚染されていた土壌で，長い間更地として管理されていた。ファイトレメディエーションを適用すると，植物を生育させた区画は，非植栽区と比較して明らかに油分濃度が低下し，約2年で重質油が半減した。

この結果からも解るように，浄化の期間は通常のバイオレメディエーションよりも非常に長くかかっている。この結果例は東北地方での実績であり，そのため晩秋から初春にかけて草本類の生育は期待できない。また各サイトで共通して見られる状況として，浄化開始後の当初年は汚染のない土壌と比較して植物の生育が悪い。特に土壌に含まれる油分が非常に高いと，散水した水も弾かれてしまうため，植物の発芽や生育に対して大きな障害となっている。そのためそのようなサイトでは直接有用植物の播種や移植を行うのではなく，サイト近くの表土などを薄く施すことにより，初期段階の油分の影響を低減させるなどの対応が重要である。その地域の表土などを適用することにより，その地域に生育してかつ油分土壌に順応できる植物の利用も期待できる。

6　おわりに

油汚染土壌の生物浄化は，その管理やコストが有利なため，条件さえ合えば非常に有効な浄化手法である。しかしこれまで述べてきたように，充分な事前調査とトリタビリティーテストを実施して，その対象油種や濃度，浄化工期，周辺環境などを適切に判断して対象サイトに合致した条件設定を行うことが重要である。その浄化特徴を充分に把握して適用することが，効率良く低コストに浄化を実施するための前提となる。

この中で浄化を急がない土地には，管理が容易で浄化周辺環境への影響も少ないファイトレメディエーションの適用が，土地所有者にとってのメリットが大きい。早いうちに確実な調査と対策を開始することが，将来の本格浄化を実施する上にも有利となると考えられる。

文　　献

1)　清水建設技術研究所編集員会，環境創造テクノロジー，イプシロン出版（2006）
2)　経済産業省，環境省，告示第四号（微生物によるバイオレメディエーション利用指針）（2005）
3)　池上雄二，角田英男訳，ファイトレメディエーション―植物による土壌汚染の修復―，シュプリンガー・フェアラーク東京，p. 178（2001）
4)　浅田素之，海見悦子，環境技術，**34**(4)，p. 24（2005）
5)　田﨑雅晴，岡村和夫，黒岩洋一，油汚染土壌でのバイオレメディエーションにおける微生物

の挙動と油分分解特性，第12回 地下水・土壌汚染とその防止対策に関する研究集会（2006）
6）日本国特許第3520489（平成16.02.13），汚染土壌の生物分解評価方法及び汚染土壌の修復方法
7）日本国国際公開WO2006/092950（平成18.09.08），汚染土壌の浄化方法
8）日本国特許第4695666（平成23.03.04），汚染土壌処理方法
9）日本国特許第4502169（平成22.04.30），汚染土壌の生物化学的修復方法
10）ジョン・T・クックソン Jr.（藤田正憲，矢木修身 監訳），バイオレメディエーションエンジニアリング～設計と応用～，エヌ・ティー・エス，p.114（1997）
11）岡村和夫，田﨑雅晴，黒岩洋一，川村佳則，西願寺篤史，多環芳香族を含有する堆積汚泥の生物浄化に関する基礎的検討，第12回 地下水・汚染土壌とその防止に関する研究集会（2006）
12）王効挙，李法雲，岡崎正規，杉崎三男，ファイトレメディエーションによる汚染土壌修復，埼玉県環境科学国際センター報，第3号（2002）
13）田﨑雅晴，浅田素之，米村惣太郎，ファイトレメディエーションによる油分汚染土壌の浄化試験，第13回 地下水・土壌汚染とその防止対策に関する研究集会（2007）

第27章　海洋原油汚染のバイオレメディエーション

寺本真紀[*1]，原山重明[*2]

1　はじめに

海洋における原油流出事故は，原油を積んだ船の座礁，衝突や沈没，また，油田の事故などにより，毎年のように世界のどこかで発生している。2010年4月に起きた，メキシコ湾岸沖の石油掘削基地での爆発と沈没に伴う大量の原油流出事故は記憶に新しい。また2011年には，渤海湾の海底油田「蓬莱19-3」から，原油の断続的な流出事故が発生した。

これらの流出事故によって海洋に流出した原油は，数ヶ月後には，揮発，光化学反応などによる風化，さらには海底への沈降などによって海面から姿を消すが，その後の経過については，はっきりしたことが解っていない。一方，海岸に漂着した原油は，人間の生活や経済活動に様々な影響を与えるので，速やかな除去が望まれる。

本章では，原油汚染された海浜浄化を，海洋細菌を用いて浄化する技術について紹介する。

2　原油の組成

原油は，油田で採掘される石油の原料であり，主成分は水素と炭素原子のみよりなる炭化水素分子である。原油には10万を越す化合物が含まれていると言われるが，その正確な数を誰も知らない。その主成分である飽和アルカンはC_nH_{2n+2}で示されるが，炭素数が20の飽和アルカンのみを考えても，可能な異性体の数は，366,319である。原油成分の全てを同定・定量することは不可能であるので，便宜的に，*n*-ヘプタンに対する溶解性および吸着クロマトグラフィーの挙動によって，飽和炭化水素（saturates），芳香族炭化水素（aromatics），レジン（resins），アスファルテン（asphaltens）の4つの画分に分けて解析（SARA解析）することがしばしば行われる。

2.1　飽和炭化水素

不飽和結合を持たない炭化水素を飽和炭化水素と呼び，鎖状構造（鎖式飽和炭化水素）のみを持つものと環構造（環式飽和炭化水素）を併せ持つものとに分類される。鎖式飽和炭化水素は，さらに，直鎖構造のみを持つものと，分枝鎖構造を持つものとに分類され，両者はともに，C_nH_{2n+2}で表すことができる。炭素数nが4以下の成分は採掘後ガス化し，液状の原油中にはn＝5～40の

＊1　Maki Teramoto　高知大学　総合科学系　複合領域科学部門　特任講師
＊2　Shigeaki Harayama　中央大学　理工学部　生命科学科　教授

ものが含まれる。不飽和結合を持つ鎖式炭化水素は原油中には見出されない。

環式飽和炭化水素としては，炭素数が５あるいは６の環を１つ持つ単環性飽和炭化水素と複数の環を持つものとが存在する。ホパン類は，多環性飽和炭化水素の一例である（図１(a)）。多くの環式飽和炭化水素は，鎖式飽和炭化水素の側鎖（アルキル基）を有している。

2.2　芳香族炭化水素

ベンゼン環を持つ炭化水素が芳香族炭化水素である。芳香族炭化水素の中で最も簡単な構造を持つものは，ベンゼン，トルエン，キシレン（BTX）などであるが，原油中の濃度は低い。原油中には，２つあるいはそれ以上のベンゼン環を持つ芳香族炭化水素も含まれており，多くは鎖式炭化水素や環式飽和炭化水素を置換基として有している。なお，ジベンゾチオフェンなど低分子の複素環式化合物（後述）も芳香族炭化水素画分中に分画される。

2.3　レジン・アスファルテン

レジンおよびアルファルテンに含まれる化合物には，炭素および水素に加え，それ以外の元素（硫黄，酸素，窒素，金属イオンなど）が含まれている。両者を構成する化合物の元素成分組成は類似し，ベンゼン環，複素環およびシクロアルカン環が縮合したものにアルキル側鎖が付いた構造を持っていると予想されている（図１(b)，(c)）。両者は，*n*–ヘプタンに対する可溶性で分ける

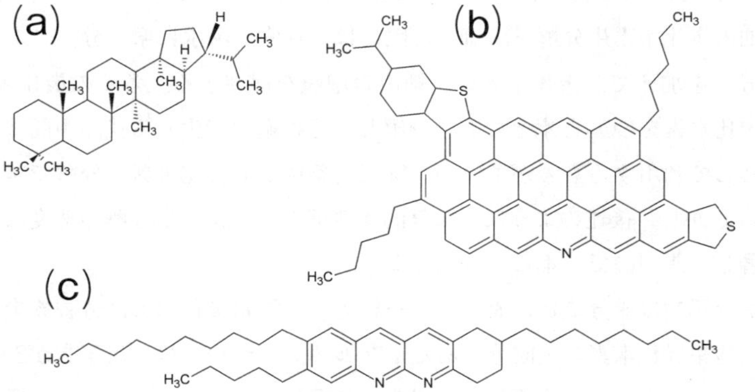

図１　原油成分の化学構造

(a) 17α(H), 21β(H)–ホパンの構造，(b) アスファルテンのモデル構造，(c) レジンのモデル構造

ホパンは多環環状飽和炭化水素の一種である。生分解を受けにくく，炭化水素の生分解を評価する際の内部標準として使用される。

アスファルテン画分およびレジン画分に含まれる個々の化合物の化学構造は同定されていない。ここで示した化学構造は，元素分析，NMRなどの分析結果に基づきアスファルテンおよびレジンの平均分子構造パラメーターを算出し，その値に合うように平均構造モデル分子を作成したものである。アスファルテンにはベンゼン環が多く含まれ，レジンにはそれが少ないことが，分子構造パラメーターから予想されている。

ことができる。アスファルテンは*n*-ヘプタンに不溶性であるがレジンは可溶性である。また，両者の平均分子量は異なっている。レジン画分に含まれる化合物の分子量はほとんどが100～500の間に分布しているが[1]，アスファルテンのそれは750あるいはそれ以上である[2]。

原油中の硫黄は主に有機硫黄化合物として存在し，その硫黄分の50～80％は，チオフェン誘導体として存在する[3]。酸素は，主にカルボニル基やフェノール基として存在する。一方，窒素は，主にピリジンやピロール環を持つ複素環式窒素化合物の誘導体として含まれる。原油には，４つのピロール環から構成されるポルフィリン類も含まれ，多くの金属イオン，例えばバナジウムやニッケルイオン，がキレートされている場合が多い。

3　海洋性炭化水素資化細菌

上述のように，原油の主成分は炭化水素であり，様々な微生物によって生分解されることが知られている。一方，炭化水素以外の成分であるレジンおよびアスファルテン画分に含まれる化合物が微生物によってどの程度生分解されるかについてはほとんど知られていない。そのため，これ以降，原油分解に関わる微生物としては，炭化水素分解菌のみについて説明する。さらに，炭化水素分解能力を持った海洋微生物のほとんどが細菌であるので，以下では，炭化水素資化細菌についてのみ記述する。

この炭化水素資化細菌が増殖するためには，後述するように，エネルギー源および炭素源としての炭化水素以外に，アミノ酸や核酸の生合成に必須な窒素分およびリン分の供給が必要である。そのため，原油の炭化水素生分解を評価する際には，通常，海水に窒素分，リン分（場合によってはさらに鉄分）を加えて，炭化水素資化細菌の増殖を促進する。多くの炭化水素資化細菌は，酸素存在下で炭化水素をCO_2と水とに完全分解し，その過程で生じる代謝中間体を炭素源およびエネルギー源として利用するものが多いが，嫌気的条件下で炭化水素を分解できる微生物も発見されている[4,5]。しかし，後述のように，嫌気的条件下での炭化水素分解の速度は好気的条件下でのそれよりも著しく遅いので，本章では扱わない。

炭化水素の生分解性は成分ごとに異なり，一般的に，飽和炭化水素は芳香族炭化水素よりも早く分解される。飽和炭化水素の主成分である*n*-アルカンについては，炭素数が20を超えると分解性は次第に減少する。また，芳香族炭化水素および環状炭化水素については，環の数が増加するほど分解性は減少する[6,7]。

原油を構成する炭化水素を分解する様々な属種の細菌が知られている[8,9]。陸生の炭化水素資化細菌は，一般に，炭化水素以外の化合物，例えば糖類を炭素源およびエネルギー源として用いることができる。すなわち，陸生の炭化水素資化細菌は，炭化水素嗜好とは必ずしも言えない。一方，海洋性の炭化水素資化細菌の多くは，飽和炭化水素または芳香族炭化水素以外には，ピルビン酸など限られた有機化合物のみを炭素源およびエネルギー源として利用できる。これら絶対炭化水素資化細菌（obligate hydrocarbonoclastic bacteria：OHCB）と呼ばれる炭化水素資化細菌は，ここ10余年の間に次々に発見され，海洋での原油生分解の主要な役割を担っていると考えられるようになった[10)]。

3.1　温帯海域で重要な炭化水素資化細菌

炭化水素資化細菌の中でも特に*Alcanivorax*属細菌が重要である。この属は，原油の主成分である直鎖および分岐鎖アルカンの分解能力に優れているが[11,12)]，細菌が一般に資化できる糖類などの化合物を全く利用できない[13)]。通常，海水中の*Alcanivorax*属細菌の存在数は非常に少ないが，原油を含む海水に窒素分，リン分，鉄分などの栄養塩を加えると急速な増殖を示し，その環境中で個体数が最も多い細菌となった[14)]。同様に，*Cycloclasticus*属細菌は芳香族炭化水素の分解活性が高く，*Alcanivorax*属細菌がアルカン系炭化水素を分解した後に，原油汚染された海洋環境中で優占化した[15)]。

1997年1月，ロシア船籍タンカー「ナホトカ号」が大しけの日本海を航行中，高波を受けて沈没した。6,000 kL以上のC重油が流出し，石川・福井両県沿岸を中心に広く日本海沿岸が重油で汚染された。事故数ヶ月後の調査で，海岸に残存した重油混じりの海水中に存在する主要な炭化水素資化細菌は*Alcanivorax*属細菌と*Cycloclasticus*属細菌であった[16,17)]。

3.2　温帯海域以外で重要な炭化水素資化細菌

温帯海域以外の環境では，*Alcanivorax*属細菌と*Cycloclasticus*属細菌以外のOHCBも主要な役割を担っているようである。*Oleispira*属細菌は，海水温度が低い海域で優占化し[18,19)]，熱帯海域の原油汚染現場では*Oleibacter*属細菌が優占化した[20,21)]。また，汽水域では，*Thalassolituus*属細菌が細菌集団の中で最も多数を占めた[22)]。

3.3　2010年メキシコ湾原油流出事故で検出された炭化水素資化細菌

2010年4月20日，メキシコ湾岸油田で石油掘削作業中の英BP社が操業する石油掘削基地（ディープウォーター・ホライズン）の掘削パイプ出口より，海水，次いでメタンガスが大量に噴出し，メタンガスの着火による大規模な火災が発生した。この石油掘削基地は4月22日に水没，掘削パイプが折れたことから，1,500 mの海底より，一日約16万キロリットルと推定される原油が流出，エクソン・バルディーズ号事故をはるかに上回る原油流出事故となった。同年，7月15日，海底の流出箇所に蓋をし，原油の流出を止めることに成功した。原油の帯は，ルイジアナ州を中心にメキシコ湾沿岸に漂着した。この事故への対処の1つとして，海上に浮遊した原油を分散・沈降させるために，多量の分散剤が海上に散布された。また，海底の原油噴出孔に対して分散剤が散布された。その後，流出原油は，海面のみならず，1,200 mの深海でプルーム（plume：濃い汚染の広がり）としても検出された。このプルームには分散剤が含まれていた[23)]。しかし，この事実から，分散剤散布の結果プルームが生じたと結論づけることはできない。

原油に汚染された海岸では，*Alcanivorax*属細菌が主要な細菌として検出された[24)]。一方，深海のプルームでは，３種類の細菌，新属と思われる*Oceanospirillales*科細菌，*Colwellia*属細菌および*Cycloclasticus*属細菌が検出された。*Oceanospirillales*科細菌および*Colwellia*属細菌は，エタンやプロパンなどの短鎖アルカンを資化する細菌と思われる。特に，*Colwellia*属細菌は４℃で優占化するので低温細菌（Psychrotroph）と考えられる[25,26]。

4　バイオ・サーファクタント

原油およびその主成分である炭化水素の水に対する溶解度は低く，水と原油を混ぜると，水相の上に原油の相ができる。炭化水素の水に対する溶解度は，単環の芳香族炭化水素では比較的高く，BTXの水への移動速度は，BTX資化細菌の増殖速度に対して十分に早い。しかし，飽和炭化水素の場合，炭素鎖の長さが長くなればなるほど水への溶解度は低くなり，また芳香族炭化水素でも環の数が増えるほど水への溶解度は減少する。そして，水に可溶化している炭化水素の濃度が低いときは増殖基質である炭化水素の供給が困難となり，水相と原油相との境界面に細胞が位置した場合においてのみ，速やかな炭化水素の摂取と増殖とが可能になると考えられる。このバイオ・アベイラビリティー（bioavailability：生物的利用能）の問題を解決するため，炭化水素資化細菌の多くは界面活性剤（バイオ・サーファクタント）を生合成し，分泌することが多い。

前記の*Alcanivorax*属細菌も，様々なバイオ・サーファクタントを生合成する[27,28]。原油を含む海水中で*Alcanivorax*属細菌を増殖させると，バイオ・サーファクタントの効果によって原油は油滴となり水と混じり合う。あるいは，水が水滴として原油層に入り込む。その結果，最初は原油相と水相に分離していた培地は乳化し，茶色に濁ってくる。そして，*Alcanivorax*属細菌細胞は，この油滴の表面に接着している。この形態は，*Alcanivorax*属細菌細胞が飽和炭化水素を利用する際に大いに有利であると思われるが，それを証明する実験は未だ行われていない。バイオ・サーファクタントの生合成能力を失った突然変異体と野生型との間で，飽和炭化水素分解の能力を比較しなければならない。

バイオ・サーファクタントは，石油の分解に促進的に働くと一般的に信じられているが，その結論は，*Pseudomonas aeruginosa*などによって生産されるラムノリピド（rhamnolipid）を用いた研究から主に得られている[29]。一方，バイオ・サーファクタントが原油分解に阻害的に働く例も報告されている。*Acinetobacter calcoaceticus* RAG-Iは，エマルサン（emulsan）というバイオ・サーファクタントを生合成し，原油を炭素源およびエネルギー源として増殖する。しかし，エマルサンを生合成しない突然変異体は，原油を基質として増殖できなかった。また，エマルサンを生合成しない突然変異体の培養液にエマルサンを加えても，増殖は回復しなかった[30]。このことから，細胞に接着した形のエマルサンが原油成分の資化に重要な役割を果たしていると考えられている。一方，他の原油資化細菌の培養液にエマルサンを加えたところ，原油分解の速度は大幅に減少した。すなわち，エマルサンは原油分解に阻害的に働いた[31]。

以上紹介した以外にも，バイオ・サーファクタントの原油分解に対する影響を研究した論文は多く出版されているが，バイオ・サーファクタントの作用機作については不明な部分が多く，より注意深い研究を行う必要がある。

5　原油汚染事故とバイオレメディエーション

5.1　バイオレメディエーション

海岸に漂着した原油はムース化し，そこに生息する生物に付着し生存を脅かす。また，人間の様々な活動，特に漁業や観光に悪影響を与える。さらに多環芳香族炭化水素などの原油成分は，発癌や催奇形作用を持つ。そのため，漂着原油の速やかな除去が望まれる。

微生物や植物の活性を利用して汚染物質を除去する方法をバイオレメディエーションと呼ぶ。微生物を利用したバイオレメディエーションは，その方法に従って次の2つに分けられる。1つは，環境中に存在する汚染物質を分解する能力を持った微生物の増殖を促進することによって環境浄化を加速させる方法で，バイオスティミュレーションと呼ばれる。もう1つは，汚染物質を分解する能力を持つ微生物を人工的に培養し，それを汚染環境に投入することによる環境浄化であり，バイオオーグメンテーションと呼ばれる。バイオレメディエーションを海洋の大規模な原油汚染に本格的に適用した例は，後述のエクソン・バルディーズ号からの原油流出事故にバイオスティミュレーション技術を適用した以外には存在しない。バイオレメディエーション実施に多額の費用がかかることなどがその理由である（後述)。原油浄化のためのバイオオーグメンテーションについては，バイオスティミュレーションを上回る実用的効果が示された例がないので，本章では取り扱わない。

原油を分解する微生物は，前述のように，海水中に普遍的に存在するので，流出した原油は，放置しても次第に分解されていくことが予想される。しかし，原油に汚染された海洋環境中では，一般に，細菌の増殖のための窒素分およびリン分が不足しているため，炭化水素資化細菌の増殖がほとんど起こらず，その結果，原油中の炭化水素の生分解も進行しない。よって，原油汚染を受けた海洋環境中に窒素分およびリン分を肥料として供給し，海洋に存在する炭化水素資化細菌を選択的に増殖させることによって炭化水素の分解を促進する方法が，原油汚染された海洋環境のバイオスティミュレーションである[32)]。細菌の増殖に必要な窒素分とリン分の量は，炭素量との比で，大体C：N：P＝106：16：1とされており[33)]，それを参考に窒素分およびリン分の添加量を考えれば良い。さらに，海洋環境では鉄分も不足気味で，窒素分およびリン分に加え鉄分を海水に添加することによって原油生分解をさらに促進することができた[34)]。

添加する栄養塩の形態としては，粒状の緩効性肥料あるいは液体の親油性肥料が考えられる。粒状緩効性肥料は，雨や海水に濡れることにより，含まれる栄養塩を徐々に溶出する。この場合，栄養塩を含んだ溶出液が汚染原油と接触するように，肥料をうまく散布することが必要である。一方，親油性肥料は，原油に付着することで，その付近での炭化水素資化細菌の増殖（すなわち炭化水素の分解）を促進させるというアイディアで開発された。

バイオスティミュレーションを適用する際，環境中の窒素およびリンの濃度が富栄養なレベルにならないように注意を払う必要がある。しかし，実際には，微生物分解を促進するために必要な窒素分およびリン分の濃度をいかに確保するかが問題となる場合がほとんどである。我々は，NEDO（独新エネルギー・産業技術総合開発機構）からの受託事業として，13種類の緩効性肥料の窒素・リン分の溶出試験を行い，バイオスティミュレーションに最も優れていると思われる緩効性肥料を選抜し，この肥料が人工的な原油汚染の浄化に有効であることを示した（http://www.bio.nite.go.jp/nbdc/bioreme2009/index.html）。

大量の原油によって汚染された環境では，原油の毒性が原因で炭化水素資化細菌の生育が阻害されることが予想される。生育阻害の度合いは，炭化水素資化細菌の種類によって異なるが，12％（w/v）程度の原油濃度でも増殖の影響を受けない炭化水素資化細菌は多い[35]。ただ，原油成分のほとんどは水に不溶性であり，水中に存在する原油成分の量と生物が接触する原油成分の濃度とは異なっていることに注意を払わなければならない。

5.2　エクソン・バルディーズ号原油流出事故

1989年３月23日，アラスカ州のバルディーズ石油ターミナルを出発したエクソン・バルディーズ号は，その３時間後，プリンス・ウィリアム湾の暗礁に座礁し，約４万キロリットルの原油がタンカーより流出した。同年の夏，汚染されたプリンス・ウィリアム湾の広大な海岸の浄化のため，緩効性肥料であるCustomblenと親油性肥料であるInipol EAP 22（表１）が海浜に散布された。そして，それらの肥料の散布により，酸素消費量が上昇し（好気的な生分解が促進されたことを示唆），炭化水素の濃度が減少し，海岸の汚染が視覚的に減少したことが観察された[9,32,36]。

汚染された海岸では，場所ごとに汚染の度合いが異なり，また，波の作用などで原油は移動す

表１　Inipol EAP 22とCustomblenの組成（Swannellなど[36]を基に作成）

	成分	機能
Inipol EAP 22（7.4% N, 0.7% P）		
オレイン酸	$CH_3(CH_2)_7CH=CH(CH_2)_7COOH$	疎水層形成
Tri(laureth-4)-phosphate	$[C_{12}H_{25}(OC_2H_4)_3O]_3PO$	P源，界面活性剤
2-Butoxyethanol	$HO\text{-}C_2H_4\text{-}O\text{-}C_4H_9$	界面活性剤，乳化安定剤
尿素	$NH_2\text{-}CO\text{-}NH_2$	N源
水	H_2O	溶媒
Customblen（28.0% N, 3.5% P）		
硝酸アンモニウム	NH_4NO_3	N源
リン酸カルシウム	$Ca_3(PO_4)_2$	P源
リン酸アンモニウム	$(NH_4)_3PO_4$	N&P源

Customblenは，徐々にNPが溶出するよう（緩効作用を持つよう）植物油で周りを覆われている。

る。すなわち，汚染現場に存在する単位面積あたりの原油量の減少によってバイオスティミュレーションの効果を判定することは困難である。そこで，微生物分解を受けにくい原油成分を内部標準物質とし，個々の原油成分と内部標準物質との量比の変動から，各原油成分の分解を推定しようとする方法が考案された。この内部標準物質としては，17α(H)，21β(H)-ホパン（図1(a)）[37]が使われる場合が多い。しかしホパンはある条件下では生分解を受けるので[38]，ホパンを内部標準として用いた場合，生分解が過小評価される可能性がある。ホパン以外にバナジウムを内部標準とする方法も提案されている[7]。

原油による汚染で視覚的に最も目立つのは，アスファルテンに起因する黒色物質である。アスファルテンは速やかには生分解されないと思われるが，海岸の黒色がバイオスティミュレーションによって数週間という短期間で目に見えて減少した例が多く報告されている。恐らく，炭化水素やレジンが生分解されることにより，アスファルテンは油分から分離し，粒状固体となったアスファルテンは波や潮汐の作用で拡散していくのだろう。

以上のように，エクソン・バルディーズ号による原油流出事故により汚染されたアラスカのプリンス・ウィリアム湾の浜辺では，1kgの砂礫あたり15gの原油が付着した海浜が，バイオスティミュレーションによって成功裏に浄化されたとされている[36]。しかし，表面の砂礫の原油は消えたものの，かなりの量の原油が相変わらず潮間帯に残存していることが知られていた。事故から19年後，この残存原油を海岸の海水とともに実験室に持ち帰り，生分解実験を行った。19年間

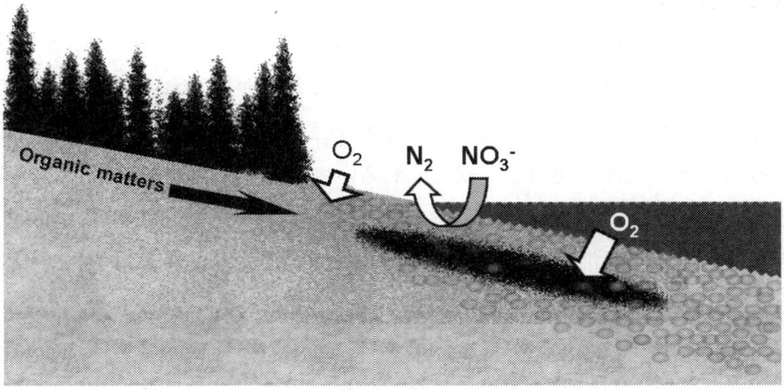

図2　19年間残留するアラスカ海岸の漂着原油

エクソン・バルディーズ号より流出した原油は，19年後でも，礫の多いアラスカ海岸の礫の下，数十cmのところに残留している。この図は，この残留原油が置かれている環境を示している。陸上の植物から，恒常的に有機化合物が汚染海岸へと供給される。この有機化合物を微生物が分解するため，地上および海水から供給される酸素はほぼ全て消費される。この結果，礫海岸の表面下数十cmに残存する原油は常に嫌気状態にあり，生分解がほとんど進行しない。また，バイオスティミュレーションのための窒素分として硝酸塩を散布しても，硝酸塩還元細菌（脱窒細菌）が有機物を分解するために使用されてしまう。この環境に酸素を供給すれば，有機化合物から供給される窒素分およびリン分を使用して，原油の生分解が活発に起きることが推定される。

汚染現場に留まった原油は，バイオスティミュレーション（窒素分とリン分の添加）条件で，“新鮮な原油”よりも早く生分解を受けた。また，栄養分の添加なしでもある程度の原油の生分解が観察された。栄養塩添加なしでも生分解が観察された理由として，潮間帯の海水に含まれる有機体窒素が栄養塩の役割を果たした可能性が考えられている[39]。この結果からいくつかの重要な情報が得られた。①潮間帯にある原油は，酸素の供給不足の結果，19年間たっても生分解が完了しなかった。②別の言い方をすれば，嫌気的な原油の生分解速度は好気的な生分解速度よりもはるかに遅い。③有機体窒素は，バイオスティミュレーションのための栄養塩となり得る。④19年間滞留した原油は生分解されやすくなっている（図２）。最後の項目の理由としては，19年間滞留した原油には多くの炭化水素資化細菌が付着し，その結果，生分解速度が高かったことが考えられる。別の可能性としては，原油の構造が19年間で微妙に変化し，原油中の炭化水素のバイオ・アベイラビリティーが上昇したことも考えられる。この点については，さらなる研究が必要である。

6　おわりに

原油流出事故が起きた場合に取るべき対応として，まず流出原油の回収，そして原油が沿岸に漂着する可能性がある場合には，原油がムース化する前の速やかな分散剤（油処理剤）の散布が行われるべきであろう。メキシコ湾原油流出事故においても分散剤が使用されたが，その安全性について様々な報道がなされ，それが，メキシコ湾岸の住民をはじめ多くの人々に不安を与えた。しかし，原油流出事故での最悪の事態とは，大量の原油が沿岸に漂着することである。これを防ぐためには，速やかな分散剤の散布が最も有効である。この点に関しては，㈱海上災害防止センターにおいて様々な検討がなされているので，ベストな対応が取られると期待して良い。１点心配なのは，実際に事故が起こったときにマスコミのマイクの前に出てくる政治家や高級官僚達である。彼らは専門知識に欠け，国民を不安に陥れる。マスコミ対応も含めた危機管理体制の構築が必要であろう。

しかし，不幸にして流出原油が海岸に漂着してしまった場合，油吸着材では対応できない場所の浄化方法として，バイオスティミュレーションが有効である。それにもかかわらず，その実施例が少ないことにはそれなりの理由がある。第１に，油濁の浄化作業は，多くの場合，日本船主責任相互保険（P&I保険）や国際油濁補償基金が現場に派遣する責任者（サーベイヤー）が設定する方針に従って行われる。そして，サーベイヤーはほとんどの場合，バイオスティミュレーションあるいはバイオレメディエーション一般について理解を示さない。第２に，「細菌」という言葉の持つ悪いイメージがある。細菌の力を借りての環境浄化には危険が伴うのではないかという漠然とした心配が，油濁浄化担当者および住民に根強く残っているように思える。しかしながら，燃料油による土壌汚染浄化のためのバイオレメディエーション事業が日本においても相当数実施され成果があがっていることから，これらの実績を宣伝し，バイオレメディエーションの有効性を広く国民に理解してもらうことが必要であろう。第３は，バイオスティミュレーションに要する費用が高額なことである。例えば，農業用肥料の価格は，作物栽培などの収入を生み出す素材としては受け入れられる価格であるかもしれないが，油濁除去作業に使用するためには高価すぎる。バイオスティミュレーションのためのより安価な栄養塩（肥料）の開発が必要である。第4に，油濁除去のためのバイオスティミュレーション技術が未熟なことが挙げられる。前述のように，バイオスティミュレーションによって難分解性であるアスファルテンがどのように挙動するかについては全く不明である。さらに実施例が少ないことから，大規模な油濁事故に対応するための作業マニュアルが存在せず，原油流出事故が起こってから，あわてて不完全な作業マニュアルを提案するといった対応を繰り返している。最後に，波のエネルギーが高い海岸では，見かけ上の自然浄化が起きることが挙げられる。ナホトカ号からの重油流出によって汚染された海岸の多くでは，繰り返し起こる荒天時の高波によって油濁した砂礫が沖にさらわれ，数年後には海岸は見かけ上浄化された。

バイオスティミュレーションは何を目指して海浜の原油汚染除去を行うかについての議論が現在不足しているように思える。「汚染現場付近の住民の健康被害を最小限に留めるために有害物質をなるべく短期間で除去する」，「海水浴客の足を遠のかせないために，季節までにきれいな砂浜に再生する」など，目的・目標は様々かもしれない。それらについてバイオスティミュレーションがどこまでできるのかについてのさらなる研究・検討が必要である。

文　献

1) G. A. Mansoori *et al.*, *J. Petrol. Sci. and Eng'g.*, **58**, 375 (2007)
2) O. C. Mullins, *SPE Journal*, **13**, 48 (2008)
3) W. Dai *et al.*, *Fuel Process. Technol.*, **89**, 749 (2008)
4) A. Wentzel *et al.*, *Appl. Microbiol. Biotechnol.*, **76**, 1209 (2007)
5) R. U. Meckenstock *et al.*, *Curr. Opin. Biotechnol.*, **22**, 406 (2011)
6) K. Sugiura *et al.*, *Environ. Sci. Technol.*, **31**, 45 (1997)
7) T. Sasaki *et al.*, *Environ. Sci. Technol.*, **22**, 3618 (1998)
8) I. M. Head *et al.*, *Nat. Rev. Microbiol.*, **4**, 173 (2006)
9) R. C. Prince, "Petroleum Microbiology", American Society for Microbiology, p.317 (2005)
10) M. M. Yakimov *et al.*, *Curr. Opin. Biotechnol.*, **18**, 257 (2007)
11) A. Hara *et al.*, *Environ. Microbiol.*, **5**, 746 (2003)
12) T. K. Dutta *et al.*, *Appl. Environ. Microbiol.*, **67**, 1970 (2001)
13) M. M. Yakimov *et al.*, *Int. J. Syst. Bacteriol.*, **48**, 339 (1998)
14) Y. Kasai *et al.*, *Environ. Microbiol.*, **4**, 141 (2002)
15) Y. Kasai *et al.*, *Appl. Environ. Microbiol.*, **68**, 562 (2002)
16) Y. Kasai *et al.*, *Environ. Microbiol.*, **3**, 246 (2001)

17) A. Maruyama *et al., Microb. Ecol.,* **46**, 442 (2003)
18) F. Coulon *et al., Environ. Microbiol.,* **9**, 177 (2007)
19) O. G. Brakstad *et al., Biodegradation,* **17**, 71 (2006)
20) M. Teramoto *et al., Microbiology,* **155**, 3362 (2009)
21) M. Teramoto *et al., Int. J. Syst. Evol. Microbiol.,* **61**, 375 (2011)
22) B. A. McKew *et al., Environ. Microbiol.,* **9**, 165 (2007)
23) E. B. Kujawinski *et al., Environ. Sci. Technol.,* **45**, 1298 (2011)
24) J. E. Kostka *et al., Appl. Environ. Microbiol.,* **77**, 7962 (2011)
25) T. C. Hazen *et al., Science,* **330**, 204 (2010)
26) M. C. Redmond *et al., Proc. Natl. Acad. Sci. U. S. A.,* 2011 Oct 3. [Epub ahead of print] (2011)
27) W. R. Abraham *et al., Biochim. Biophys. Acta,* **1393**, 57 (1998)
28) N. Qiao *et al., J. Appl. Microbiol.,* **108**, 1207 (2010)
29) C. N. Mulligan, *Environ. Pollut.,* **133**, 183 (2005)
30) O. Pines *et al., Appl. Environ. Microbiol.,* **51**, 661 (1986)
31) J. M. Foght *et al., Appl. Environ. Microbiol.,* **55**, 36 (1989)
32) J. R. Bragg *et al., Nature,* **368**, 413 (1994)
33) C. A. Klausmeier *et al., Nature,* **429**, 171 (2004)
34) J. T. Dibble *et al., Appl. Environ. Microbiol.,* **31**, 544 (1976)
35) M. Sathishkumar *et al., Clean,* **36**, 92 (2008)
36) R. P. Swannell *et al., Microbiol. Rev.,* **60**, 342 (1996)
37) R. C. Prince *et al., Environ. Sci. Technol.,* **28**, 142 (1994)
38) R. Frontera-Suau *et al., Environ. Sci. Technol.,* **36**, 4585 (2002)
39) A. D. Venosa *et al., Environ. Sci. Technol.,* **44**, 7613 (2010)

バイオ活用による汚染・廃水の新処理法《普及版》（B1258）

2012年 3 月 1 日　初　版　第 1 刷発行
2018年 10 月 11 日　普及版　第 1 刷発行

監　修　倉根隆一郎　　Printed in Japan
発行者　辻　賢司
発行所　株式会社シーエムシー出版
東京都千代田区神田錦町 1-17-1
電話 03(3293)7066
大阪市中央区内平野町 1-3-12
電話 06(4794)8234
http://www.cmcbooks.co.jp/

〔印刷　あさひ高速印刷株式会社〕

ISBN978-4-7813-1295-8 C3045 ¥5200E